普通高等院校精品课程规划教材
优质精品资源共享教材

# 供 热 工 程

刘满平 主编

中国建材工业出版社

**图书在版编目（CIP）数据**

供热工程/刘满平主编. —北京：中国建材工业
出版社，2013.8
普通高等院校精品课程规划教材　优质精品资源共享
教材
ISBN 978-7-5160-0505-7

Ⅰ．①供…　Ⅱ．①刘…　Ⅲ．①供热系统－高等学校－
教材　Ⅳ．①TU833

中国版本图书馆CIP数据核字（2013）第181618号

## 内 容 简 介

本书主要介绍以热水和蒸汽为热媒的采暖系统和集中供热系统的热负荷计算，常用的系统形式，系统组成，常用设备的结构及选用计算，管道水力计算，管道布置与敷设要求，室内供暖系统施工图，集中供热系统和换热站，供热系统的供热调节，热水网路水压图，水力工况分析以及集中供热管道系统等方面的基本知识和内容。

本书在编写过程中，紧紧把握课程特点，力求做到从设计——施工安装——运行管理全过程中，理论知识链和实践知识链的完整性和系统性，内容的可操作性和新颖性，同时兼顾同其他专业课程的相关性。在内容的组织上按必需、够用的原则，取材注意反映基本概念和基本理论，删除了一些烦琐的理论推导。在论述基础理论和方法的同时，重视基本技能的训练与实践性教学环节，并力求叙述简明、通俗易懂，并编入了一些新知识，删除了一些落后的、淘汰的知识，力求体现能力本位的教育思想。

本书可作为高职高专供热通风与空调工程专业和应用型本科建筑环境与能源应用工程专业及相关专业教学教材，也可作为相关专业工程技术人员的参考书。

**供热工程**

刘满平　主编

出版发行：中国建材工业出版社
地　　址：北京市西城区车公庄大街6号
邮　　编：100044
经　　销：全国各地新华书店
印　　刷：北京雁林吉兆印刷有限公司
开　　本：787mm×1092mm　1/16
印　　张：17.25
字　　数：426千字
版　　次：2013年8月第1版
印　　次：2013年8月第1次
定　　价：39.00元

本社网址：www.jccbs.com.cn
本书如出现印装质量问题，由我社发行部负责调换。联系电话：（010）88386906

# 前　言

本书是高职高专供热通风与空调工程专业和高等院校应用型本科建筑环境与能源应用工程专业及相关专业《供热工程》课程教材，亦可作为相关专业工程技术人员的培训教材或教学参考书。

教材的结构及内容编排继承了传统《供热工程》教材的优点，同时又根据现代科学和工程技术发展对人才培养的需要，以实用为目的，既注重了理论与实践的相结合，又加强了实践与应用的教学环节，有利于增强学生的感性认识，培养学生的工程实践能力，以学生容易掌握为准则，与生产、工作实际紧密结合，力求达到学以致用的目的。

本书在编写过程中，紧紧把握课程特点，力求做到从设计——施工安装——运行管理全过程中，理论知识链和实践知识链的完整性和系统性，内容的可操作性和新颖性，同时兼顾同其他专业课程的相关性。

本书具有较宽的专业适应面，在内容的组织上按必需、够用的原则，取材注意反映基本概念和基本理论，删除了一些烦琐的理论推导，注重实用性，力求体现能力本位的教育思想。

参加本书编写的作者都是多年从事教学并坚持在教学一线的"双师型"教师。在论述基础理论和方法的同时，重视基本技能的训练与实践性教学环节，并力求叙述简明、通俗易懂，并编入了一些新知识，删除了一些落后的、淘汰的知识。为了便于教学，每章后面附有思考题与习题，以利于学生及时复习和巩固已学知识。

本书概念准确，章节顺序合理，重点突出，信息量大，并紧密结合国家政策、标准、规范和供热技术发展状况。

本书由刘满平教授、逯红杰副教授任主编，刘满平负责编写绪论、第七章、第八章、附录；逯红杰负责编写第三章、第四章、第五章、第六章；魏朝辉老师负责编写第一章、第二章、第九章、第十章、第十一章。全书由刘满平教授统稿，西安航空学院金文教授主审。

在编写过程中，参考了大量的书籍、资料和文献，在参考文献中一并列出，在此向其作者们表示感谢！同时也得到了相关部门和个人的大力支持，在此一并表示由衷的谢意。

由于编者水平有限，时间仓促，在编写过程中难免出现不足和错误之处，恳请读者批评指正，以利改进，不胜感激！

编　者

2013 年 8 月

**中国建材工业出版社**
China Building Materials Press

**我们提供**

图书出版、图书广告宣传、企业/个人定向出版、设计业务、企业内刊等外包、代选代购图书、团体用书、会议、培训，其他深度合作等优质高效服务。

**编辑部**
010-68342167

**图书广告**
010-68361706

**出版咨询**
010-68343948

**图书销售**
010-68001605

**设计业务**
010-88376510转1008

邮箱：jccbs-zbs@163.com      网址：www.jccbs.com.cn

发展出版传媒　　服务经济建设

传播科技进步　　满足社会需求

（版权专有，盗版必究。未经出版者预先书面许可，不得以任何方式复制或抄袭本书的任何部分。举报电话：010-68343948）

# 目　　录

# 绪　　论

## 一、供热工程的研究对象

人们在日常生活和社会生产中需要大量的热能。将自然界的能源直接或间接地转化成热能，供给人们使用的一门综合性应用技术，称为热能工程。热能工程中，生产、输配和应用中、低品位热能的工程技术称为供热工程。热媒是可以用来输送热能的媒介物，常用热媒是热水和蒸汽。随着技术经济的发展和节约能源的需要，供热工程已经日益得到人们的重视而发展起来。

供热系统包括热源、供热管网和热用户三个基本组成部分。

1. 热源：主要是指生产和制备一定参数（温度、压力）的热水和蒸汽的锅炉房或热电厂。

2. 供热管网：是指输送热媒的室外供热管路系统。

3. 热用户：是指直接使用或消耗热能的室内采暖、通风空调、热水供应和生产工艺用热系统等。室内采暖系统是冬季消耗能源的大户，也是本课程的主要研究对象。通风空调系统、热水供应系统作为独立课程分别学习，不作为本课程学习的内容。

因此，本课程研究的对象包括室内采暖系统、室外供热热网两大部分内容。通过学习使学生掌握采暖系统和集中供热系统的工作原理、组成及形式；掌握一般热水采暖系统和集中供热系统设计的原理、方法和步骤；学会室内热水采暖系统施工图的绘制；熟悉低温热水辐射采暖系统和蒸汽采暖系统的基本原理及设计方法；了解常用设备、附件的构造、原理，并掌握选用方法；掌握热水采暖系统室内管路和集中供热系统网络的布置和敷设；了解集中供热系统的供热调节原理，并掌握调节方法；理解水力工况分析的基本原理和分析方法。

## 二、供热技术的发展概况

人类利用热能是从熟食、取暖开始的，后来又将热能应用于生产中，并经过长期的实践，丰富和发展了供热理论。

火的使用、蒸汽机的发明、电能的应用以及原子能的利用，使人类利用能源的历史经历了四次重大的突破，也带来了供热工程技术的不断发展。

我国在西安半坡村挖掘出土的新石器时代仰韶时期的房屋中，就发现有长方形灶坑，屋顶有小孔用以排烟，还有双连灶形的火炕。从已出土的古墓中发现，汉代就有带炉箅的炉灶和带烟道的局部供暖设备。这些利用烟气供暖的方式，如火炉、火墙和火炕等，在我国北方农村至今还被广泛使用。

蒸汽机发明以后，促进了锅炉制造业的发展。19世纪初期在欧洲开始出现了以蒸汽或热水作为热媒的集中式供暖系统。集中供热方式始于1877年，当时在美国纽约，建成了第一个区域锅炉房向附近 14 家用户供热。

20 世纪初期，一些工业发达的国家，开始利用发电厂内汽轮机的排汽，供给生产和生活用热，其后逐渐成为现代化的热电厂。在 20 世纪中期，特别是二次世界大战以后，城镇集中供热事业得到较迅速发展。其主要原因是集中供热（特别是热电联产）明显地具有节约能源、改善环境和提高人民生活水平以及保证生产用热要求的主要优点。

新中国成立后，随着经济建设的发展，供热事业逐步发展起来，普遍采用了以小型锅炉房作为热源向一幢或数幢房屋供热的供暖系统。一些大型工业企业建立了热电站，铺设和架设了用以满足生产用热和供暖用热的供热管网。

城市的集中供热是从北京开始的，北京第一热电站是在 1959 年投入运行的，并于当年向东西长安街十大建筑及部分工厂企业供应热能。

现在我国的采暖和集中供热事业得到了迅速的发展。在东北、西北、华北地区，许多民用建筑和多数工业企业设置了集中采暖系统，很多城镇实现了集中供热。

在 20 世纪 50 年代期间，我国采暖工程的设计、施工和运行管理工作者，进行了大量的研究，编制出了适合我国国情的国家标准《采暖通风与空气调节设计规范》（简称《暖通规范》），其成果与世界先进国家的规范相比，毫不逊色。我国在供热管网敷设、换热设备、预制保温管等新技术、新设备、新工艺方面也有了可喜的突破，并得到广泛地推广应用。

从 20 世纪 70 年代开始，多种采暖系统的应用和新型散热器设备的研制工作，有了较大的进展，使我国供暖技术得到迅速的发展。

近年来，太阳能、原子能、地热等新能源研制的科技成果不断出现，在西北地区、北京、天津等地，20 世纪 80 年代就建造了一批太阳能供暖建筑。天津、北京等地也相继出现了地热能供等。目前已有 20 多个省市和地区开展了地热能的勘探和开发利用。

虽然我国的供热工程建设和技术取得了显著的成就，但我国的供热状况还是原始供暖与现代化的集中供热并存，小型分散的供热形式还普遍存在。从供热技术整体看，我国与先进国家相比，城市住宅和公共建筑集中供热率较低，供热系统的热能利用率、供热产品的品种、质量以及供热系统的运行管理和自控水平等方面，还有不小差距。另外管理水平的低下，收费方面的不合理，也制约着集中供热事业的发展。随着经济建设和人民生活水平的日益提高，对供热技术的要求也会越来越高，这就需要广大供热技术人员共同努力。

### 三、集中供热概况

#### 1. 集中供热的概念

供热系统根据热源和供热规模的大小，可分为分散供热和集中供热两种基本形式。所谓分散供热，是指热用户较少、热源和热网规模较小的单体或小范围供热方式。而集中供热是指从一个或多个热源通过热网向城市、镇或其中某些热用户供热。它的供热量和范围比小型分散供热大得多，输送距离也长得多。

集中供热由于热效率高、节省燃料，减少了对环境的污染，且机械化程度和自动化程度较高，目前已成为现代化城镇的重要基础设施之一，是城镇公共事业的重要组成部分。

#### 2. 集中供热的基本形式

集中供热系统由三大部分组成：热源、热力网（热网）和热用户。热源在热能工程中，泛指能从中吸取热量的任何物质、装置或天然热源。目前最广泛应用的是使用煤、油、天然气等作为燃料，燃烧产生的热能，将热能传递给水而产生热水或蒸汽。此外也可以利用核能、地热、电能、工业余热作为集中供热系统的热源。

以区域锅炉房（装置热水锅炉或蒸汽锅炉）为热源的供热系统称为区域锅炉房集中供热系统。

热源处主要设备有热水锅炉、循环水泵、补给水泵及水处理设备。室外管网由一条供水管和一条回水管组成。热用户包括供暖用户、生活热水供应用户等。系统中的水在锅炉中被加热到所需要的温度，以循环水泵作动力使水沿供水管流入各用户，散热后回水沿回水管返回锅炉，水不断地在系统中循环流动。系统在运行过程中的漏水量或被用户消耗的水量，由补给水泵把经水处理装置处理后的水从回水管补充到系统内。补充水量的多少可通过压力调节阀控制。除污器设在循环水泵吸入口侧，用以清除水中的污物、杂质，避免进入水泵与锅炉内。

蒸汽锅炉产生的蒸汽，通过蒸汽干管输送到各热用户，如供暖、通风、热水供应和生产工艺系统等。各室内用热系统的凝结水经疏水器和凝结水干管后返回锅炉房的凝结水箱，再由锅炉补给水泵将水送进锅炉重新被加热。

以热电厂作为热源的供热系统，称为热电厂集中供热系统。由热电厂同时供应电能和热能的能源综合供应方式，称为热电联产。

热电厂内的主要设备之一是供热汽轮机。它驱动发电机产生电能，同时利用已作过功的抽（排）汽供热。

在汽轮机中当蒸汽膨胀到高压可调抽汽口的压力时（压力可保持在 $8 \times 10^5 \sim 13 \times 10^5 \mathrm{Pa}$ 以内不变），可抽出部分蒸汽向外供热，通常向生产工艺热用户供热。当蒸汽在汽轮机中继续膨胀到低压可调抽汽口压力时（压力保持在 $1.2 \times 10^5 \sim 2.5 \times 10^5 \mathrm{Pa}$ 以内不变），再抽出部分蒸汽，送入热水供热系统的热网水加热器中（通常称为基本加热器，在整个供暖季节都投入运行），将热水网路的回水加热。在室外温度较低，需要加热到更高的供水温度，而基本加热器不能满足要求时，可通过尖（高）峰加热器再将热网水进一步加热。尖峰加热器所需的蒸汽，可由高压抽汽口或从蒸汽锅炉通过减压减温装置获得。高低压可调节抽汽口的抽汽量将根据热用户热负荷的变化而变化，同时调节装置将相应改变进入冷凝器（凝汽器）的蒸汽量，以保持所需的发电量不变。蒸汽在冷凝器中被冷却水冷却为凝结水，用凝结水泵送入回热装置（由几个换热器和除氧器组成）逐级加热后，再进入蒸汽锅炉重新加热。

由于供热汽轮机是利用作过功的蒸汽向外供热，与凝汽式发电方式相比，大大减少了凝汽器的冷源损失，因而热电厂的热能利用效率远高于凝汽式发电厂。凝汽式发电厂的热效率约为 25%~40%，而热电厂的热效率可达 70%~85%。

蒸汽在热用户放热后，凝水返回热电厂水处理装置，再通过给水泵送进电厂的回热装置加热。

热水网路的循环水泵，驱动网路水不断循环而被加热和冷却。通过热水网路的补给水泵，补充热水网路的漏水量。利用补给水压力调节器，控制热水供热系统的压力。

**四、采暖工程概况**

1. 采暖及采暖期的概念

所谓采暖，就是使室内获得热量并保持一定的室内温度，以达到适宜的生活条件或工作条件的技术。所有采暖系统都有热媒制备（热源）、热媒输送（热网）和热媒利用（散热设备）三个主要组成部分。

从开始采暖到结束采暖的期间称为采暖期。《民用建筑供暖通风与空气调节设计规范》（GB 50736—2012）（以下简称《暖通规范》）规定，设计计算采暖期天数，应按累计年日平均温度稳定低于或等于采暖室外临界温度的总日数确定。对一般民用建筑和工业建筑采暖室外临界温度，宜采用5℃。各地的采暖期天数及起止日期，可从有关资料中查取。我国幅员辽阔，各地设计计算用采暖期天数不一，东北、华北、西北、新疆、西藏等地区的采暖期均较长，少的也有100多天，多得可达200天以上。例如北京设计计算用采暖期天数，可达129天。设计计算用采暖期，是计算采暖建筑物的能量消耗，进行技术经济分析、比较等不可缺少的数据。设计计算用采暖期并不指具体某地方的实际采暖期，各地的实际采暖期应由各地主管部门根据实际情况自行确定。

2. 采暖系统分类

（1）根据三个主要组成部分的相互位置关系来分

分为局部采暖系统和集中采暖系统。热媒制备、热媒输送和热媒利用三个主要组成部分在构造上都在一起的采暖系统，称为局部采暖系统，如煤气采暖（火炉、火墙和火炕等）、电热采暖和燃气采暖等。虽然燃气和电能通常由远处输送到室内来，但热量的转化和利用都是在散热设备上实现的。

热源和散热设备分别设置，用热媒管道相连接，由热源向各房间或各个建筑物供给热量的采暖系统，称为集中式采暖系统。《暖通规范》规定：累年日平均温度低于或等于5℃的日数大于或等于90天的地区，宜设置集中采暖。同时也规定：设置采暖的公共建筑和工业建筑，当其位于严寒地区或寒冷地区，且在非工作时间或中断使用的时间内，为了防止水管及其他用水设备等发生冻结，室内温度必须保持0℃以上，而利用房间蓄热量不能满足要求时，应按5℃设置值班采暖。

（2）根据热媒种类不同来分

分为热水采暖系统、蒸汽采暖系统和热风采暖系统。热水采暖系统的热媒是热水。根据热水在系统中循环流动的动力不同，热水采暖系统又分为以自然循环压力为动力的自然循环热水采暖系统（重力循环热水采暖系统）和以水泵扬程为动力的机械循环热水采暖系统。

蒸汽采暖系统的热媒是蒸汽。根据蒸汽压力的不同，蒸汽采暖系统可分为低压蒸汽采暖系统（蒸汽压力在0.05~0.07MPa）和高压蒸汽采暖系统（蒸汽压力在0.07MPa以上）。

热风采暖系统以热空气作为热媒，即把空气加热到适当的温度直接送入房间，以满足采暖要求。根据需要和实际情况，可设独立的热风采暖系统或采用通风和空调联合的系统。例如暖风机、热风幕等就是热风采暖的典型设备。

（3）根据散热设备散热方式的不同

分为对流采暖和辐射采暖。以对流换热为主要方式的采暖，称为对流采暖。系统中的散热设备是散热器，因而这种系统也称为散热器采暖系统。利用热空气作为热媒，向室内供给热量的采暖系统，称为热风采暖系统。它也是以对流方式向室内供热。辐射采暖是以辐射传热为主的一种采暖方式。辐射采暖系统的散热设备，主要采用金属辐射板或以建筑物部分顶棚、地板或墙壁作为辐射散热面。

## 思考题与习题

1. 什么是热能工程？什么是供热工程？
2. 供热工程的研究对象主要有哪些？
3. 什么是集中供热？什么是分散供热？集中供热有什么特点？
4. 集中供热系统有哪几种基本形式？
5. 什么叫采暖？什么叫采暖期？设计计算用采暖期天数是怎样规定的？
6. 采暖系统如何分类？
7. 供暖室外临界温度是多少？

# 第一章　采暖系统设计热负荷

本章主要讲述普通民用建筑室内采暖系统设计热负荷的计算原则和方法。采暖系统的设计热负荷是室内采暖系统设计中最重要的基础数据。设计热负荷计算的准确与否直接影响到系统管径的选取和散热面积的大小，从而影响到采暖系统的工程造价、运行管理及热用户的满意度。通过对本章内容的学习，同学们应掌握设计参数的选取、设计热负荷的计算等基本专业设计能力。

## 第一节　采暖系统设计热负荷

### 一、建筑物的得热量和失热量

房间的用途无论是用于生活还是生产，都要求满足一定的温度。一个建筑物或一个房间可通过多种途径得到热量或散失热量，这都将影响到房间的温度。当房间的得热量大于失热量时，房间的温度将升高，相反，当房间的失热量大于得热量时，房间的温度将降低。在我国北方，由于冬季室外气温较低，因此房间的失热量往往都大于得热量，使得房间温度偏低，须借助室内采暖系统为房间提供热量。

房间的失热量 $Q'_{sh}$ 一般由下述因素造成：

（1）通过围护结构两边的温差传出的热量，$Q'_1$；

（2）通过门窗的缝隙渗入室内的冷空气的吸热量，$Q'_2$；

（3）由外围护结构上的空洞等侵入室内的冷空气的吸热量，$Q'_3$；

（4）由外部运入的冷物料和运输工具等的吸热量，$Q'_4$；

（5）机械排风的失热量，$Q'_5$；

（6）水分蒸发的吸热量，$Q'_6$。

房间的得热量 $Q'_d$ 一般由下述因素造成：

（1）由于太阳辐射进入房间的热量，$Q'_7$；

（2）通过室内照明进入室内的热量，$Q'_8$；

（3）热管道、热设备或热物料散入房间的热量，$Q'_9$；

（4）人体散热量，$Q'_{10}$。

在我国北方地区，冬季房间的总得热量一般都小于失热量，为了维持室内舒适的温度，通常需要靠采暖系统输送热量。采暖系统在单位时间内向房间提供的热量是设计采暖系统最基本的数据。

### 二、采暖系统设计热负荷

采暖系统的设计热负荷是指在某一室外温度下，为了达到要求的室内温度，采暖系统在单位时间内向建筑物提供的热量。

对于一般的民用建筑和产热量较少的工业建筑以及没有装置机械通风系统的建筑物，计算采暖系统的设计热负荷时通常只考虑主要的失热因素和得热因素。即得热因素只考虑太阳辐射的热量，而失热因素只考虑通过围护结构的传热耗热量、通过门窗的缝隙渗入室内的冷空气的吸热量以及由外围护结构上的空洞等侵入室内的冷空气的吸热量。采暖系统的设计热负荷可用下式表示：

$$Q' = Q'_{sh} - Q'_{d} = Q'_1 + Q'_2 + Q'_3 - Q'_7 \tag{1-1}$$

式中的上标符号"'"均表示在设计工况下的各种参数。

围护结构的传热耗热量是指当室内温度高于室外温度时，通过围护结构向外传递的热量。在工程设计中，常把它分成围护结构的基本耗热量和附加（修正）耗热量两部分进行计算。基本耗热量是指在设计条件下，通过房间各部分围护结构（门、窗、墙、地板、屋顶等）从室内传到室外的稳定传热量的总和。附加（修正）耗热量是指围护结构的传热条件发生变化时对基本耗热量进行修正的耗热量。包括风力附加、高度附加和朝向修正等耗热量。其中朝向修正是考虑围护结构的朝向不同，太阳辐射的热量不同而对基本耗热量进行的修正。

因此，在工程设计中，采暖系统的设计热负荷，一般可分成以下几部分进行计算：

$$Q' = Q'_{1.j} + Q'_{1.x} + Q'_2 + Q'_3 \tag{1-2}$$

式中　$Q'_{1.j}$——围护结构的基本耗热量，W；

$Q'_{1.x}$——围护结构的附加（修正）耗热量，W；

$Q'_2$——冷风渗透耗热量，W；

$Q'_3$——冷风侵入耗热量，W。

其中前两项表示通过围护结构的传热耗热量，后两项表示室内通风换气所消耗的热量。采暖系统设计热负荷的计算一般以房间为对象，逐个房间——进行计算。

# 第二节　围护结构的基本耗热量

一般情况下，围护结构的基本耗热量是一个随时都在变化的变量，这是因为室内散热设备散热不稳定，室外空气温度随季节和昼夜的变化也在不断波动，因此，通过围护结构的传热过程是一个不稳定传热过程，但不稳定传热计算复杂。因此，在工程设计中，围护结构的基本耗热量是按一维稳定传热过程进行计算的，即假设在计算时间内，室内、外空气温度和其他传热过程参数都不随时间变化。实际上，对室内温度允许有一定波动幅度的一般建筑物来说，采用稳定传热计算可以简化计算方法并能基本满足要求。围护结构基本耗热量，可按下式计算：

$$q' = KF(t_n - t'_w)\alpha \tag{1-3}$$

式中　$q'$——围护结构的基本耗热量，W；

$K$——围护结构的传热系数，W/（$m^2 \cdot ℃$）；

$F$——围护结构的面积，$m^2$；

$t_n$——采暖室内计算温度，℃；

$t'_w$——采暖室外计算温度，℃；

$\alpha$——围护结构的温差修正系数。

整个建筑物或房间的基本耗热量 $Q'_{1.j}$ 等于它的围护结构各部分基本耗热量 $q'$ 的总和。

$$Q'_{1.j} = \sum q' = \sum KF(t_n - t'_w)\alpha \qquad (1-4)$$

下面对上式中各项分别讨论：

**一、采暖室内计算温度 $t_n$**

室内计算温度是指距地面 2m 以内人们活动地区的平均空气温度。室内空气温度的选定，应满足人们生活和生产工艺的要求。生产要求的室温，一般由工艺设计人员提出。生活用房间的温度，主要决定于人体的生理热平衡。它和许多因素有关，如与房间的用途、室内的潮湿状况和散热强度、劳动强度以及生活习惯、生活水平等有关。

许多国家所规定的冬季室内温度标准，大致在 16～22℃ 范围内。根据国内有关卫生部门的研究结果认为：当人体衣着适宜且处于安静状况时，室内温度 20℃ 比较舒适。18℃ 无冷感，15℃ 是产生明显冷感的温度界限。

我国国标《暖通规范》规定：设计集中采暖时，冬季室内计算温度，应根据建筑物的用途，按下列规定采用：

1. 民用建筑的主要房间，寒冷地区和严寒地区应采用 18～24℃；夏热冬冷地区应采用 16～22℃。

2. 生产厂房的工作地点：轻作业不应低于 15℃，中作业不应低于 12℃，重作业不应低于 10℃；

3. 辅助建筑物及辅助用室的冬季室内计算温度值，见附表 1-1。

对于高度较高的生产厂房，由于对流作用，上部空气温度必然高于工作地区温度，通过上部围护结构的传热量增加。因此，当层高超过 4m 的建筑物或房间，冬季室内计算温度 $t_n$，应按下列规定采用：

（1）计算地面的耗热量时，应采用工作地点的温度 $t_g$；

（2）计算屋顶和天窗耗热量时，应采用屋顶下的温度 $t_d$；

（3）计算门、窗和墙的耗热量时，应采用室内平均温度 $t_{p.j}$，$t_{p.j} = (t_g + t_d)/2$。

屋顶下的空气温度 $t_d$ 受诸多因素影响，难以用理论方法确定。最好是按已有类似厂房进行实测确定或按经验数值用温度梯度法确定。即

$$t_d = t_g + (H - 2)\Delta t \qquad (1-5)$$

式中　$H$——屋顶距地面的高度，m；

　　　$\Delta t$——温度梯度，℃/m。

**二、采暖室外计算温度 $t'_w$**

采暖室外计算温度 $t'_w$ 如何确定，对采暖系统设计有关键性的影响。如采用过低的值，会使采暖系统的造价增加；如采用值过高，则不能保证采暖效果。目前国内外选定采暖室外计算温度的方法，可以归纳为两种：一是根据围护结构的热惰性原理，另一种是根据不保证天数的原则来确定。用热惰性原理确定采暖室外计算温度的值比较低，我国不采用。采用不保证天数方法的原则是：人为允许有几天时间可以低于规定的采暖室外计算温度值，亦即容许这几天室内温度可能稍低于室内计算温度值。不保证天数根据各国规定而有所不同，有规定 1 天、3 天、5 天等。

我国现行的《暖通规范》采用了不保证天数方法确定北方城市的采暖室外计算温度值。

规范规定："采暖室外计算温度，应采用历年平均不保证 5 天的日平均温度"。附表 1-2 中，实际是指 1970～2000 年共 30 年的气象统计资料里，不得有多于 150 天的实际日平均温度低于所选定的室外计算温度值。

我国北方一些城市的采暖室外计算温度值，详见附表 1-2。

### 三、温差修正系数 $\alpha$ 值

对采暖房间围护结构外侧不是与室外空气直接接触，而中间隔着不采暖房间或空间的场合（图 1-1），通过该围护结构的传热量应为 $Q = KF(t_n - t_h)$，式中 $t_h$ 是传热达到热平衡时，非采暖房间或空间的温度。

计算与大气不直接接触的外围护结构基本耗热量时，为了统一计算公式，采用了系数 $\alpha$——围护结构的温差修正系数，见下式。

$$Q = \alpha KF(t_n - t'_w) = KF(t_n - t_h)$$

得：

$$\alpha = \frac{t_n - t_h}{t_n - t'_w} \qquad (1\text{-}6)$$

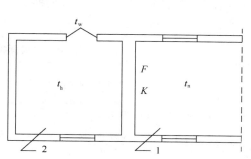

图 1-1　计算温差修正系数示意图
1—供暖房间；2—非供暖房间

式中　$F$——采暖房间所计算的围护结构表面积，$m^2$；

　　　$K$——采暖房间所计算的围护结构的传热系数，$W/(m^2 \cdot \degree C)$；

　　　$t_h$——不采暖房间或空间的空气温度，$\degree C$；

　　　$\alpha$——围护结构的温差修正系数。

围护结构温差修正系数的大小，取决于非采暖房间或空间的保温性能和透气状况。对于保温性能差和易于室外空气流通的情况，不采暖房间或空间的空气温度更接近于室外空气温度，则 $\alpha$ 值更接近于 1。各种不同情况的温差修正系数见附表 1-3。

此外，如两个相邻房间的温差大于或等于 $5\degree C$ 时，应计算通过隔墙或楼板的传热量。

### 四、围护结构的传热系数 $K$ 值

1. 匀质多层材料（平壁）的传热系数 $K$ 值

一般建筑物的外墙和屋顶都属于匀质多层材料的平壁结构，其传热过程如图 1-2 所示。传热系数 $K$ 值可用下式计算：

$$K = \frac{1}{R_0} = \frac{1}{\dfrac{1}{\alpha_n} + \sum \dfrac{\delta}{\alpha_\lambda \cdot \lambda_i} + R_k + \dfrac{1}{\alpha_w}} = \frac{1}{R_n + R_j + R_w + R_k}$$

$$(1\text{-}7)$$

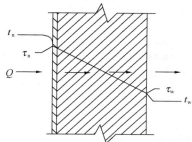

图 1-2　通过围护结构
的传热过程

式中　$R_0$——围护结构的传热阻，$(m^2 \cdot \degree C)/W$；

　$\alpha_n$，$\alpha_w$——围护结构内表面、外表面的换热系数，$W/(m^2 \cdot \degree C)$；

　$R_n$，$R_w$——围护结构内表面、外表面的传热阻，$(m^2 \cdot \degree C)/W$；

$\delta_i$——围护结构各层的厚度，m；

$\lambda_i$——围护结构各层材料的导热系数，W/(m·℃)；

$R_j$——由单层或多层材料组成的围护结构各材料层的热阻，(m²·℃)/W；

$\alpha_\lambda$——材料导热系数修正系数，见表1-3；

$R_k$——封闭空气间层的热阻，(m²·℃/W)，见表1-4。

一些常用建筑材料的导热系数 $\lambda$ 值，可见附表1-4。

围护结构表面换热过程是对流和辐射的综合过程。围护结构内表面换热是壁面与邻近空气和其他壁面由于温差引起的自然对流和辐射换热作用，而在围护结构外表面主要是由于风力作用产生的强迫对流换热，辐射换热占的比例较小。在工程计算中采用的换热系数和换热热阻见表1-1及表1-2。

**表1-1 内表面换热系数 $\alpha_n$ 与换热热阻 $R_n$**

| 围护结构内表面特征 | $\alpha_n$ | $R_n$ |
|---|---|---|
| | W/(m²·℃) | W/(m²·℃) |
| 墙、地面、表面平整或有肋状突出物的顶棚，当 $h/s \leqslant 0.3$ 时 | 8.7 | 0.115 |
| 有肋、井状突出物的顶棚，当 $0.2 < h/s \leqslant 0.3$ 时 | 8.1 | 0.123 |
| 有肋状突出物的顶棚，当 $h/s > 0.3$ 时 | 7.6 | 0.132 |
| 有井状突出物的顶棚，当 $h/s > 0.3$ 时 | 7.0 | 0.143 |

注：表中 $h$—肋高(m)；$s$—肋间净距(m)。

**表1-2 外表面换热系数 $\alpha_w$ 与换热阻 $R_w$**

| 围护结构外表面特征 | $\alpha_w$ | $R_w$ |
|---|---|---|
| | W/(m²·℃) | W/(m²·℃) |
| 外墙与屋顶 | 23 | 0.04 |
| 与室外空气相通的非采暖地下室上面的楼板 | 17 | 0.06 |
| 阁顶和外墙上有窗的非采暖地下室上面的楼板 | 12 | 0.08 |
| 外墙上无窗的非采暖地下室上面的楼板 | 6 | 0.17 |

常用围护结构的传热系数 $K$ 值，可见附表1-5。

材料导热系数修正系数 $\alpha_\lambda$ 见表1-3。

**表1-3 材料导热系数修正系数 $\alpha_\lambda$**

| 材料、构造、施工、地区说明 | $\alpha_\lambda$ |
|---|---|
| 作为夹心层浇筑在混凝土墙体及屋面构件中的块状多孔保温材料(如加气混凝土、泡沫混凝土及水泥膨胀珍珠岩)因干燥缓慢及灰缝影响 | 1.60 |
| 铺设在密闭层面中的多孔保温材料(如加气混凝土、泡沫混凝土、水泥膨胀珍珠岩、石灰炉渣等)，因干燥缓慢 | 1.50 |
| 铺设在密闭屋面中及作为夹心层浇筑在混凝土构件中的半硬质矿棉、岩棉、玻璃棉板等，因压缩及吸湿 | 1.20 |
| 作为夹心层浇筑在混凝土构件中的泡沫塑料等，因压缩 | 1.20 |

| 材料、构造、施工、地区说明 | $\alpha_\lambda$ |
|---|---|
| 开孔型保温材料(如水泥刨花板、木丝板、稻草板等),表面抹灰或混凝土浇筑在一起,因灰浆渗入 | 1.30 |
| 加气混凝土、泡沫混凝土砌块墙体及加气混凝土条板墙体、屋面,因灰缝影响 | 1.25 |
| 填充在空心墙体及屋面构件中的松散保温材料(如稻壳、木、矿棉、岩棉等)因下沉 | 1.20 |
| 矿渣混凝土、炉渣混凝土、浮石混凝土、粉煤灰陶粒混凝土、加气混凝土等实心墙体及屋面构件,在严寒地区,且在室内平均相对湿度超过65%的供暖房间内使用,因干燥缓慢 | 1.15 |

2. 由两种以上材料组成的、两向非匀质围护结构的传热系数值

实心砖墙传热系数值较高,从节能角度出发,采用各种形式的空心砌块,或填充保温材料的墙体等日益增多。这种墙体属于由两种以上材料组成的、非匀质围护结构,属于两维传热过程,计算它的传热系数 $K$ 时,通常采用近似计算方法或实验数据。

两向非均匀介质围护结构传热系数 $K$ 值为:

$$K = \frac{1}{R_0} = \frac{1}{R_n + R_{pj} + R_w} \tag{1-8}$$

3. 空气间层传热系数 $K$ 值

在严寒地区和一些高级民用建筑,围护结构内常用空气间层来减小传热量,如双层玻璃、复合墙体的空气间层等。间层中的空气导热系数比组成围护结构的其他材料的导热系数小,增加了围护结构传热阻。空气间层传热同样是辐射与对流换热的综合过程。在间层壁面涂覆辐射系数小的反射材料,如铝箔等,可以有效地增大空气间层的换热阻。对流换热强度,与间层的厚度,间层设置的方向和形状,以及密封性等因素有关。当厚度相同时,热流朝下的空气间层热阻最大,竖壁次之,而热流朝上的空气间层热阻最小。同时,在达到一定厚度后,反而易于对流换热,热阻的大小几乎不随厚度增加而变化了。

空气间层的热阻难以用理论公式确定。在工程设计中,可按表1-4确定。

**表1-4　空气间层热阻层 $R'_k [ (m^2 \cdot ℃)/W ]$**

| 位置、热流状况 | | 间层厚度 $\delta$ (cm) | | | | | | |
|---|---|---|---|---|---|---|---|---|
| | | 0.5 | 1 | 2 | 3 | 4 | 5 | 6以上 |
| 一般空气间层 | 热流向下 (水平、倾斜) | 0.10 | 0.14 | 0.17 | 0.18 | 0.19 | 0.20 | 0.20 |
| | 热流向上 (水平、倾斜) | 0.10 | 0.14 | 0.15 | 0.16 | 0.17 | 0.17 | 0.17 |
| | 垂直空气间层 | 0.10 | 0.14 | 0.16 | 0.17 | 0.18 | 0.18 | 0.18 |
| 单面铝箔空气间层 | 热流向下 (水平、倾斜) | 0.16 | 0.28 | 0.43 | 0.51 | 0.57 | 0.60 | 0.64 |
| | 热流向上 (水平、倾斜) | 0.16 | 0.26 | 0.35 | 0.40 | 0.42 | 0.42 | 0.43 |
| | 垂直空气间层 | 0.16 | 0.26 | 0.39 | 0.44 | 0.47 | 0.49 | 0.50 |
| 双面铝箔空气间层 | 热流向下 (水平、倾斜) | 0.18 | 0.34 | 0.56 | 0.71 | 0.84 | 0.94 | 1.01 |
| | 热流向上 (水平、倾斜) | 0.17 | 0.29 | 0.45 | 0.52 | 0.55 | 0.56 | 0.57 |
| | 垂直空气间层 | 0.18 | 0.31 | 0.49 | 0.59 | 0.65 | 0.69 | 0.71 |

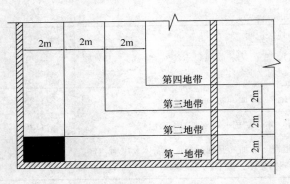

图 1-3　地面传热地带的划分

### 4. 地面的传热系数

在冬季，室内热量通过靠近外墙地面传到室外的路程较短，热阻较小。而通过远离外墙地面传到室外的路程较长，热阻增大。因此，室内地面的传热系数（热阻）随着离外墙的远近而有变化，但在离外墙约 8m 以远的地面，传热量基本不变。基于上述情况，在工程上一般采用近似方法计算，把地面沿外墙平行的方向分成四个计算地带，如图 1-3 所示。

（1）贴土非保温地面

组成地面的各层材料导热系数 $\lambda$ 都大于 $1.16W/(m \cdot ℃)$ 为非保温地面，其传热系数及热阻见表 1-5。但应注意第一地带靠近墙角的地面面积（如图 1-3 中阴影部分）需要计算两次。

表 1-5　非保温地面的传热系数和换热阻

| 地　　带 | $R_0$ | $K_0$ |
|---|---|---|
| | $(m^2 \cdot ℃)/W$ | $(m^2 \cdot ℃)/W$ |
| 第一地带 | 2.16 | 0.47 |
| 第二地带 | 4.30 | 0.23 |
| 第三地带 | 8.60 | 0.12 |
| 第四地带 | 14.2 | 0.07 |

工程计算中，也有采用对整个建筑物或房间地面取平均传热系数进行计算的简易方法，可详见《供暖通风设计手册》，

（2）贴土保温地面

组成地面的各层材料中，有导热系数 $\lambda$ 小于 $1.16W/(m \cdot ℃)$ 的保温层，其各地带的热阻值，可按下式计算

$$R'_0 = R_0 + \sum_{i=1}^{n} \frac{\delta_i}{\lambda_i} \qquad (1-9)$$

式中　$R'_0$——贴土保温地面的换热阻，$(m^2 \cdot ℃)/W$；

$R_0$——非保温地面的换热阻，$(m^2 \cdot ℃)/W$；

$\delta_i$——保温层的厚度，m；

$\lambda_i$——保温材料的导热系数，$W/(m \cdot ℃)$。

（3）铺设在地垄墙上的保温地面

铺设在地垄墙上的保温地面，其各地带的换热阻值可按下式计算

$$R'_0 = 1.08R_0 \qquad (1-10)$$

### 五、围护结构传热面积的丈量

不同围护结构传热面积的丈量方法按图 1-4 的规定计算。

外墙面积的丈量，高度从本层地面算到上层的地面，底层还应包括首层地面的厚度。对

平屋顶的建筑物，最顶层的丈量是从最顶层的地面到平屋顶的外表面的高度；而对有闷顶的斜屋面，算到闷顶内的保温层表面。外墙的平面尺寸，应按建筑物外廓尺寸计算。两相邻房间以内墙中线为分界线。

门、窗的面积按外墙外面上的净空尺寸计算。

闷顶和地面的面积，应按建筑物外墙以内的内廊尺寸计算。对平屋顶，顶棚面积按建筑物外廓尺寸计算。

对平屋顶，顶棚面积按建筑物外廓尺寸计算。

地下室面积的丈量，位于室外地面以下的外墙，其耗热量计算方法与地面的计算相同，但传热地带的划分，应从与室外地面相平的墙面算起，以及把地下室外墙在室外地面以下的部分，看作是地下室地面的延伸，如图1-5所示。

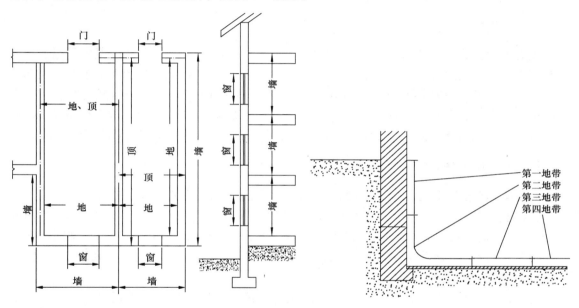

图1-4　围护结构传热面积的尺寸丈量规则　　　　图1-5　地下室面积的丈量

# 第三节　围护结构的附加（修正）耗热量

通过前面的学习我们知道，围护结构的基本耗热量是在稳定条件下计算得出的，而实际耗热量会受到气象条件以及建筑物情况等各种因素影响而有所增减。因此，需要对围护结构基本耗热量进行修正，这些修正耗热量称为围护结构附加（修正）耗热量，通常按基本耗热量的百分率进行修正。附加（修正）耗热量有朝向修正、风力附加和高度附加耗热量等。

## 一、朝向修正耗热量

朝向修正耗热量是考虑建筑物受太阳照射影响而对围护结构基本耗热量的修正。

当太阳照射建筑物时，阳光直接透过玻璃窗使室内得到热量，同时由于受阳面的围护结构较干燥，外表面和附近气温升高，围护结构向外传递热量减少。朝向修正方法是按围护结构的不同朝向，采用不同的修正率。修正的耗热量等于垂直的外围护结构（门、窗、外墙及屋顶的垂直部分）的基本耗热量乘以相应的朝向修正率。

目前在设计计算中，不同朝向的修正率一般采用下列数值：

| | |
|---|---|
| 北、东北、西北 | 0 ~ 10% |
| 东南、西南 | -10% ~ -15% |
| 东、西 | -5% |
| 南 | -15% ~ -30% |

选用上面朝向修正率时，应考虑当地冬季日照率、建筑物使用和被遮挡等情况。对于冬季日照率小于35%的地区，东南、西南和南向修正率，宜采用 -10% ~ 0，东、西向可不修正。主要城市的朝向修正率见附表1-6。

### 二、风力附加耗热量

风力附加耗热量是考虑室外风速变化而对围护结构基本耗热量的修正。当室外风速过大引起围护结构外表面换热系数大于23W/（m² · ℃）时，要考虑风力附加。由于我国大部分地区冬季平均风速一般为 2 ~ 3m/s，影响不大。为了简化计算起见，《暖通规范》规定：在一般情况下，不必考虑风力附加。只对建在不避风的高地、河边、海岸、旷野上的建筑物，以及城镇、厂区内特别突出的建筑物，才考虑垂直外围结构的基本耗热量附加5% ~ 10%。

### 三、高度附加耗热量

高度附加耗热量是考虑房屋高度对围护结构耗热量的影响而附加的耗热量。

《暖通规范》规定：民用建筑和工业辅助建筑物（楼梯间除外）的高度附加率，当房间高度大于4m时，每高出1m应附加2%，但总的附加率不应大于15%。即当房间层高大于12m时，附加率为一固定值15%。地面辐射供暖的房间高度大于4m时，每高出1m宜附加1%，但总附加率不宜大于8%。

与其他修正耗热量不同，高度附加率应附加于房间各围护结构基本耗热量和其他附加（修正）耗热量的总和上。

综合上述，建筑物或房间在室外采暖计算温度下，通过围护结构的传热耗热量，可用下式综合表示

$$Q'_1 = Q'_{1.j} + Q'_{1.x} = (1 + x_g)\sum \alpha KF(t_n - t'_w)(1 + x_{ch} + x_f) \tag{1-11}$$

式中　$x_{ch}$——朝向修正率，% ；

　　　$x_f$——风力附加率，% ，$x_f \geq 0$ ；

　　　$x_g$——高度附加率，% ，$15\% \geq x_g \geq 0$ 。

## 第四节　冷风渗透耗热量

在风力和热压造成的室内外压差作用下，室外的冷空气通过门、窗等缝隙渗入室内，被加热后逸出。把这部分冷空气从室外温度加热到室内温度所消耗的热量，称为冷风渗透耗热量 $Q'_2$。冷风渗透耗热量，在设计热负荷中占有不小的份额。

影响冷风渗透耗热量的因素很多，如门窗构造、门窗朝向、室内外空气的温差、建筑物高低以及建筑物内部通道状况等。总的来说，对于多层（六层及六层以下）的建筑物，由于建筑总高度不高，在工程设计中，冷风渗透耗热量主要考虑风压的作用，可忽略热压的影响。对于高层建筑，则应考虑风压与热压的综合作用。

计算冷风渗透耗热量的常用方法有缝隙法、换气次数法和百分数法。

**一、按缝隙法计算多层建筑的冷风渗透耗热量**

对多层建筑，可通过计算不同朝向的门、窗缝隙长度以及从每米长缝隙渗入的冷空气量，确定其冷风渗透耗热量。这种方法称为缝隙法。

对不同类型的门、窗，在不同风速下每米长缝隙渗入的空气量 $L$，可采用表 1-6 的实验数据。

**表 1-6 每米门、窗缝隙渗入的空气量 $L$ [$m^3/h$]**

| 门窗类别 | 冬季室外平均风速（m/s） | | | | | |
|---|---|---|---|---|---|---|
| | 1 | 2 | 3 | 4 | 5 | 6 |
| 单层木窗 | 1.0 | 2.0 | 3.1 | 4.3 | 5.5 | 6.7 |
| 双层木窗 | 0.7 | 1.5 | 2.2 | 3.0 | 3.9 | 4.7 |
| 单层钢窗 | 0.6 | 1.5 | 2.6 | 2.9 | 5.2 | 6.7 |
| 双层钢窗 | 0.4 | 1.1 | 1.8 | 2.7 | 3.6 | 4.7 |
| 推拉铝窗 | 0.2 | 0.5 | 1.0 | 1.6 | 2.3 | 2.9 |
| 平开铝窗 | 0.0 | 0.1 | 0.3 | 0.4 | 0.6 | 0.8 |

注：1. 每米外门缝隙渗入的空气量，为表中同类型外窗的两倍；
　　2. 当有密封条时，表中数据可乘以 0.5 ~ 0.6 的系数。

用缝隙法计算冷风渗透耗热量时，不但要考虑朝向冬季主导风向的门、窗，而且还要考虑朝向非主导风向和背风面的门窗。

《暖通规范》明确规定：建筑物门窗缝隙的长度分别按各朝向所有可开启的外门、窗缝隙丈量，仅计算不同朝向的冷风渗透空气量时，引进一个渗透空气量的朝向修正系数 $n$。即

$$V = Lln \tag{1-12}$$

式中　$V$——冷风渗透空气量；

　　　$L$——每米门、窗缝隙渗入室内的空气量，$m^3/h$；

　　　$l$——门、窗缝隙的计算长度，m；

　　　$n$——渗透空气量的朝向修正系数，见附表 1-7。

门、窗缝隙的计算长度，建议可按下述方法计算：当房间仅有一面或相邻两面外墙时，全部计入其门、窗可开启部分的缝隙长度；当房间有相对两面外墙时，仅计入风量较大一面的缝隙；当房间有三面外墙时，仅计入风量较大的两面的缝隙。

确定门窗缝隙渗入空气量后，冷风渗透耗热量 $Q_2'$，可按下式计算

$$Q_2' = 0.278V\rho_W c_p (t_n - t_w') \tag{1-13}$$

式中　$V$——经门、窗缝隙渗入室内的总空气量，$m^3/h$；

　　　$\rho_W$——采暖室外计算温度下的空气密度，$kg/m^3$；

　　　$c_p$——冷空气的定压比热，$c = 1kJ/（kg \cdot ℃）$；

　　0.278——单位换算系数，$1kJ/h = 0.278W$。

### 二、用换气次数法计算冷风渗透耗热量

此法适用于民用建筑的概算法。

在工程设计中，也有按房间换气次数来估算该房间的冷风渗透耗热量。

$$Q'_2 = 0.278 n_k V_n \rho_w c_p (t_n - t'_w) \tag{1-14}$$

式中　$V_n$——房间的内部体积，$m^3$；

$n_k$——房间的换气次数，次/h，可按表 1-7 选用。

式中其他符号同前。

**表 1-7　概算换气次数（次/h）**

| 房间外墙暴露情况 | $n_k$ |
|---|---|
| 一面有外窗或外门 | 1/4 ~ 2/3 |
| 二面有外窗或外门 | 1/2 ~ 1.0 |
| 三面有外窗或外门 | 1 ~ 1.5 |
| 门厅 | 2 |

注：制表条件为窗墙面积比约为 20%，单层钢窗。双层钢窗时，上值应乘 0.7。

### 三、用百分数法计算冷风渗透耗热量

此法较常用于工业建筑的概算。

由于工业建筑房屋较高，室内外温差产生的热压较大，冷风渗透量可根据建筑物的高度及玻璃窗的层数，按表 1-8 列出的百分数进行估算。

**表 1-8　渗透耗热量占围护结构总耗热量的百分率（%）**

| 玻璃窗层数 | 建筑物高度（m） | | |
|---|---|---|---|
| | <4.5 | 4.5 ~ 10.0 | >10.0 |
| | 百分率 | | |
| 单层 | 25 | 35 | 40 |
| 单、双层均有 | 20 | 20 | 35 |
| 双层 | 15 | 25 | 30 |

## 第五节　冷风侵入耗热量

在冬季受风压和热压作用下，冷空气由开启的外门侵入室内。把这部分冷空气加热到室内温度所消耗的热量称为冷风侵入耗热量。

冷风侵入耗热量，可按下式计算：

$$Q'_3 = 0.278 n_k V_w \rho_w c_p (t_n - t'_w) \tag{1-15}$$

式中　$V_w$——侵入室内的冷空气量，$m^3/h$。

其他符号同前。

由于侵入的冷空气量 $V_w$ 不易确定，根据经验总结，冷风侵入耗热量可采用外门基本耗

热量乘以表1-9的百分数进行计算。亦即

$$Q'_3 = NQ'_{1.j.m} \qquad (1\text{-}16)$$

式中　$Q'_{1.j.m}$——外门的基本耗热量，W；

　　　　$N$——冷风侵入的外门附加率，按表1-9确定。

表1-9　外门附加率 $N$ 值

| 外门布置情况 | 附　加　率 |
|---|---|
| 一道门 | $n \times 65\%$ |
| 两道门 | $n \times 80\%$ |
| 三道门 | $n \times 60\%$ |
| 公共建筑和生产厂房的主要出入口 | 500% |

注：$n$ 为建筑物的楼层数。

表1-9的外门附加率，只适用于短时间开启的、无热风幕的外门。对于开启时间长的外门，冷风侵入量 $V_w$ 可根据《工业通风》等原理进行计算，或根据经验公式或图表确定并按公式（上式）计算冷风侵入耗热量。

此外，对建筑物的阳台门不必考虑冷风侵入耗热量。

有时，也可以将外门的冷风侵入耗热量纳入修正耗热量中与朝向、风力和高度修正一并计算。但附加率仍按照表1-9中的数据取值。

# 第六节　分户计量采暖热负荷计算

## 一、分户计量采暖热负荷

分户计量采暖系统设计的目的之一是提高用户的热舒适性。用户可以根据需要对室温进行自主调节，这就需要对不同需求的热用户提供一定范围的热舒适度的选择余地，因此分户计量采暖系统的设计室温比常规采暖系统有所提高。

目前，普遍认可的分户计量采暖系统的室内设计温度比现行国内标准高2℃。按此规定设计热负荷会提高7%～11%。

## 二、房间热负荷计算

分户计量采暖系统有一定的自主选择室内采暖温度的功能。这就会出现在运行过程中由于人为节能所造成的邻户、邻室传热问题。对于某一用户而言，当其相邻用户室温较低时，由于热传递就有可能使该用户的室温达不到设计值。为了避免随机的邻户传热影响，房间热负荷必须考虑由于分室调温而出现的温度差而引起的邻户传热量，即户间传热量。因此在确定采暖设备容量时，采用的房间设计热负荷应为常规采暖房间设计热负荷与户间热负荷之和。目前《暖通规范》还未给出统一的户间传热量计算方法。一些地方规程中对此作了较具体的规定。较多使用的方法是按实际可能出现的温差计算传热量，然后考虑可能同时出现的概率。

1. 北京市地方规程

北京市《新建集中供暖住宅分户计量设计技术规程》（DBJ 01—605—2000）对户间传热量的计算作出了如下的规定：

对于集中采暖用户，不采用地暖时，按 6℃ 温差计算户间楼板和隔墙的传热量；采用地暖时，按 8℃ 温差计算。

采用分户独立热源的用户，因间歇供暖的可能性更大，户间传热热负荷温差宜按 10℃ 计算。

以各户间传热量总和的适当比例作为户间总传热热负荷，一般可取 50%；而顶层或底层垂直方向因只向下或向上传热，故考虑较大概率，可取 70% ~ 80%。

户间传热量不宜大于房间基本采暖热负荷的 80%。

2. 天津市地方规程

天津市《集中供热住宅计量供热设计规程》（DB 29—26—2008）也对邻户传热量给出了明确的计算方法。规程规定户间热负荷只计算通过不同户之间的楼板和隔墙的传热量，而同一户不计算该项传热量，户间温差宜取 5 ~ 8℃。另外，考虑到户间各方向的热传递不是同时发生的，因此计算房间各方向热负荷之和后，应乘以一个概率系数（即同时发生系数）。

户间热负荷的产生本身存在许多不确定因素，而针对各种类型房间，即使采暖计算热负荷相同，由于相同外墙对应的户内面积不完全相同，计算出的户间热负荷相差很大。为了控制室内采暖设备选型过大造成不必要的浪费，同时应尽量减小因间热负荷的变化对采暖系统的影响，因此户间热负荷规定不应超过采暖计算热负荷的 50%。

户间热负荷计算公式：

（1）按传热面积计算户间热负荷的公式

$$Q = N \sum_{i=1}^{n} K_i F_i \Delta t \tag{1-17}$$

式中　$Q$——户间总热负荷，W；

　　　$K$——户间楼板或隔墙的传热系数，$W/(m^2 \cdot ℃)$；

　　　$F$——户间楼板或隔墙的面积，$m^2$；

　　　$\Delta t$——户间热负荷计算温差，℃，按面积传热计算时宜为 5℃；

　　　$N$——户间各方向同时发生传热的概率系数。

当有一面可能发生传热的楼板或隔墙时，$N$ 取 0.8；当有两面时，$N$ 取 0.7；当有三面时，$N$ 取 0.6；当有四面时，$N$ 取 0.5。

（2）按体积热指标计算户间热负荷的公式：

$$Q = \alpha q_n V \Delta t N M \tag{1-18}$$

式中　$Q$——户间总热负荷，W；

　　　$\alpha$——房间温度修正系数，一般为 3.3；

　　　$q_n$——房间采暖体积热指标系数，一般取 $0.5 W/(m^3 \cdot ℃)$；

　　　$V$——房间轴线体积，$m^3$；

　　　$\Delta t$——户间热负荷计算温差，℃，按体积传热计算时宜为 8℃；

　　　$N$——户间各方向同时发生传热的概率系数（取值同方法）；

*M*——户间楼板或隔墙数量修正率系数；

当有一面可能发生传热的楼板或隔墙时，*M* 取 0.25；当有两面时，*M* 取 0.5；当有三面时，*M* 取 0.75；当有四面时，*M* 取 1.0。

简化计算公式可写为：

当有一面可能发生传热的楼板或隔墙时，$Q = 2.64V$；

当有二面可能发生传热的楼板或隔墙时，$Q = 4.62V$；

当有三面可能发生传热的楼板或隔墙时，$Q = 5.94V$；

当有四面可能发生传热的楼板或隔墙时，$Q = 6.60V$。

这里要说明的是邻户传热温差，从理论角度考虑，是假设周围房间正常采暖而在典型房间不采暖的条件下，按稳定传热条件经热平衡计算所得的值。不采暖房间的温差既受周围房间温度的影响，又受室外温度的影响，因此不同地区的邻户传热温差会有一定差异。实际上，即使在室外温度相同的情况下，由于各建筑物的节能情况、建筑单元的围护情况不同，邻户传热温差也不尽相同。而且邻户传热量的多少与邻户温差成正比，计算中究竟应该选取多大温差合适，必须经过较多工程的设计试算，并经运行调节加以验证才可得出相对可靠的计算方法。

## 第七节 围护结构的最小传热热阻与经济传热热阻

围护结构需要选用多大的热阻，才能使其在采暖期间满足使用要求、卫生要求和经济要求，这就引出了围护结构最小传热热阻或经济传热热阻的概念。

确定围护结构传热热阻时，围护结构内表面温度 $\tau_n$ 是一个最主要的约束条件，它应满足两个条件。一是除浴室等相对湿度很高的房间外，围护结构内表面温度值应满足内表面不结露的要求。因为内表面结露可导致耗热量增大和使围护结构易于损坏。二是室内空气温度 $t_n$ 与围护结构内表面温度 $\tau_n$ 的温度差必须满足卫生要求。当内表面温度过低，人体向外辐射热量过多，会产生不舒适感。

根据上面两个要求而确定的外围结构传热热阻称为最小传热热阻。规范规定：所采用建筑物围护结构的传热热阻必须大于最小传热热阻。

在稳定传热条件下，围护结构传热热阻、室内外空气温度、围护结构内表面温度之间的关系式为（内表面交换的热量等于传出围护结构的热量）：

$$\frac{t_n - \tau_n}{R_n} = \alpha \frac{(t_n - t_w)}{R_0}$$

$$R_0 = \alpha R_n \frac{t_n - t_w}{t_n - \tau_n} \tag{1-19}$$

工程设计中，规定了在不同类型建筑物内，冬季室内计算温度与外围结构内表面温度的允许温度差值。围护结构最小传热热阻按下式计算；

$$R_{0min} = \frac{\alpha(t_n - t_w)}{\Delta t_y} R_n \tag{1-20}$$

式中 $R_{0min}$——围护结构的最小传热热阻，$(m^2 \cdot ℃)/W$；

$\Delta t_y$——采暖室内计算温度与围护结构内表面温度的允许温差，℃，按表 1-10 选用；

$t_w$——冬季围护结构室外计算温度，℃。

上式是稳定传热所得的计算公式。实际上随着室外温度波动，围护结构内表面温度 $\tau_n$ 也随之波动。热惰性不同的围护结构，在相同的室外温度波动下，围护结构的热惰性越大，则其内表面温度波动就越小。

表 1-10　允许温差 $\Delta t_y$ 值(℃)

| 建筑物及房间类别 | 外　墙 | 屋　顶 |
|---|---|---|
| 居住建筑、医院和幼儿园等 | 6.0 | 4.0 |
| 办公建筑、学校和门诊部 | 6.0 | 4.5 |
| 公共建筑(上述指明者除外)和工业企业辅助建筑物<br>(潮湿的房间除外) | 7.0 | 5.5 |
| 室内空气干燥的工业建筑 | 10.0 | 8.0 |
| 室内空气湿度正常的工业建筑 | 8.0 | 7.0 |
| 室内空气潮湿的公共建筑、生产厂房及辅助建筑物:<br>当不允许墙和顶棚内表面结露时<br>当仅不允许顶棚内表面结露时 | $t_n - t_1$<br>7.0 | $0.8(t_n - t_1)$<br>$0.9(t_n - t_1)$ |
| 室内空气潮湿且有腐蚀性介质的生产厂房 | $t_n - t_1$ | $t_n - t_1$ |
| 室内散热量大于 23W/m³，且计算相对湿度不大于 50% 的生产厂房 | 12.0 | 12.0 |

注：1. 室内空气干湿程度的区分，应根据室内温度和相对温度按《暖通规范》规定确定；
　　2. 室外空气相通的楼板和非采暖地下室上面的楼板，其允许温差 $\Delta t_y$ 值，可采用 2.5℃；
　　3. 表中 $t_1$ 为在室内计算温度和相对温度状况下的露点温度，℃。

冬季围护结构室外计算温度 $t_w$，按围护结构热惰性指标 $D$ 值分成四个等级来确定，见表 1-11。当采用 $D > 6$ 的围护结构(重质墙)时，采用采暖室外计算温度 $t'_w$ 作为校验围护结构最小传热阻的冬季室外计算温度。当采用 $D \leq 6$ 的中型和轻型围护结构时，为了能保证与重质墙围护结构相当的内表面温度波动幅度，就得采用比采暖室外计算温度 $t'_w$ 更低的温度，作为检验轻型或中型围护结构最小传热阻的冬季室外计算温度，亦即要求更大一些的围护结构最小传热阻值。

表 1-11　冬季围护结构室外计算温度

| 围护结构的类型 | 热惰性指标 $D$ 值 | $t_w$ 的取值(℃) |
|---|---|---|
| Ⅰ | >6.0 | $t_w = t_{wn}$ |
| Ⅱ | 4.1～6.0 | $t_w = 0.6t_{wn} + 0.4t_{p.\,min}$ |
| Ⅲ | 1.6～4.0 | $t_w = 0.3t_{wn} + 0.7t_{p.\,min}$ |
| Ⅳ | ≤1.5 | $t_w = t_{p.\,min}$ |

注：表中 $t_{wn}$ 和 $t_{p.\,min}$ 分别为采暖室外计算温度和历年最低日平均温度，℃。

匀质多层材料组成的平壁围护结构的热惰性指标 $D$ 值，可按下式计算

$$D = \sum_{i=1}^{n} D_i = \sum_{i=1}^{n} R_i S_i \tag{1-21}$$

式中　$R_i$——各层材料的传热阻，$(m^2 \cdot ℃)/W$；

$S_i$——各层材料的蓄热系数，$W/(m^2 \cdot \text{℃})$。

材料的蓄热系数 $S$ 值，按下式求得：

$$S = \sqrt{\frac{2\pi c\rho\lambda}{Z}} \qquad (1\text{-}22)$$

式中　$c$——材料的比热，$J/kg \cdot \text{℃}$；

　　　$\rho$——材料的密度，$kg/m^3$；

　　　$\lambda$——材料的导热系数，$W/(m \cdot \text{℃})$；

　　　$Z$——温度波动周期，$s$（一般取 $24h = 86400s$ 计算）。

【例题 1-1】　某市一建筑，外墙为 37 砖墙，内抹灰（20mm）。试计算其传热系数值，并与应采用的最小传热阻相对比。

【解】　1. 该市采暖室外计算温度 $t'_w = -16\text{℃}$。由附表 1-4 查出，砖墙的导热系数 $\lambda = 0.81W/(m \cdot \text{℃})$，内表面抹灰砂浆的导热系数 $\lambda = 0.87W/(m \cdot \text{℃})$。

根据公式（1-7）、表 1-1 和表 1-2，得：

$$R_0 = \frac{1}{\alpha_n} + \sum \frac{\delta_i}{\alpha_\lambda \cdot \lambda_i} + \frac{1}{\alpha_w} = \frac{1}{8.7} + \frac{0.49}{0.81} + \frac{0.02}{0.87} + \frac{1}{23.0} = 0.786(m^2 \cdot \text{℃})/W$$

$$K = \frac{1}{R_0} = \frac{1}{0.786} = 1.27W/(m^2 \cdot \text{℃})$$

2. 确定围护结构的最小传热阻

首先确定围护结构的热惰性指标 $D$ 值。砖墙及抹灰砂浆的一些热物理特性值可从附表 1-4 查出。根据公式（1-22）：

$$D = \sum_{i=1}^{n} D_i = \sum_{i=1}^{n} R_i s_i = 6.383 + 0.244 = 6.627 > 6$$

根据表 1-10 规定，该围护结构属重型结构（类型 I）。围护结构的冬季室外计算温度 $t_{w.e} = t'_w = -12\text{℃}$。

根据公式（1-21），并查表 1-10，$\Delta t_y = 6\text{℃}$

$$R_{0min} = \frac{\alpha(t_n - t_w)}{\Delta t_y} R_n = 0.843W/(m^2 \cdot \text{℃})$$

通过计算可见，该外墙围护结构的实际传热阻 $R_0$ 小于最小传热阻 $R_{0min}$ 值。不满足《暖通规范》规定，故外墙应加厚到两砖（490mm），或采用保温墙体结构型式。

建筑物围护结构采用的传热阻值，应大于最小传热阻。但选用多大的传热阻才是经济合理的呢？或者，围护结构采用多大的热阻值，才算得上是经济传热阻呢？按照规定：在一定年限内，建筑物的建造费用和经营费用之和最小的围护结构传热阻，称为围护结构的经济传热阻。其中建造费用包括围护结构和采暖系统的建造费用，经营费用包括围护结构和采暖系统的折旧费、维修费及系统的运行费（水、电、燃料费、工资等）。经实践证明，若按经济传热阻的原则确定的围护结构传热阻值，要比目前实际工程中采用的传热阻值大得多。若采用砖墙结构，为了达到经济传热阻值，必须增加其厚度，而这将使土建基础负荷增大，使用面积减少，因此，建筑围护结构采用复合材料的保温墙体，将是今后建筑节能的一个重要措施。

# 第八节　采暖设计热负荷计算实例

**【例题1-2】**　图1-6为哈尔滨市某学校两层教学楼的平面图。试计算一层101图书馆、102门厅、二层201教室的采暖设计热负荷。

已知条件：

采暖室外计算温度 $t'_w = -26℃$；冬季主导风向：SSD；冬季室外风速：3.8m/s。

室内计算温度：101图书馆16℃，102门厅14℃，二层201教室16℃。

围护结构：

外墙：二砖墙，外表面水泥砂浆抹面，内表面水泥砂浆抹面、白灰粉刷，厚度均为20mm；

外窗：双层木框玻璃窗C-1，尺寸为2000mm×2000mm（冬季用密封条封窗）；

外门：双侧木框玻璃门M-1，尺寸为4000mm×3000mm；

层高：4m（从本层地面上表面算到上层地面上表面）；

地面：不保温地面；

屋面：构造如图1-7所示。

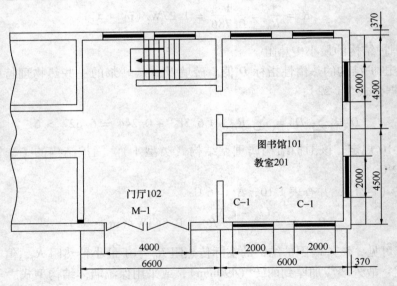

图1-6　哈尔滨市某学校教学楼平面图

**【解】**　（一）确定围护结构的传热系数 $K$

（1）查表1-1、表1-2和附表1-1得到：

围护结构内表面换热系数 $a_n = 8.7W/(m^2 \cdot ℃)$

外表面换热系数 $a_w = 23W/(m^2 \cdot ℃)$

外表面水泥砂浆抹面导热系数 $\lambda_1 = 0.87W/(m^2 \cdot ℃)$

内表面水泥砂浆抹面、白灰粉刷导热系数 $\lambda_2 = 0.87W/(m^2 \cdot ℃)$

红砖墙导热系数 $\lambda_3 = 0.81W/(m^2 \cdot ℃)$

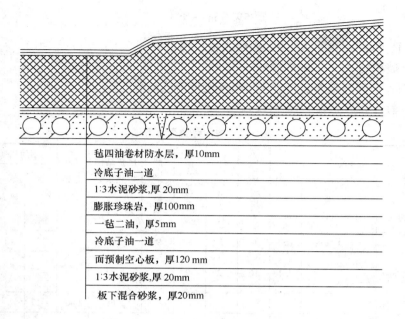

图 1-7　屋面构造

外墙传热系数 $K$ 按公式（1-8）计算得

$$K = \cfrac{1}{\cfrac{1}{a_n} + \sum \cfrac{\delta_i}{\lambda_i} + \cfrac{1}{a_w}} = \cfrac{1}{\cfrac{1}{8.7} + \cfrac{0.02}{0.87} + \cfrac{0.49}{0.81} + \cfrac{1}{23}}$$

$$= 1.24 \, W/(m^2 \cdot ℃)$$

（2）屋面：

屋面的构造如图 1-7 所示，查表确定：

内表面换热系数　　　　　　　　$a_n = 8.7 \, W/(m^2 \cdot ℃)$

板下抹混合砂浆　　$\lambda_1 = 0.87 \, W/(m^2 \cdot ℃)$　　　　$\delta_1 = 20 \, mm$

屋面预制空心板　　$\lambda_2 = 1.74 \, W/(m^2 \cdot ℃)$　　　　$\delta_2 = 120 \, mm$

1:3 水泥砂浆　　　$\lambda_3 = 0.87 \, W/(m^2 \cdot ℃)$　　　　$\delta_3 = 20 \, mm$

一毡二油　　　　　$\lambda_4 = 0.17 \, W/(m^2 \cdot ℃)$　　　　$\delta_4 = 5 \, mm$

膨胀珍珠岩　　　　$\lambda_5 = 0.07 \, W/(m^2 \cdot ℃)$　　　　$\delta_5 = 100 \, mm$

膨胀珍珠岩材料导热系数修正系数　$\alpha_\lambda = 1.50$

1:3 水泥砂浆　　　$\lambda_6 = 0.87 \, W/(m^2 \cdot ℃)$　　　　$\delta_6 = 20 \, mm$

膨胀四油卷材防水层 $\lambda_7 = 0.17 \, W/(m^2 \cdot ℃)$　　　　$\delta_7 = 10 \, mm$

外表面换热系数

$$a_w = 23 \, W/(m^2 \cdot ℃)$$

屋面传热系数为

$$K = \cfrac{1}{\cfrac{1}{a_n} + \sum \cfrac{\delta_i}{\alpha_\lambda \cdot \lambda_i} + \cfrac{1}{a_w}} = \cfrac{1}{\cfrac{1}{8.7} + \cfrac{0.02}{0.87} + \cfrac{0.12}{1.74} + \cfrac{0.02}{0.87} + \cfrac{0.005}{0.17} + \cfrac{0.1}{1.5 \times 0.07} + \cfrac{0.02}{0.87} + \cfrac{0.01}{0.17} + \cfrac{1}{23}}$$

$$= \frac{1}{1.34} = 0.75 \text{W}/(\text{m}^2 \cdot ℃)$$

（3）外门、外窗：查附表 1-2，双层木框玻璃窗 $K = 2.68 \text{W}/(\text{m}^2 \cdot ℃)$
双层木框玻璃门 $K = 2.68 \text{W}/(\text{m}^2 \cdot ℃)$

（4）地面：不保温地面，按表 1-5 取各地带传热系数。

房间热负荷计算表见表 1-12。

表 1-12　房间热负荷计算表

| 房间编号 | 房间名称 | 围护结构 | | 面积 $F$（m²） | 室内计算温度（℃） | 室外计算温度（℃） | 计算温度差（℃） | 温度修正系数 $\alpha$ | 围护结构传热系数 $K[\text{W}/(\text{m}^2 \cdot ℃)]$ | 基本耗热量 $q$（W） | 附加率（%） | | | 实际耗热量 $Q$（W） |
| | | 名称及朝向 | 尺寸长×宽（m×m） | | | | | | | | 朝向 | 风力 | 外门 | |
| 1 | 2 | 3 | 4 | 5 | 6 | 7 | 8 | 9 | 10 | 11 | 12 | 13 | 14 | 15 |
| 101 | 图书馆 | 南外墙 | $(6.0+0.37) \times 4 - (2 \times 2 \times 2)$ | 17.48 | 16 | −26 | 42 | 1 | 1.24 | 910 | −17 | | | 755.6 |
| | | 南外窗 | $2 \times 2 \times 2$ | 8 | | | | | 2.68 | 900 | −17 | | | 747.4 |
| | | 东外墙 | $(4.5+0.37) \times 4 - 2 \times 2$ | 15.48 | | | | | 1.24 | 806 | 5 | | | 846.5 |
| | | 东外窗 | $2 \times 2$ | 4 | | | | | 2.68 | 450 | 5 | | | 472.8 |
| | | 地面一 | $(6.0-0.12) \times 2 + (4.5 - 0.12) \times 2$ | 20.52 | | | | | 0.47 | 405 | | | | 405.1 |
| | | 地面二 | $(3.88+0.38) \times 2$ | 8.52 | | | | | 0.23 | 82.3 | | | | 82.3 |
| | | 地面三 | $1.88 \times 0.38$ | 0.71 | | | | | 0.12 | 3.58 | | | | 3.58 |
| | | 围护结构耗热量 | | | | | | | | | | | | 3313 |
| | | 冷风渗透耗热量 | | | | | | | | | | | | 615.8 |
| | | 房间总耗热量 | | | | | | | | | | | | 3929 |
| 102 | 门厅 | 南外墙 | $6.6 \times 4 - 4 \times 3$ | 14.4 | 14 | −26 | 40 | 1 | 1.24 | 714 | −17 | | | 592.8 |
| | | 南外门 | $4 \times 3$ | 12 | | | | | 2.68 | 1286 | −17 | | | 1068 |
| | | 地面一 | $6.6 \times 2$ | 13.2 | | | | | 0.47 | 248 | | | | 248.2 |
| | | 地面二 | $6.6 \times 2$ | 13.2 | | | | | 0.23 | 121 | | | | 121.4 |
| | | 地面三 | $6.6 \times 1.63$ | 10.76 | | | | | 0.12 | 51.6 | | | | 51.64 |
| | | 围护结构耗热量 | | | | | | | | | | | | 2082 |
| | | 冷风渗透耗热量 | | | | | | | | | | | | 6432 |
| | | 房间总耗热量 | | | | | | | | | | | | 8514 |
| 201 | 教室 | 南外墙 | $(6.0+0.37) \times 4.2 - (2 \times 2 \times 2)$ | 18.75 | 16 | −26 | 42 | 1 | 1.24 | 977 | −17 | | | 810.7 |

续表

| 房间编号 | 房间名称 | 围护结构 | | | 室内计算温度（℃） | 室外计算温度（℃） | 计算温度差（℃） | 温度修正系数 α | 围护结构传热系数 K[W/(m²·℃)] | 基本耗热量 q（W） | 附加率（%） | | | 实际耗热量 Q（W） |
|---|---|---|---|---|---|---|---|---|---|---|---|---|---|---|
| | | 名称及朝向 | 尺寸 长×宽（m×m） | 面积 F（m²） | | | | | | | 朝向 | 风力 | 外门 | |
| | | 南外窗 | 2×2×2 | 8 | | | | | 2.68 | 900 | −17 | | | 747.4 |
| | | 东外墙 | (4.5+0.37)× 4.2−2×2 | 16.45 | | | | | 1.24 | 829 | 5 | | | 870.5 |
| | | 东外窗 | 2×2 | 4 | | | | | 2.68 | 450 | 5 | | | 472.8 |
| | | 屋面 | (6.0−0.12)× (4.5−0.12) | 25.75 | | | | | 0.75 | 811 | | | | 811.1 |
| | | 围护结构耗热量 | | | | | | | | | | | | 3496 |
| | | 冷风渗透耗热量 | | | | | | | | | | | | 615.8 |
| | 房间总耗热量 | | | | | | | | | | | | | 4328.3 |

（二）101 图书馆计算

1. 围护结构的基本耗热量 $Q_1$

（1）南外墙：外墙传热系数 $K = 1.24\text{W}/(\text{m}^2 \cdot ℃)$，温差修正系数 $\alpha = 1$，传热面积 $F = (6.0 + 0.37) \times 4 - (2 \times 2 \times 2) = 17.48\text{m}^2$

按公式(1-4)计算南外墙的基本耗热量

$$Q'_{1j} = KF(t_n - t_w)\alpha = 1.24 \times 17.48 \times (16 + 26) \times 1 = 910.36\text{W}$$

查附表 1-6 可得哈尔滨南向的朝向修正率，取 −17%
朝向修正耗热量 $Q'_{1x} = 910.36 \times (-0.17) = -154.76\text{W}$
本教学楼不需进行风力修正，高度未超过 4m 也不需进行高度修正。
南外墙的实际耗热量

$$Q'_1 = Q'_{1j} + Q'_{1x} = 910.36 - 154.76 = 755.6\text{W}$$

（2）南外窗：南外窗传热系数 $K = 2.68\text{W}/(\text{m}^2 \cdot ℃)$，传热面积 $F = 2 \times 2 \times 2 = 8\text{m}^2$（二个外窗）基本耗热量

$$Q'_{1j} = KF(t_n - t'_w)\alpha = 2.68 \times 8 \times (16 + 26) \times 1 = 900.48\text{W}$$

朝向修正耗热量

$$Q'_{1x} = 900.48 \times (-0.17) = -153.08\text{W}$$

南外窗实际耗热量
$Q'_1 = Q'_{1j} + Q'_{1x} = 900.48 - 153.08 = 747.4\text{W}$
以上计算结果列于表 1-11 中。
地带：地带划分如图 1-8 所示。
第一地带传热系数 $K_1 = 0.47\text{W}/(\text{m}^2 \cdot ℃)$

$$F_1 = (6.0 - 0.12) \times 2 + (4.5 - 0.12) \times 2 = 20.52\text{m}^2$$

第一地带传热耗热量

$$Q'_{1j} = K_1 F_1 (t_n - t_w) = 0.47 \times 20.52 \times (16 + 26) = 405.06\text{W}$$

第二地带传热系数 $K_2 = 0.23\text{W}/(\text{m}^2 \cdot ℃)$

$$F_2 = (3.88 + 0.38) \times 2 = 8.52\text{m}^2$$

第二地带传热耗热量

$$Q''_{1j} = K_2 F_2 (t_n - t'_w) = 0.23 \times 8.52 \times (16 + 26) = 82.3\text{W}$$

第三地带传热系数

$$K_3 = 0.12\text{W}/(\text{m}^2 \cdot ℃)$$
$$F_3 = 1.88 \times 0.38 = 0.71\text{m}^2$$

第三地带传热耗热量

$$Q'''_{1j} = K_3 F_3 (t_n - t_w) = 0.12 \times 0.71 \times (16 + 26) = 3.58\text{ m}^2$$

因此,地面的传热耗热量

$$Q_1 = Q'_{1j} + Q''_{1j} + Q'''_{1j} = 405.6 + 82.3 + 3.58 = 490.94\text{W}$$

所以,101 房间围护结构的总传热耗热量

$$Q'_1 = 755.6 + 747.4 + 846.51 + 472.75 + 491.48 = 3313.74\text{W}$$

**2. 冷风渗透耗热量**

按缝隙法计算

(1)南外窗,窗缝长度如图 1-9 所示。

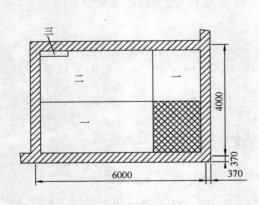

图 1-8　划分地带

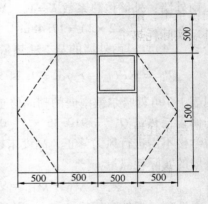

图 1-9　窗缝长度

外窗为四扇,带上亮,两侧窗扇可开启,中间两扇固定。

外窗(两个)缝隙总长度为

$$l = (1.5 \times 4 + 0.5 \times 8) \times 2 = 20\text{m}(\text{包括气窗})$$

查表 1-5,在 $v = 3.8\text{m/s}$ 的风速下从层木窗每米缝隙每小时渗入的冷空气量为 $2.84\text{m}^3/(\text{m} \cdot \text{h})$。

由于采用密封条封窗,渗入量减少。

$$L'_0 = 2.84 \times 0.6 = 1.7\text{m}^3/(\text{m} \cdot \text{h})$$

根据 $t'_w = -26℃$ 查得 $\rho_w = 1.4\text{kg/m}^3$

又查附表 1-7,哈尔滨冷风渗透的朝向修正系数,南向取 $n = 1$

按公式(1-15)计算南外窗的冷风渗入量

$$L = L'_0 ln = 1.70 \times 20 \times 1 = 34 \ \text{m}^3/\text{h}$$

南外窗的冷风渗透耗热量

$$Q'_2 = 0.28 c_p \rho_{wn} L(t_n - t_w) = 0.28 \times 1 \times 1.4 \times 34 \times (16 + 26) = 559.78 \ \text{W}$$

（2）东外窗，如图 1-9 所示。

缝隙长度 $l = 1.5 \times 4 + 0.5 \times 8 = 10 \text{m}$（包括气窗）

哈尔滨冷风渗透的朝向修正系数：东向 $n = 2$

东外窗的冷空气渗入量

$$L = L'_0 ln = 1.70 \times 10 \times 0.2 = 3.4 \ \text{m}^3/\text{h}$$

东外窗的冷风渗透耗热量

$$Q'_2 = 0.28 c_p \rho_{wn} L(t_n - t_w) = 0.28 \times 1 \times 1.4 \times 3.4 \times (16 + 26) = 55.98 \text{W}$$

因此 101 图书馆的总耗热量为

$$Q' = Q'_1 + Q'_2 = 3313.74 + (559.78 + 55.98) = 3929.5 \text{W}$$

（三）102 门厅

1. 围护结构的传热耗热量 $Q'_{1j}$

（1）南外墙：

面积 $\qquad F = 6.6 \times 4 - 4 \times 3 = 14.4 \text{m}^2$

南外墙基本耗热量

$$Q'_{1j} = 1.24 \times 14.4 \times (14 + 26) = 714.24 \text{W}$$

朝向修正率，南向为 $-17\%$

南外墙实际耗热量

$$Q'_1 = 714.24 \times (1 - 0.17) = 592.82 \text{W}$$

（2）南外门：

面积 $\qquad 4 \times 3 = 12 \text{m}^2$

南外门基本耗热量

$$Q'_{1j} = 2.68 \times 12 \times (14 + 26) = 1286.4 \text{W}$$

南向朝向修正率为 $-17\%$；

南外门实际耗热量

$$Q'_1 = 1286.4 \times (1 - 0.17) = 1067.71 \text{W}$$

（3）地面：

第一地带：面积 $6.6 \times 2 = 13.2 \text{m}^2$

传热系数 $\qquad K_1 = 0.47$

第一地带的传热耗热量

$$Q'_{1j} = 0.47 \times 13.2 \times (14 + 26) = 248.16 \text{W}$$

第二地带的传热耗热量

$$Q''_{1j} = 0.23 \times (6.6 \times 2) \times (14 + 26) = 121.44 \text{W}$$

第三地带的传热耗热量

$$Q'''_{1j} = 0.12 \times (6.6 \times 1.63) \times (14 + 26) = 51.64 \text{W}$$

2. 冷风浸入耗热量

南外门：查表 1-9，外门的冷风浸入耗热量按 500% 考虑. 则

$$Q'_3 = 1286.4 \times 5 = 6432.0\text{W}$$

所以，102 门厅的总耗热量为

$$Q' = Q'_1 + Q'_2 = 592.82 + 1067.71 + 6432.0 + 248.16 + 121.44 + 51.64 = 8513.76\text{W}$$

（四）201 教室

该教室的室内计算温度 $t_n = 16℃$

1. 外墙

该房间为顶层，其外墙高度与一层不同，根据传热面积计算规则，应为本层地面上表面到外墙内表面与屋顶上相交的距离，其值为 4.2m。外墙耗热量计算结果见表 1-12。

2. 屋面

传热面积　　　　$F = (6 - 0.12) \times (4.5 - 0.12) = 25.75\text{m}^2$

耗热量　　　　　$Q = 0.75 \times 25.75 \times (16 + 26) = 811.13\text{W}$

3. 冷风渗透耗热量

计算结果见表 1-12。

4. 201 教室的计算过程省略，总耗热量为 4328.3W，见表 1-12。

# 第九节　高层建筑采暖设计热负荷计算方法简介

高层建筑由于高度增加，热压作用不容忽视。冷风渗透量受到风压和热压的综合作用。下面就高层建筑冷风渗透量在综合作用下常用的计算方法作以介绍。

## 一、热压作用

冬季建筑物内、外温度不同，由于空气的密度差，室外空气在底层一些楼层的门窗缝隙进入，通过建筑物内部楼梯间等竖直贯通通道上升，然后在顶层一些楼层的门窗缝隙排出。这种引起空气流动的压力称为热压。热压作用原理如图 1-10(a) 所示。

假设沿建筑物各层完全畅通，热压主要由室外空气与楼梯间等竖直贯通通道空气之间的密度差造成。建筑物内、外空气密度差和高度差形成的理论热压，可按下式计算：

$$P_r = (h_z - h)(\rho_w - \rho'_n)g \qquad\qquad (1-23)$$

式中　$P_r$——理论热压，Pa；

　　　$\rho_w$——采暖室外计算温度下的空气密度，$\text{kg/m}^3$；

　　　$\rho'_n$——形成热压的室内空气柱密度，$\text{kg/m}^3$；

　　　$H$——计算高度，m；只计算层门、窗中心距离室外地坪的高度；

　　　$h_z$——中和面高度，m；指室内外压差为零的界面，通常在纯热压作用下，可以近似取建筑物高度的一半。

上式规定，热压差为正值时，室外压力高于室内压力，冷风由室外渗入室内。图 1-10 中直线 1 表示建筑物楼梯间及竖直贯通通道的理论热压分布线。

建筑物外门、窗缝隙两侧的热压差只是理论热压 $P_r$ 的一部分，其大小与建筑物内部贯通通道的布置、通气状况以及门窗缝隙的密封性有关，即与空气由渗入到渗出的阻力分布有

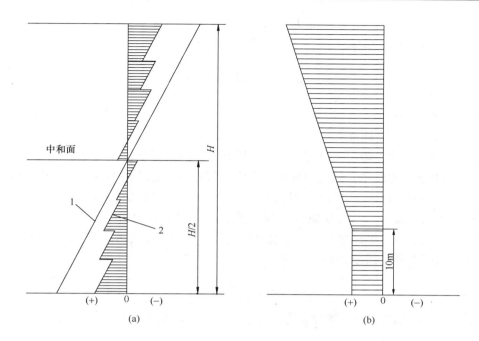

图 1-10 热压、风压作用原理图

(a)热压作用原理；(b)风压作用原理

直线 1—楼梯间及竖井热压分布图；直线 2—各层外窗热压分布图

关。为了确定外门窗两侧的有效作用热压差，引入热压差有效作用系数（简称热压差系数）$C_r$。它表示有效热压差 $\Delta P_r$ 与相应高度上的理论热压差 $P_r$ 的比值。

$$\Delta P_r = C_r P_r = C_r (h_z - h)(\rho_w - \rho'_n)g \qquad (1-24)$$

热压系数 $C_r$ 值与建筑物内部隔断及上下通风状况有关，即与空气从底层部分渗入而从顶层部分渗出的流通路程的阻力状况有关。热压差系数一般为 $C_r = 0.2 \sim 0.5$。

## 二、风压作用

风压作用原理如图 1-10(b)所示。高层建筑冷风渗入量计算还应考虑风速随建筑物高度变化而变化。风速随高度增加的变化规律为：

$$v_h = v_0 \left(\frac{h}{h_0}\right)^a \qquad (1-25)$$

式中　$v_h$——高度 $h$ 处的风速，m/s；（地坪起算）

　　　$v_0$——高度 $h_0$ 处的风速，m/s；（预报值）

　　　$a$——幂指数，与地面的粗糙度有关，取 $a = 0.2$。

气象部门及规范中提供的风速均为基准高度 10m 处的风速，故上式可整理为：

$$v_h = \left(\frac{h}{10}\right)^{0.2} v_0 = 0.631 h^{0.2} v_0 \qquad (1-26)$$

当风吹过建筑物时，空气经过迎风面方向的门窗缝隙渗入，而从背风面的缝隙渗出。冷风渗透量取决于门窗两侧的风压差。门窗两侧的风压差 $\Delta P_f$ 与空气穿过该楼层整个流动途径的阻力状况和风速本身所具有的能量 $P_f$ 有关。可用下式表示：

$$P_f = \frac{\rho}{2} v^2 \qquad (1-27)$$

$$\Delta P_f = C_f P_f = C_f \frac{\rho}{2} v^2 \qquad (1-28)$$

式中 $v$——风速，m/s；

$\rho$——空气密度，$kg/m^3$；

$P_f$——理论风压，指恒定风速 $v$ 的气流所具有的动压，Pa；

$\Delta P_f$——由于风力作用，促使门窗缝隙产生空气渗透的有效作用压差，简称风压差，Pa；

$C_f$——作用于门窗上的风压差相对于理论风压的百分数，简称风压差系数。

当风垂直吹到墙面上，且建筑物内部气流流通阻力很小的情况下，风压差系数的最大值，可取 $C_f = 0.7$。当建筑物内部气流阻力很大时，风压差系数可取 $C_f = 0.3 \sim 0.5$。

建筑物高度 $h$ 处的风压差可表示为：

$$\Delta P_f = C_f \frac{\rho_w}{2} v_h^2 \qquad (1-29)$$

门窗两侧作用压差 $\Delta P$ 与单位缝隙长渗透空气量 $L$ 之间的关系，通过实验确定，表达式为：

$$L = a\Delta P^b \qquad (1-30)$$

式中 $a$、$b$——与门窗构造有关的特性系数，可查阅暖通手册。

计算中，通常以冬季平均风速 $v_0$ 作为计算基准。为了便于分析计算，将式(1-27)和式(1-30)代入式(1-31)，整理可得计算门窗中心线标高为 $h$ 时，由风力单独作用产生的单位缝隙长渗透空气量 $L_h$

$$L_h = a\Delta P_F^B = a\left(C_f \frac{\rho w}{2} v_h^2\right)^b = a\left(C_f \frac{\rho_w}{2} (0.631 h^{0.2} v_0)^2\right)^b$$

$$= a\left(C_f \frac{\rho_w}{2} v_0^2\right)^b (0.4 h^{0.4})^b$$

$$L_h = a\Delta P^b = a\left(C_f \frac{\rho w}{2} v_h^2\right)^b = a\left[C_f \frac{\rho}{2} (0.631 h^{0.2} v_0)^2\right]^b$$

$$= a\left(C_f \frac{\rho w}{2} v_h^2\right)^b (0.4 h^{0.4})^b \qquad (1-31)$$

令 $\qquad L = a\left(C_f \frac{\rho w}{2} v_h^2\right)^b \quad C_h = (0.4 h^{0.4})^b$

则式(1-31)可改写为

$$L_h = C_h L \qquad (1-32)$$

式中 $L_h$——计算门窗中心线高度为 $h$ 时，由风力单独作用单位缝长空气渗透量，（$m^3/h \cdot m$）；

$L$——基准风速 $v_0$ 时单位缝长空气渗透量，当有实测数据 $a$、$b$ 时，可按式(1-30)计算；也可采用表1-5中的数据；

$C_h$——计算门窗中心线表高为 $h$ 时的渗透空气量对于基准渗透量的高度修正系数（当 $h < 10m$ 时，按基准高度 $h = 10m$ 计）。

### 三、风压与热压共同作用

**1. 假设条件**

实际冷风渗透现象，都是风压与热压共同作用的结果。在理论推导风压与热压共同作用，各朝向门窗的冷风渗透量时，采用了下列假设条件：

1）建筑物各层门窗两侧的有效作用热压差 $\Delta P_r$ 仅与该层所在的高度位置、建筑物内部竖井空气温度和室外温度所形成的密度差、以及热压系数 $C_r$ 值大小有关，而与门窗所处的朝向无关。

2）建筑物各层不同朝向的门窗，由于风压作用所产生的计算冷风渗透量是不相等的，需要考虑渗透空气量的朝向修正系数，见附表1-6的 $n$ 值。

**2. 综合渗透冷风量的计算**

如式(1-32)的 $L_h$ 是表示在主导风向($n=1$)时，门窗中心线标高为 $h$ 时的单位缝长的渗透空气量，则同一标高其他朝向($n<1$)门窗单位缝长渗透空气量 $L_h$($n<1$)为

$$L_{h(n<1)} = nL_h \tag{1-33}$$

在最不利朝向时($n=1$)作用下的渗透量为 $L_h$，总渗透风量 $L'_0$ 与 $L_h$ 的差值，即为由热压存在而产生的附加风量 $\Delta L_r$

$$\Delta L_r = L'_0 - L_h \tag{1-34}$$

但对其他朝向($n<1$)的门窗，如前所述，风压所产生的风量应进行朝向修正见式(1-33)，但热压产生的风量 $\Delta L_r$，在各朝向均相等，不必进行朝向修正。因此，任意朝向门窗由于风压与热压共同作用产生的渗透风量 $L_0$，可用下式表示

$$L_0 = nL_h + \Delta L_r = nL_h + L_0 - L_h = L_h\left(n - 1 + \frac{L_0}{L_h}\right) \tag{1-35}$$

根据式(1-30)

$$\frac{L'_0}{L_h} = \frac{\alpha(\Delta p_f + \Delta p_r)^b}{\alpha\Delta p_f} = \left(1 + \frac{\Delta p_r}{\Delta p_f}\right)^b \tag{1-36}$$

设

$$C = \frac{\Delta P_r}{\Delta p_f} \tag{1-37}$$

式中　$C$——作用在计算门窗上的有效热压差与有效风压差之比，简称压差比。

根据式(1-32)和式(1-36)，代入式(1-35)，可改写为

$$L_0 = Lc_h[n + (1 + C)^b - 1] \tag{1-38}$$

设

$$m = c_h[n + (1 + c)^b - 1] \tag{1-39}$$

则

$$L_0 = mL \tag{1-40}$$

式中　$L_0$——位于高位 $h$ 和任一朝向的门窗，在风压和热压共同作用下产生的单位缝长渗透量，$m^3/h \cdot m$；

$L$——基准风速 $v_0$ 作用下的单位缝长空气渗透量，$m^3/h \cdot m$，可按表1-5数据计算；

$m$——考虑计算门窗所处的高度，朝向和热压差的存在而引入的风量综合修正系数，按式(1-39)确定。

由门窗缝隙渗入室内的冷空气的耗热量 $Q'_2$，如同式(1-20)，可用下式计算

$$Q'_2 = 0.278c_p Ll(t_n - t_w)\rho_w m \tag{1-41}$$

式中符号代表意义同式(1-20)和本节所示。

计算高层建筑冷空气渗透耗热量 $Q'_2$，首先要计算门窗的综合修正系数 $m$ 值。按式(1-39)计算 $m$ 值时，需要先确定压差比 $C$ 值。

下面阐述压差比 $C$ 值的理论计算方法。

根据压差比的定义

$$C = \frac{\Delta P_r}{\Delta p_f} = \frac{c_{r(h_z-h)}(\rho_w - \rho'_n)g}{\frac{c_{f\rho_w}v_h^2}{2}} \qquad (1-42)$$

在定压条件下，空气密度与空气的绝对温度成反比关系，即：

$$\rho_t = \frac{273}{273 + t}\rho_0 \qquad (1-43)$$

式中　$\rho_t$——在空气温度 $t$ 时的空气密度，$kg/m^3$；

　　　$\rho_0$——空气温度为零度时的空气密度，$kg/m^3$。

根据式(1-43)、式(1-42)中的 $(\rho_w - \rho'_n)/\rho_w$ 项，可改写为：

$$\frac{\rho_w - \rho'_n}{\rho_w} = 1 - \frac{\rho'_n}{\rho_w} = \frac{t'_n - t'_w}{273 + t'_n} \qquad (1-44)$$

式中　$t'_n$——建筑物内形成热压的空气柱温度，简称竖井温度，℃；

　　　$t'_w$——采暖室外计算温度，℃。

又根据式(1-26)，$v_h = 0.63h^{0.2}v_0$ 和式(1-44)，式(1-42)的压差比 $C$ 值，最后可用下式表示

$$C = 70\frac{c_{r(h_z-h)}}{c_f h^{0.4}v_0^{0.2}} \times \frac{t'_n - t'_w}{273 + t'_n} \qquad (1-45)$$

式中　$h$——计算门窗的中心线标高，m。（注意：由于分母表示压差，故当 $h < 10$m 时，仍
　　　　　　按基准高度 $h = 10$m 时计算〉。

计算 $m$ 值和 $C$ 值时，应注意：

1. 如计算得出 $C \leqslant -1$ 时，即 $(1 + C) \leqslant 0$，则表示在计算层处，即使处于主导风向朝向 $(n = 1)$ 的门窗也无冷风渗入，或已有室内空气渗出。此时，同一楼层所有朝向门窗冷风渗透量，均取零值。

2. 如计算所得出 $C > -1$，即 $(1 + C) > 0$ 的条件下，根据式(1-39)计算出 $m < 0$ 时，则所计算的给定朝向的门窗已无冷空气侵入，或已有室内空气渗出，此时，处于该朝向的门窗冷风渗透量取为零值。

3. 如计算得出 $m > 0$ 时，该朝向的门窗冷风耗热量，可按式(1-41)计算确定。

## 思考题与习题

1. 什么是采暖设计热负荷、采暖系统的设计热负荷？
2. 采暖系统的设计热负荷由哪几部分组成？写出计算式，简述每一项代表的意义。
3. 什么是围护结构的耗热量？包括哪几大部分？
4. 围护结构的基本耗热量如何计算？简述每一项代表的意义。

5. 围护结构的基本耗热量为什么要进行温差修正？哪些因素影响温差修正系数 $\alpha$ 值？

6. 怎样计算围护结构传热面积、传热系数？

7. 围护结构耗热量为什么要进行朝向修正、风力附加、高度附加、外门附加？如何修正？

8. 分户计量热负荷计算与常规热负荷计算有什么不同？

9. 房间热负荷如何计算？

10. 为什么围护结构要进行校核最小传热热阻？简述最小传热热阻的计算公式和公式中每一项代表的意义。

11. 计算冷风渗透耗热量的常用方法有哪些？

12. 最小热阻的定义是什么？

13. 室内采暖设计温度的定义是什么？

14. 我国采暖室外计算温度是由什么确定的？

15. 高层建筑冷风渗透量都是由什么引起的？

# 第二章　采暖系统的散热设备和附属设备

本章主要讲述常用散热器的特点与面积计算方法、单管系统管段水温的计算方法、散热器的布置以及附属设备的选型和技术要求。通过对本章内容的学习，应熟练掌握散热器的选择与计算方法，散热器的合理布置，熟悉附属设备的选型与布置。

## 第一节　散　热　器

### 一、散热器的工作原理

散热器是利用热水或蒸汽将热量传入房间的一种散热设备，采暖期间房间的失热量主要通过散热器的散热量补充从而使房间的温度维持在设计范围内达到采暖的目的。

散热器将热量送入房间是一个复杂的传热过程，但在计算中通常将其简化为简单的稳定传热过程。首先由热媒（热水或蒸汽）将热量通过对流或凝结过程传递到散热器内表面，然后由散热器内表面传递到散热器的外表面，再由散热器外表面将热量通过对流和辐射的方式传到室内。这一过程的传热量可由下式计算得出：

$$Q = KA(t_{pj} - t_n) \tag{2-1}$$

式中　$Q$——散热器的散热量，W；

　　　$A$——散热器的散热面积，$m^2$；

　　　$K$——散热器的传热系数，$W/(m^2 \cdot \text{℃})$；

　　　$t_{pj}$——散热器内热媒的平均计算温度，℃；

　　　$t_n$——室内采暖设计温度，℃。

### 二、散热器的类型

散热器按照其加工制作材质不同可分为铸铁散热器、钢制散热器和其他散热器。

散热器按照其结构形式不同可分为管形、柱形、翼形和板形等。

散热器按照其传热方式不同可分为对流型和辐射型。本章仅介绍对流型散热器。

1. 铸铁散热器

铸铁散热器是用生铁浇铸而成。其具有结构简单、耐腐蚀、寿命长、造价低的优点，但其承压能力低，制造时金属耗量大。铸铁散热器有柱型和翼型两种。

（1）柱型散热器

铸铁柱型散热器是由单片柱状体串联而成，单片柱状体为中空的立柱，上下联通。根据各部位尺寸的不同，分为不同的型号，常用的有 M－132 型、四柱 640 型、四柱 760 型、四柱 813 型等。其尺寸如图 2-1 所示。

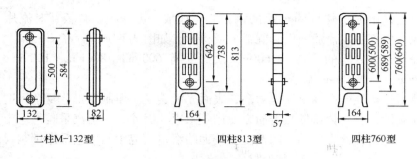

图 2-1　部分铸铁柱型散热器尺寸

M-132 柱形铸铁散热器是以其宽度为 132mm 得名。四柱 813 型散热器是以其足片底部到散热器顶部的高度尺寸表示。

柱型散热器的传热性能较好，外形美观，耐腐蚀，表面光滑易除灰，单片散热面积小，便于组合成所需要的散热面。但由于其接口多故组装工作量大。

（2）翼型散热器

翼形散热器可分为长翼型和圆翼形两种，圆翼形为管型，外带许多圆形肋片，现已不多用。长翼型是外壳上带有竖向肋片的长方体，内部为扁盒状的空腔，如图 2-2 所示。由于其高度为 600mm（60cm），所以按照高度命名。大 60 每片长度为 280mm，小 60 每片长度为 200mm，安装时可根据需要将几片串联成一组。

长翼形散热器制造工艺简单，耐腐蚀，但其单片散热面积较大，不便于组合成所需要的散热面积，因此使用受到限制，现已不再生产。

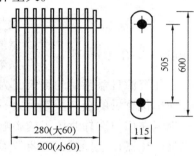

图 2-2　长翼型散热器

2. 钢制散热器

钢制散热器按照其结构形式分为柱式、扁管式、板式等，实物如图 2-3 所示。

（1）钢制柱式散热器

钢制柱式散热器的结构型式与铸铁柱式做动器的结构型式非常相似，每片也有几个中空的立柱，其外形尺寸有 600mm×120mm、600mm×130mm、600mm×140mm、640mm×120mm（高×宽）等几种。

（2）钢制扁管式散热器

这种散热器由数根矩形扁管叠加焊接而成排管，再与两端联箱形成水流通路。扁管规格为 52mm×11mm×1.5mm（高×宽×厚）。根据

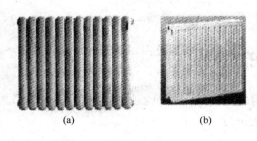

图 2-3　钢制散热器实物图
（a）钢制扁管散热器；（b）钢制板式散热器

扁管的根数与长度的不同，钢制扁管式散热器的型号也不同，高度有 8 根、10 根、12 根三种，长度有 600mm、800mm、1000mm、1200mm、1400mm、1600mm、1800mm、2000mm 共 8 种。

（3）钢制板式散热器

板式散热器是由 1.2 或 1.5mm 厚的钢板制作而成，由面板、背板、对流片、进出口接头等部分组成，内部热媒流通断面为圆弧形或梯形，如图 2-3 所示。

常用的板式散热器的高度为 600mm，长度有 600mm、800mm、1000mm、1200mm、1400mm、1600mm、1800mm 等。

钢制散热器传热性能好，承压能力高，表面光滑美观。但制造工艺复杂，造价高，对水质实求高，易腐蚀，相对铸铁散热器而言使用年限短。因此，在蒸汽采暖系统中不应采用钢制式散热器；在有腐蚀性气体的车间及湿度较大的浴室、卫生间不宜采用钢制式散热器。

### 3. 其他材质散热器

图 2-4　铝合金散热器

随着传热学的发展及散热器制作工艺的进步，铝合金、铜铝等复合材料制作的散热器也逐渐进入人们的生活。图 2-4 为铝合金散热器。

### 三、散热器的选择

散热器的主要功能是向室内传递热量，而散热器的传热系数是衡量散热器热工性能好坏的重要指标，因此，在选择散热器时，传热系数较大和水容量多的散热器一般会成为用户或设计师首选。同时，在资源日益紧缺的今天，为了降低生产成本，希望散热器在制造过程中金属消耗量最小，即单位重量的金属散热量大一些，因此，相对金属热强度大的散热器竞争力也较强，但这一因素在用户选择时体现的影响并不明显。另外，作为一种普通的商品，质量、价格和外观也是散热器在选择过程中要考虑的内容。

当然，能同时满足上述所有要求的散热器很难找到，因此在选用时一般按照下述原则选用：

（1）对于民用建筑或美观要求较高的公共建筑，宜选用外形美观、易于清扫的散热器；

（2）高层建筑一般选择承压能力较高的散热器；

（3）湿度较大的房间宜选用耐腐蚀的散热器；

（4）飘窗下宜选用结构尺寸较小（主要是高度较低）的散热器。

# 第二节　散热器的选择计算

散热器面积的计算是采暖系统设计的主要内容之一。选定散热器的型号和采暖系统形式后，就可对采暖房间所需的散热面积和散热器片数进行计算了。

### 一、采暖房间散热器面积的计算

根据热平衡原理，散热器的散热量应等于房间的设计热负荷。计算散热面积时，按照下式进行计算：

$$A = \frac{Q}{K(t_{pj} - t_n)}\beta_1\beta_2\beta_3 \tag{2-2}$$

式中　$A$——房间散热器的散热面积，$m^2$；

　　　$Q$——采暖房间的采暖设计热负荷，W；

$K$——散热器的传热系数，W/（m² · ℃）；

$t_{pj}$——散热器内热媒的平均计算温度，℃；

$t_n$——室内采暖设计温度，℃；

$\beta_1$——散热器组装片数修正系数；

$\beta_2$——散热器连接方式修正系数；

$\beta_3$——散热器安装形式修正系数。

## 二、散热器传热系数 $K$ 的确定

传热系数的单位是 W/（m² · ℃），表示当散热器内热媒平均计算温度 $t_{pj}$ 与室内设计温度 $t_n$ 相差1℃时，每平方米散热面积所散出的热量，它是散热器散热能力大小的重要标志。

影响散热器传热系数值的因素有很多，哈尔滨工业大学建筑工程学院等单位根据国际标准化组织（ISO）的规定，利用 ISO 标准实验台对我国常用的散热器进行了大量的实验，经实验结果整理成 $K = f（\Delta t）$ 或 $Q = f（\Delta t）$ 的关系式：

$$K = a（\Delta t）^b = a（t_{pj} - t_n）^b \qquad (2-3)$$

或

$$Q = A（\Delta t）^B = A（t_{pj} - t_n）^B \qquad (2-4)$$

式中 $K$——ISO 实验条件下，散热器的传热系数，W/（m² · ℃）；

$A$、$B$、$a$、$b$——实验确定的系数；

$\Delta t$——散热器内热媒的平均计算温度与室内设计温度之差，℃；

$Q$——散热器的散热量，W。

事实上，散热器的制造状况如材料、几何尺寸、结构形式、表面喷涂等和散热器的使用条件如热媒种类、热媒温度、流量、室内空气温度及流动状况、安装方式、组装片数等都综合地影响着散热器的传热系数。在关于散热器工程设计计算方面，目前我国主要采用前面实验综合公式，即式（2-3）。由于影响散热器散热量和传热系数最主要的因素是散热器内热媒在自然对流条件下，外表面换热阻值的大小也与温差 $\Delta t$ 有关，因此，这种计算处理方法是符合散热器的传热机理的。并且，$\Delta t$ 愈大，传热系数 $K$ 及散热量 $Q$ 值愈高。

我国目前常用的散热器传热系数计算有关数据见附表2-1和附表2-2。

在蒸汽采暖系统中，蒸汽在散热器内表面凝结放热，散热器表面温度较均匀，在相同的热媒平均温度条件下，热媒为蒸汽时散热器的传热系数值要高于热媒为热水时散热器的传热系数值。不同蒸汽压力下散热器的传热系数 $K$ 值见附表2-1。

## 三、散热器内热媒平均温度的确定

散热器内热媒的平均计算温度因热媒种类和采暖系统形式的不同而不同。

（1）热水采暖系统散热器内热媒的平均温度（上进下出）按下式计算：

$$t_{pji} = \frac{t_{gi} - t_{hi}}{2} \qquad (2-5)$$

式中 $t_{pji}$——散热器内热媒的平均温度，℃；

$t_{gi}$——散热器的进水温度,℃

$t_{hi}$——散热器的出水温度,℃。

对于双管系统而言,进入、流出各组散热器的水温都相等,可按系统总供、回水温度计算,即 $t_{g1} = t_{g2} = t_{gn} = t_g$,$t_{h1} = t_{h2} = t_{hn} = t_h$。

对于下进上出:$t_{pj}$ = 流出各组散热器的水温。

对于单管系统而言,进入、流出各组散热器的水温并不相等,需要按照水流方向逐段计算。下面以图 2-5 为例介绍单管采暖系统各组散热器进、出口水温的计算方法。

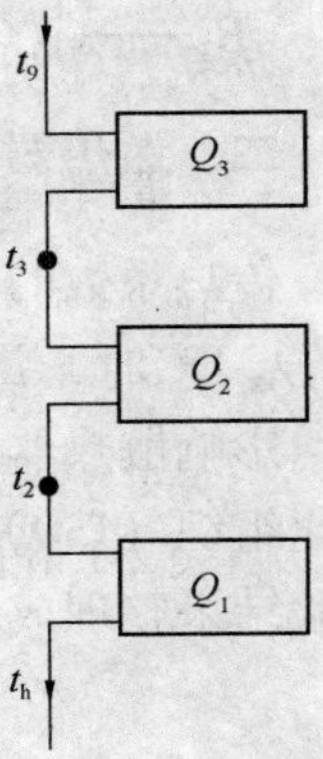

单管系统立管管段水温的计算

现以图 2-5 为例,设供、回水温度分别为 $t_g$、$t_h$。建筑物为三层($n$=3),每层散热器的散热量分别为 $Q_1$,$Q_2$,$Q_3$,即立管的热负荷为:

$$\sum Q = Q_1 + Q_2 + Q_3 \tag{2-6}$$

通过立管的流量,按其所担负的全部热负荷计算,可用下式确定:

$$G_L = \frac{A \sum Q}{C(t_g - t_h)} = \frac{3.6 \sum Q}{4.187(t_g - t_h)} = 0.86 \frac{\sum Q}{(t_g - t_h)} \tag{2-7}$$

式中 $\sum Q$——立管的总负荷,W;

$t_g$、$t_h$——立管的供、回水温度,℃;

$C$——水的热容量,$C = 4.187$ kJ/kg,℃;

$A$——单位换算系数(1W = 1J/s = 3600/1000kJ/h = 3.6kJ/h)。

流出某一层(如第二层)散热器的水温 $t_2$,根据上述热平衡方式,同理,可按下式计算:

$$G_L = 0.86 \frac{(Q_1 + Q_2 + Q_3)}{(t_g - t_2)}$$

又立管流量不变,故有

$$0.86 \frac{\sum Q}{(t_g - t_h)} = 0.86 \frac{(Q_1 + Q_2 + Q_3)}{(t_g - t_2)}$$

整理得

$$t_2 = t_g - \frac{Q_2 + Q_3}{\sum Q}(t_g - t_h)$$

写成通式为(串联 $N$ 组散热器的系统,流出第 $i$ 组散热器的水温 $t_i$(令沿水流动方向最后一组散热器为 $i$ = 1):

$$t_i = t_g - \frac{\sum_i^N Q_i}{\sum Q}(t_g - t_h) \tag{2-8}$$

式中 $t_i$——流出第 $i$ 组散热器的水温,℃;

$\sum_i^N Q_i$——沿水流动方向,在第 $i$ 组(包括第 $i$ 组)散热器前的全部散热器的散热量,W;

图 2-5 单管热水采暖系统散热器出口水温计算示意图

上式表明：任意管段的水温，等于供暖系统供水温度减去该管段前所有散热量之和与立管总热负荷之比与供、回水温差之积。

根据立管上各管段热媒的混合温度 $t_i$，即可确定各层散热器的进、出水温度，然后代入式（2-5）即可求得散热器内热媒的平均计算温度。

（2）蒸汽采暖系统

当蒸汽的表压力 $p \leqslant 30$ kPa 时，$t_{pj}$ 按 $100℃$ 计；当蒸汽压力 $p > 30$ kPa 时，$t_{pj}$ 取与散热器进口处蒸汽压力相对应的饱和温度。

### 四、散热器修正系数 $\beta_1$、$\beta_2$、$\beta_3$ 的确定

散热器的传热系数是在实验条件下通过实验测定的，当实际情况与实验条件不符时，应该对实验数据进行修正。

（1）散热器组装片数修正系数 $\beta_1$ 的确定

附表2-1 和附表2-2 中传热系数的计算公式及相关数据是以 10 片柱型散热器为一组的实验组合标准得出的，在实际的传热过程中，由于柱形散热器中间各相邻片之间相互吸收对方的辐射热，因此散入房间的辐射热就相应地有所减少，只有最外端两侧散热片外表面才能把大部分辐射热散入室内。随着柱形散热器每组片数的增加，其外侧表面占散热器总表面的比例就愈少，从而散热器单位面积的平均散热量也就愈少，在其他条件不变的情况下，相当于散热器实际传热系数 $K$ 减小，在热负荷一定的条件下，所需的散热面积必然增加。

散热器组装片数修正系数 $\beta_1$ 的值，可按附表 2-3 选用。

（2）散热器连接型式修正系数 $\beta_2$ 的确定

所有散热器传热系数 $K = a(\Delta t)^b = a(t_{pj} - t_n)^b$ 的关系式都是在散热器支管与散热器同侧连接、上进下出的实验条件下得出的，当散热器支管与散热器的连接方式与实验状态不同时，散热器的传热系数就会发生变化。如当散热器支管与散热器同侧连接、下进上出的情况下，试验表明：外表面的平均水温接近于出口水温，远比通过实验公式计算出的 $t_{pj}$ 低，因此，按上进下出的连接方式得出的传热系数的计算公式在此种情况下应予以修正，以 $\beta_2 > 1$ 的值进行修正。

散热器不同连接方式的修正系数 $\beta_2$ 的值，可按附表 2-4 选用。

（3）散热器安装形式修正系数 $\beta_3$ 的确定

安装在房间内的散热器，其安装方式多种多样，可以敞开安装，也可以安装在墙龛内，或者为了保证室内环境美观整洁全部隐蔽安装。近年来比较流行的安装方式是第一种和第三种。采用第一种安装方式时，多选用与室内装饰环境协调性较好的外形美观的钢制散热器，这种安装方式与实验条件一致，计算散热面积时不需要修正，即 $\beta_3 = 1$，但这种散热器造价高，增加初投资。当采用第三种安装方式时，就会改变散热器对流散热和辐射散热的条件，必须进行修正。

散热器安装方式修正系数 $\beta_3$ 的值，可按附表 2-5 选用。

另外，实验表明：散热器表面采用的涂料不同，对散热器的传热系数 $K$ 值有一定的影响。由于银粉的辐射系数低于调和漆，因此，散热器表面涂调和漆时，传热系数比涂银粉高约 10%。另有实验分析师认为：由于 ISO 散热器实验台是在封闭小室内进行的，在相同的测试参数下，安装在采暖房间内的散热器传热系数要比封闭房间内的测定值高约 10%。鉴

于此，建议在设计计算中将这两种因素考虑进去。

### 五、散热器片数的确定

散热器片数计算需要通过散热面积来最终确定，但在计算散热面积时又用到组装片数修正系数 $\beta_1$，通常的方法是：按式（2-2）确定所需的散热面积时，$\beta_1$ 先按 1 取值，然后按下式计算所需散热器的总片数：

$$n = A/a \tag{2-9}$$

式中　$a$——每片散热器的散热面积，$m^2$。其值见附表 2-1 和附表 2-2。

然后，根据每组散热器片数 $n$ 乘以修正系数 $\beta_1$，最后确定出散热面积 $A$。

暖通规范中规定，柱形散热面积可比计算值小 $0.1m^2$，翼形和其他散热器的散热面积可比计算值小 5%。根据此项规定，对散热器片数进行取整数。

### 六、散热器的布置

布置散热器时，应注意下列一些规定：

（1）散热器一般应安装在外墙的窗台下，这样，沿散热器上升的对流热气流能阻止和改善从玻璃窗下降的冷气流和玻璃冷辐射的影响，使流经室内的空气比较暖和舒适。

（2）为防止冻裂散热器，两道外门之间不准设置散热器。在楼梯间或其他有冻结危险的场所，其散热器应由单独的立、支管供热，且不得装设调节阀。

（3）散热器一般应明装，布置简单，散热效果好。内部装修要求较高的民用建筑可采用暗装。幼儿园暗装或加防护罩，以防烫伤儿童。

（4）在垂直单管或双管热水采暖系统中，同一房间的两组散热器可以串联连接；面积很小辅助用室的散热器，可和邻室串联。两串联散热器之间的串联管直径应与散热器接口直径相同，以便水流畅通。

（5）在楼梯间布置散热器时，考虑楼梯间热流上升的特点，应尽量布置在下层或按一定比例分布在下部各层。

（6）铸铁散热器的组装片数不宜超过以下数值：

二柱：20 片；四柱：25 片。

### 七、散热器计算例题

【例2-1】　如图2-6所示为一单管上供下回式热水采暖系统某立管系统图，已知该立管上各组散热器的散热量，散热器选用铸铁四柱 813 型，明装，采暖系统供、回水温度分别为 $t_g = 95℃$，$t_h = 70℃$，室内采暖设计温度 $t_n = 18℃$。试计算该立管上各组散热器的片数。

【解】　1. 计算各屋散热器之间立管混合水温

由式（2-8）得

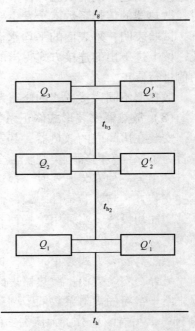

图2-6　【例2-1】单管系统

$$t_3 = t_g - \frac{\sum_i^n Q_i}{Q}(t_g - t_h)$$

$$= 95 - \frac{4000}{4000 + 3600 + 3800} \times (95 - 70)$$

$$= 95 - 8.77 = 86.2(℃)$$

$$t_2 = t_g - \frac{\sum_i^n Q_i}{Q}(t_g - t_h) = 95 - \frac{4000 + 3600}{4000 + 3600 + 3800} \times (95 - 70)$$

$$= 95 - 16.7 = 78.3(℃)$$

2. 计算各组散热器热媒的平均温度

由式（2-5）得

$$t_{pj3} = \frac{t_g + t_{hu3}}{2} = \frac{95 + 86.2}{2} = 90.6(℃)$$

$$t_{pj2} = \frac{t_{hu3} + t_{hu2}}{2} = \frac{86.2 + 78.3}{2} = 82.2(℃)$$

$$t_{pj1} = \frac{t_{hu2} + t_h}{2} = \frac{78.3 + 70}{2} = 74.2(℃)$$

3. 查表并计算各组散热器的传热系数

查附表 2-1 有

$$K_1 = A(t_{pj} - t_n)^B = 2.237(74.2 - 18)^{0.302} = 7.55[W/(m^2 \cdot ℃)]$$

$$K_2 = A(t_{pj} - t_n)^B = 2.237(82.2 - 18)^{0.302} = 7.86[W/(m^2 \cdot ℃)]$$

$$K_3 = A(t_{pj} - t_n)^B = 2.237(90.6 - 18)^{0.302} = 8.16[W/(m^2 \cdot ℃)]$$

4. 计算各组散热器散热面积

由式（2-2）得

$$A_3 = \frac{Q_3}{K_3(t_{pj3} - t_n)}\beta_1\beta_2\beta_3 = \frac{2000}{8.16 \times (90.6 - 18)} \times 1 \times 1 \times 1 = 3.38(m^2)$$

$$A_2 = \frac{Q_2}{K_2(t_{pj2} - t_n)}\beta_1\beta_2\beta_3 = \frac{1800}{7.86 \times (82.2 - 18)} \times 1 \times 1 \times 1 = 3.57(m^2)$$

$$A_1 = \frac{Q_1}{K_1(t_{pj1} - t_n)}\beta_1\beta_2\beta_3 = \frac{1900}{7.55 \times (74.2 - 18)} \times 1 \times 1 \times 1 = 4.48(m^2)$$

5. 计算各组散热器片数

按式（2-11）计算

首先查附表 2-1 的 $a = 0.28m^2$/片，则

$$n_3 = A_3/a = 3.38/0.28 = 12 \text{（片）}$$

查附表 2-3 得 $\beta_1 = 1.05$，进行修正：

$12 \times 1.05 = 12.6$（片），由于 $0.6 \times 0.28 = 0.17$（$m^2$）$> 0.1m^2$，故取 $n_3 = 13$（片）

同理，$n_2 = A_2/a = 3.57/0.28 = 12.8$（片）

进行系数修正：

12.8 × 1.05 = 13.4（片），由于 0.4 × 0.28 = 0.11（m²）> 0.1m²，故取 $n_2 = 14$（片）

$$n_1 = A_1/a = 4.48/0.28 = 16 （片）$$

进行系数修正：

16 × 1.05 = 16.8（片），由于 0.8 × 0.28 = 0.22（m²）> 0.1m²，故取 $n_1 = 17$（片）

# 第三节　附 属 设 备

## 一、排气装置

在热水采暖系统中，积存的空气若得不到及时排除，就会破坏系统内热水的正常循环，因此必须及时排除空气，这对维护热水采暖系统的正常运行是至关重要的。

系统在充水之前为空气所充满，充水时，空气经膨胀水箱或集气装置排出系统，充水由回水干管进入系统，缓慢上升，直到空气排净，水充满整个系统为止。

在系统开始运行时，水逐渐被加热，由于空气在水中的溶解度随着水温的升高而减小（如在大气压力下，1kg 水在 5℃时，水中的空气含量超过 30mg，而加热到 95℃时，水中的含气量仅为 3mg 左右），此外，在系统停止运行时，通过不严密处也会渗入空气，充水后，也会有一些未排净的空气残留在系统内。同时，在系统运行过程中，不可避免地存在着漏水现象，需随时补水以满足系统压力工况的要求，当这部分补水被加热后，也会有空气析出，这些空气如不能及时排出系统，就会形成气塞，影响水的正常循环，热水采暖系统排除空气的设备，有手动和自动两种，国内的排气设备主要有集气罐、自动排气阀和手动放气阀等。

### 1. 集气罐

集气罐一般用直径为 100～250mm 的短管制成，有立式和卧式两种，如图 2-7 所示。顶部连接直径为 15mm 的放气管，管子的另一端接到附近卫生器具的上方并在管子末端设置阀门以定期排气。

在机械循环上供下回式热水采暖系统中，集气罐通常设置在系统各分支环路的供水干管的末端最高处，如图 2-8 所示。供水干管应向集气罐方向设上升坡度以使管中水流方向与空气气泡的浮升方向一致，有利于空气汇集到集气罐的上部。系统运行时，定期打开阀门将热水分离出来并聚集在集气罐内的空气排除。

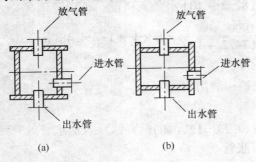

图 2-7　集气罐
（a）立式集气罐；（b）卧式集气罐

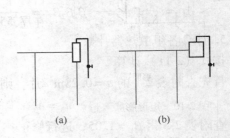

图 2-8　集气罐设置
（a）立式集气罐；（b）卧式集气罐

由于集气罐体积较大，室内安装空间有限，加之手动操作，不便管理，故在现在的热水采暖系统中已被淘汰，取而代之的是自动排气阀。

2. 自动排气阀

自动排气阀的形式较多，其工作原理主要是依靠阀体内的启闭机构自动排除空气的装置。它安装方便，体积小巧，避免了人工操作管理的麻烦。但自动排气阀常常会因水中污物堵塞而失灵，需要拆下来清洗或更换，因此，排气阀前应装一个截止阀，此阀常年开启，只在排气阀失灵需要检修时，才临时关闭。

3. 手动放气阀

放气阀（俗称跑风）多用于水平式系统和下供下回垂直式系统中，安装在散热器上部专设的丝孔上，以手动方式排除散热器内积存的空气，如图2-9所示。

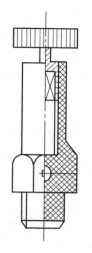

图2-9 手动放气阀

## 二、散热器温控阀

散热器温控阀是一种自动控制散热器散热量的设备，它由两部分组成。一部分为阀体部分，另一部分为感温元件控制部分。当室内温度高于给定的温度值时，感温元件受热体积膨胀，其顶杆就压缩阀杆，将阀口关小；进入散热器的水流量减小，散热器的散热量减小，室温下降。室内温度下降到低于设定值时，感温元件开始收缩，其阀杆靠弹簧的作用，将阀杆抬起，阀孔开大，水流量增大，散热器的散热量增加，室内温度开始升高，从而保证室温处在设定的温度值上。温控阀控温范围在13~28℃之间，控温误差为±1℃。

散热器温控阀具有恒定室温、节约热能的主要优点，多用在双管热水采暖系统和单管跨越式热水采暖系统中。但散热器温控阀的阻力过大，用在单管跨越式系统中尤应注意。

## 三、膨胀水箱

水受热后体积膨胀，膨胀水箱的主要作用就是容纳系统的膨胀水，在自然循环热水采暖系统中，膨胀水箱连接在供水总立管的最高处，具有排气的作用，在机械循环上供下回式热水采暖系统中，膨胀水箱连接在回水干管循环水泵入口前，可以恒定循环水泵入口处压力，保证采暖系统压力的稳定。膨胀水箱一般安装在屋顶的水箱间。

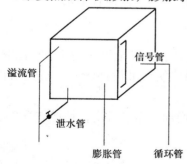

图2-10 矩形膨胀水箱

1. 膨胀水箱的构造

膨胀水箱一般用钢板制成，通常是矩形或圆柱形，图2-10为矩形膨胀水箱的构造图。箱体上有膨胀管、循环管、溢流管、信号管（又名检查管）及泄水管等管路。

（1）膨胀管

在自然循环热水采暖系统中，膨胀管应安装在供水总立管的顶端，机械循环热水采暖系统中，一般安装在回水干管循环水泵的入口处，无论系统是否处于运行状态，连接点处的压力均为恒定值，因此，该点也常称为定压点。

（2）循环管

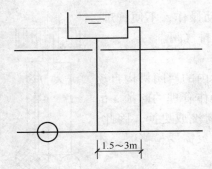

图 2-11　膨胀水箱与机械
系统连接示意图

在机械循环系统中，循环管应连接到系统定压点前的水平回水干管上，如图 2-11 所示。且与定压点之间应保持 1.5～3mm 的距离。自然循环系统中，循环管也可以连接到供水干管上，但也应与膨胀水箱保持一定的距离，这样可以让少量的水缓慢地通过循环管和膨胀管流过水箱，形成水的微循环，防止水箱中的水冻结。

当膨胀水箱设置在非采暖房间时，水箱及膨胀管、循环管均应作保温处理。

（3）溢流管

溢流管的作用是控制最高水位。一般连接至附近的下水道，当系统的充水水位超过溢水口时，通过溢流管将水自动排出。

（4）信号管（检查管）

信号管的作用是检查膨胀水箱的水位，控制系统最低水位，从而决定系统是否需要补水。该管一般连接至建筑物底层的卫生间或锅炉房等管理人员容易观察到的地方。

（5）泄水管

泄水管可与溢流管一起接至附近的下水道，用来清洗水箱时放空存水和污垢。

在膨胀管、循环管和溢流管上严禁安装阀门，以防止系统超压、水箱冻结或水从水箱溢出。

2. 膨胀水箱的容积计算

膨胀水箱的容积可按下式计算：

$$V_p = \alpha \Delta t_{max} \cdot V_c \tag{2-10}$$

式中　$V_p$——膨胀水箱的有效容积（由信号管道溢流管之间的容积），L；

$\alpha$——水的膨胀体积系数，$\alpha = 0.0006$，1/L；

$\Delta t_{max}$——考虑系统内的水受热或冷却时水温的最大波动值，一般以 20℃ 水温算起，℃；

$V_c$——系统内的水容量，如在 95℃/70℃ 低温水采暖系统中，水箱容积可按下式确定：

$$V_p = 0.034 V_c \tag{2-11}$$

为简化计算，$V_c$ 值可按供给 1kW 热量所需设备的水容量计算，其值可按附表 2-6 选取。求出所需的膨胀水箱的有效容积后，再按照最新《全国通用建筑标准设计图集》选用所需的型号。

由于膨胀水箱体积较大，需要布置在系统最高处，这样增加了布设难度，且增加系统造价，故在现在的热水采暖系统中，很少使用。

**四、除污器**

除污器通常安装在用户引入口的供水总管上，当设置热力站时，通常在二次网回水总管和一次网供水管上均设置除污器。其作用是阻留管网中的污物、杂质以防它们造成系统管路堵塞。除污器的构造如图 2-12 所示，为圆筒形钢制筒体，有卧式和立式两种。其工作原理是当热水由进水管进入除污器时，由于断面突然扩大，水流速度骤减，水中的污物沉降到筒体底部，干净的水则由带有大量小孔的出水管送入室内管道或热力站换热器中。除污器的型

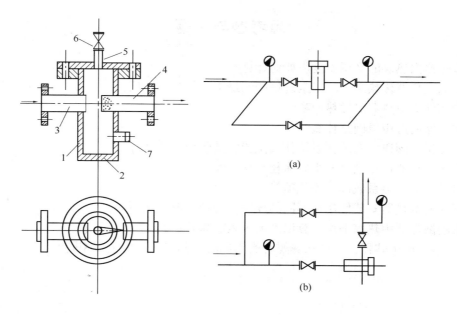

图 2-12　排污器的构造与安装示意图

（a）直通式；（b）角通式；

1—筒体；2—底板；3—进水管；4—出水管；5—排气管；6—阀门；7—排污丝堵

号可根据接管直径选择。安装时除污器的进出口管道上应装压力表，旁通管上应装旁通阀供定期排污和检修使用。除污器不得装反。

### 五、调压装置

当外网压力超过用户的允许压力时，可设置调节阀门或调压板来减少建筑物入口处供水干管上的压力。

调压板用于压力小于 1000kPa 的系统中，选择调压板时孔口直径不应小于 3mm，且调压板前应设置除污器或过滤器，以免杂质堵塞调压板孔口。调压板的厚度约为 2～3mm，如图 2-13 所示装在两个法兰之间。

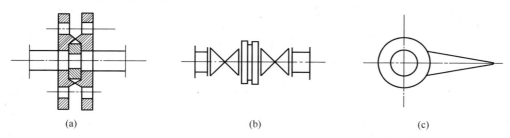

图 2-13　调压板制作安装示意图

（a）调压板装配图；（b）调压板安装图；（c）调压板制作图

由于调压板的孔径不能调节，当管径较小时易于堵塞，因此可采用调节阀门代替调压板对管路中的压力进行调节。通过调节阀门的开启度，就能消除剩余压头，并对流量进行控制。

## 思考题与习题

1. 散热器内热媒的平均温度应如何计算？
2. 影响散热器传热系数的因素有哪些？最主要的是哪一项？
3. 如何计算散热器的散热面积？
4. 散热器的选用原则是什么？
5. 自动排气阀通常安装在系统什么位置？其作用是什么？
6. 提高散热器传热系数的主要途径是什么？
7. 对散热器传热系数都有哪几项修正？
8. 同样的散热器安装使用在不同的环境中为什么散热量不同？
9. 影响散热器中热媒平均计算温度的因素有哪几项？
10. 丝接口的散热器，为什么热媒种类不同时，其工作压力也不相同？

# 第三章 热水采暖系统

本章主要介绍自然循环和机械循环低温热水采暖系统的形式和管路布置方法。讲述了常用热水供暖系统的类型，从技术、经济、施工、运行管理等方面分析了各种系统的优缺点及其适用建筑。热水供暖系统的合理选择是室内采暖系统设计中最重要的环节，关系到热水供暖系统设计的成败。热水供暖系统选择是否合理，关系到热水供暖系统的节能、系统造价成本、运行管理等费用以及供暖的可靠性和用户的满意程度。通过对本章内容的学习，同学们应掌握各种热水供暖系统的合理选择等基本专业设计能力；了解热水供暖系统的管道布置和施工安装的基本知识。

采暖系统根据热媒种类不同，可分为热水采暖系统和蒸汽采暖系统。

以热水作为热媒的供暖系统称为热水采暖系统，以蒸汽作为热媒的采暖系统称为蒸汽供暖系统。由于热水采暖系统的热能利用率高，输送时无效损失较小，散热设备不易腐蚀，使用周期长，且散热设备表面温度低，符合卫生要求，系统操作方便，运行安全，易于实现供水温度的集中调节，系统蓄热能力高，散热均匀，适于远距离输送。《暖通规范》规定，民用建筑应采用热水供暖系统。当然，热水供暖系统也可用在生产厂房及辅助建筑物中。本章仅介绍热水采暖系统。

热水采暖系统根据循环动力的不同，可分为自然循环和机械循环系统。

靠水的密度差进行循环的系统，称为自然循环系统；靠机械（水泵）力进行循环的系统，称为机械循环系统。由于自然循环系统循环动力有限，目前应用最广泛的是机械循环热水采暖系统。本章主要介绍机械循环热水采暖系统。

根据供、回水方式的不同，热水采暖系统可分为单管系统和双管系统。

热水经立管或水平供水管顺序流过多组散热器，并顺序地在各散热器中冷却的系统，称为单管系统。热水经供水立管或水平供水管平行地分配给多组散热器，冷却后的回水自每个散热器直接沿回水立管或水平回水管流回热源的系统，称为双管系统。

根据系统主干管敷设方式的不同，可分为垂直式系统和水平式系统（又称为分户计量系统）。

根据热媒温度的不同，可分为低温水供暖系统和高温水供暖系统。

在我国，习惯认为：水温低于、等于100℃的热水，称为低温热水，水温超过100℃的热水，称为高温热水。室内热水供暖系统，大多采用低温水作为热媒。《暖通规范》规定：散热器集中供暖系统宜按75℃/50℃连续供暖设计，供水温度不宜大于85℃，供回水温差不宜小于20℃。现时使用的设计供、回水温度多采用95℃/70℃（也有采用85℃/60℃）。高温水供暖系统一般宜在生产厂房中应用。设计供、回水温度大多采用120～130℃/70℃～80℃。

本章主要介绍机械循环低温热水采暖系统的形式和管路布置。

# 第一节　自然循环热水采暖系统

### 一、自然循环热水采暖系统的工作原理

图 3-1 是自然循环热水供暖系统的工作原理图。一根供水管和一根回水管把锅炉与散热器相连接。在系统的最高处连接一个膨胀水箱，用它容纳水在受热后膨胀而增加的体积。

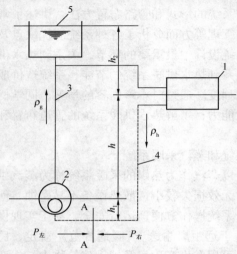

图 3-1　自然循环热水采暖系统工作原理图
1—散热器；2—热水锅炉；3—供水管路；
4—回水管路；5—膨胀水箱

在系统工作之前，先将系统中充满冷水。当水在锅炉内被加热后，密度减小，同时受到从散热器流回来密度较大的回水的驱动，使热水沿供水干管上升，流入散热器。在散热器内水被冷却，再沿回水干管流回锅炉。这样形成图 3-1 中箭头所示的循环流动。

自然循环热水供暖系统的循环作用压力的大小，取决于水温（水的密度）在循环环路的变化状况。为了简化分析，先不考虑水在沿管路流动时因管壁散热而使水不断冷却的因素，也就是说水温不在管路中变化，只在锅炉和散热器两处发生变化，以此来计算循环作用压力的大小。

如假设循环环路最低点的断面 A-A 处有一个假想阀门。若突然将阀门关闭，则在断面 A-A 两侧受到不同的水柱压力。这两方所受到的水柱压力差就是驱使水在系统内进行循环流动的作用压力。

设 $P_1$ 和 $P_2$ 分别表示 A-A 断面右侧和左侧的水柱压力，则：

$$P_1 = g(h_0\rho_h + h\rho_h + h_1\rho_g)$$
$$P_2 = g(h_0\rho_h + h\rho_g + h_2\rho_g)$$

断面 A-A 两侧之差值，即系统的循环作用压力，为：

$$\Delta P = P_1 - P_2 = gh(\rho_h - \rho_g) \tag{3-1}$$

式中　$\Delta P$——自然循环系统的作用压力，Pa；

　　　$g$——自然加速度，$m/s^2$，取 $9.81 m/s^2$；

　　　$h$——冷却中心至加热中心的垂直距离，m；

　　　$\rho_h$——回水密度，$kg/m^3$；

　　　$\rho_g$——供水密度，$kg/m^3$。

不同温度下水的密度，见附表 3-1。

由式（3-1）可知：起循环作用的只有散热器中心和锅炉中心之间这段高度内的水柱密度差。如供水温度为 95℃，回水温度为 70℃，则每米高差可产生的作用压力为：$gh$（$\rho_h$ - $\rho_g$）＝$9.81 \times 1 \times$（$977.81 - 961.92$）＝156Pa，即 15.6mm 水柱。

### 二、自然循环热水供暖系统的主要形式及作用压力

（一）自然循环热水供暖系统主要分双管和单管两种形式

上供下回式自然循环热水供暖系统管道布置的一个主要特点是：系统的供水干管必须有向膨胀水箱方向上升的流向。其反向的坡度为 $0.5\% \sim 1.0\%$；散热器支管的坡度一般取 $1\%$。这是为了使系统内的空气能顺利地排除，因系统中若积存空气，就会形成气塞，影响水的正常循环。在自然循环系统中，水的流速较低，水平干管中流速小于 $0.2\mathrm{m/s}$；而干管中空气气泡的浮升速度为 $0.1 \sim 0.2\mathrm{m/s}$，而在立管中约为 $0.25\mathrm{m/s}$。因此，在上供下回自然循环热水供暖系统充水和运行时，空气能逆着水流方向，经过供水干管聚集到系统的最高处，通过膨胀水箱排除。

为使系统顺利排除空气和系统停止运行或检修时能通过回水干管顺利地排水，回水干管应向锅炉方向有向下的坡度。

（二）自然循环系统作用压力

1. 自然循环热水供暖双管系统作用压力的计算

在图 3-2 的双管系统中，由于供水同时在上、下两层散热器内冷却，形成了两个并联环路和两个冷却中心。它们的作用压力分别为：

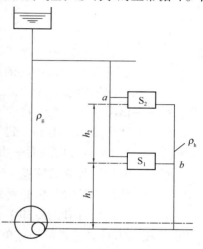

图 3-2　双管系统原理图

$$\Delta P_1 = g h_1 (\rho_h - \rho_g) \qquad (3\text{-}2)$$
$$\Delta P_2 = g (h_1 + h_2)(\rho_h - \rho_g) = \Delta P_1 + g h_2 (\rho_h - \rho_g) \qquad (3\text{-}3)$$

式中　$\Delta P_1$——通过底层散热器 $a S_1 b$ 环路的作用压力，Pa；

$\Delta P_2$——通过上层散热器 $a S_2 b$ 环路的作用压力，Pa。

由上式可知，通过上层散热器环路的作用压力比通过底层散热器的大，其差值为 $g h_2 (\rho_h - \rho_g)$。因而在计算上层环路时，必须考虑这个差值。

由此可见，在双管系统中，由于各层散热器与锅炉的高差不同，虽然进入和流出各层散热器的供、回水温度相同（不考虑管路沿途冷却的影响），也将形成上层作用压力大、下层作用压力小的现象。如选用不同管径仍不能使各层阻力损失达到平衡，由于流量分配不均，必然要出现上热下冷的现象。

在供暖建筑物内，同一竖向的各层房间的室温不符合设计要求的温度，而出现上、下层冷热不匀的现象，通常称作系统垂直失调。由此可见，双管系统的垂直失调，是由于通过各层的循环作用压力不同而出现的；而且楼层数越多，上下层的作用压力差值越大，垂直失调就会越严重。

2. 自然循环热水供暖单管系统作用压力的计算

在如图 3-3 所示的上供下回单管式系统中，散热器 $S_2$ 和 $S_1$ 串联。由图可见，引起自然循环作用压力的高

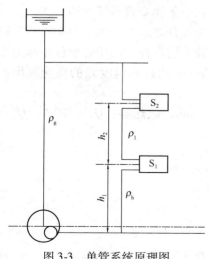

图 3-3　单管系统原理图

差是（$h_1 + h_2$），冷却后水的密度分别为 $\rho_2$ 和 $\rho_h$，其循环作用压力值为

$$\Delta P = gh_1(\rho_h - \rho_2) + gh_2(\rho_2 - \rho_g) \tag{3-4}$$

或

$$\Delta P = g(h_1 + h_2)(\rho_2 - \rho_g) + gh_1(\rho_h - \rho_2)$$
$$= gH_2(\rho_2 - \rho_g) + gH_1(\rho_h - \rho_2)$$

同理，若循环环路中有 $N$ 组串联的冷却中心（散热器）时，其循环作用压力可用下面一个通式表示：

$$\Delta P = \sum_{i=1}^{N} gh_i(\rho_i - \rho_g) = \sum_{i=1}^{N} gH_i(\rho_i - \rho_{i+1}) \tag{3-5}$$

式中　　$N$——在循环环路中，冷却中心的总数；

$\quad i$——表示 $N$ 个冷却中心的顺序数，令沿水流方向最后一组散热器为 $i = 1$；

$\quad g$——自然加速度，m/s$^2$，$g = 9.81$m/s$^2$；

$\quad \rho_g$——供暖系统供水的密度，kg/m$^3$；

$\quad h_i$——从计算冷却中心 $i$ 到 $(i-1)$ 之间的垂直距离，m；当计算的冷却中心 $i = 1$（沿水流方向最后一组散热器）时，$h_i$ 表示与锅炉中心的垂直距离；

$\quad \rho_i$——流出所计算的密度，kg/m$^3$；

$\quad H_i$——从计算的冷却中心到锅炉中心之间的垂直距离，m；

$\quad \rho_{i+1}$——进入所计算的冷却中心 $i$ 的水的密度，kg/m$^3$，当 $i = N$ 时 $\rho_{i+1} = \rho_i$。

由作用压力计算公式可知，单管热水供暖系统的作用压力与水温变化、加热中心到冷却中心的高度差以及冷却中心的个数等因素有关。

每一根立管只有一个自然循环作用压力，而且即使最底层的散热器低于锅炉中心（$h_1$ 为负值），也可能使水循环流动。

当管路中各管段的水温 $t_i$ 确定后，相应可确定其密度 $\rho_i$ 值，即可求出单管系统自然循环系统的作用压力值。

单管系统与双管系统相比，除了作用压力计算不同外，各层散热器的平均进出水温度也是不相同的。在双管系统中，多层散热器的平均进出水温度是相同的。而在单管系统，各层散热器的进出口水温是不相等的。越向下层，进水温度越低，因而各层散热器的传热系数 $K$ 值也不相等。由于这个影响，单管系统立管的散热器总面积一般比双管系统的稍大些。

在单管系统运行期间，当立管的供水温度或流量不符合设计要求时，也会出现垂直失调现象。但在单管系统中，影响垂直失调的原因，不是如双管系统那样，由于各层作用压力不同造成的，而是由于各层散热器的传热系数 $K$ 随各层散热器平均计算温度差的变化程度不同而引起的。

【例题 3-1】　如图 3-4 所示，设 $h_1 = 3.2$m，$h_2 = h_3 = 3.0$m，散热器：$Q_1 = 700$W，$Q_2 = 600$W，$Q_3 = 800$W，供水温度 $t_g = 95$℃，回水温度 $t_h = 70$℃。

求：1. 双管系统的循环作用压力。

2. 单管系统各层之间立管的水温。

3. 单管系统的重力循环作用压力。

计算作用压力时，本题不考虑水在管路中冷却的因素。

【解】　1. 求双管系统的重力循环作用压力

系统的供、回水温度，$t_g = 95$℃，$t_h = 70$℃。查附表 3-1 得 $\rho_g = 961.92$kg/m$^3$，$\rho_h =$

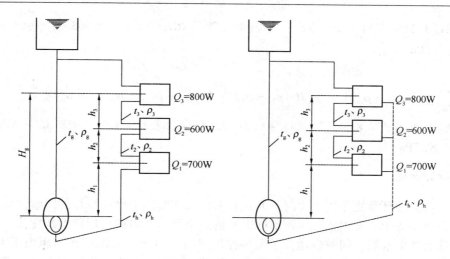

图 3-4　例题 3-1 图

977.81kg/m³。

根据式（3-2）和式（3-3）的计算方法，通过各层散热器循环环路的作用压力，分别为：

第一层：$\Delta P_1 = gh_1(\rho_h - \rho_g) = 9.81 \times 3.2 \times (977.81 - 961.92) = 498.8Pa$

第二层：$\Delta P_2 = g(h_1 + h_2)(\rho_h - \rho_g) = 9.81 \times (3.2 + 3.0) \times (977.81 - 961.92) = 966.5Pa$

第三层：$\Delta P_3 = g(h_1 + h_2 + h_3)(\rho_h - \rho_g) = 9.81 \times (3.2 + 3.0 + 3.0) \times (977.81 - 961.92)$
$= 1434.1Pa$

第三层与底层循环环路的作用压力差值为：

$$\Delta P = \Delta P_3 - \Delta P_1 = 1434.1 - 498.8 = 935.3Pa$$

由此可见，楼层数越多，底层与最顶层循环环路的作用压差越大。

2. 求单管系统各层立管的水温

根据式（2-8）可求出流出第三层散热器管路上的水温：

$$t_3 = t_g - \frac{Q_3}{\sum Q}(t_g - t_h) = 95 - \frac{800}{2100}(95 - 70) = 85.5℃$$

相应水的密度，$\rho_3 = 968.32kg/m^3$

流出第二层散热器管路上的水温 $t_2$ 为：

$$t_2 = t_g - \frac{Q_3 + Q_2}{\sum Q}(t_g - t_h) = 95 - \frac{800 + 600}{2100}(95 - 70) = 78.3℃$$

相应水的密度为：$\rho_2 = 972.88kg/m^3$

3. 求单管系统的作用压力

根据式（3-5）

$$\Delta P = \sum_{i=1}^{N} gh_i(\rho_i - \rho_g) = \sum_{i=1}^{N} gH_i(\rho_i - \rho_{i+1})$$

则

$$\Delta P = \sum_{i=1}^{N} gh_i(\rho_i - \rho_g) = g[h_1(\rho_h - \rho_g) + h_2(\rho_2 - \rho_g) + h_3(\rho_3 - \rho_g)]$$

$$= 9.81[3.2(977.81 - 961.92) + 3.0(972.88 - 961.92) + 3.0(968.32 - 961.92)]$$
$$= 1009.7\text{Pa}$$

或

$$\Delta P = \sum_{i=1}^{N} gH_i(\rho_i - \rho_{i+1}) = g[H_1(\rho_h - \rho_2) + H_2(\rho_2 - \rho_3) + H_3(\rho_3 - \rho_g)]$$
$$= 9.81[3.2(977.81 - 972.88) + 6.2(972.88 - 968.32) + 9.2(968.32 - 961.92)]$$
$$= 1009.7\text{Pa}$$

### 三、设计计算

在讨论自然循环系统作用压力时，并没有考虑水在管路中沿途冷却的因素，假设水温只在加热中心和冷却中心发生变化。而实际上水的温度和密度沿循环环路不断变化，它不仅影响各层散热器进出水温，同时也增大了循环作用压力。由于自然循环作用压力不大，因此，在确定实际循环作用压力大小时，必须将水在管路中冷却所产生的作用压力也考虑在内。

在设计计算中，只考虑水在散热器内冷却时所产生的作用压力，然后再根据不同情况，增加一个考虑水在循环管路中冷却的附加作用压力。它的大小与系统供水管道布置状况、楼层高度、所计算的散热器与锅炉之间的水平距离等因素有关。其数据可选用附表3-2。

总的自然循环作用压力，可用下式表示：

$$\Delta p_{zh} = \Delta p + \Delta p_f \tag{3-6}$$

式中　$\Delta p_{zh}$——自然循环系统的综合作用压力，Pa；

　　　$\Delta p$——自然循环系统中，水在散热器内冷却所产生的作用压力，Pa；

　　　$\Delta p_f$——水在管路中冷却产生的附加压力，Pa。

自然循环热水供暖系统是最早采用的一种热水供暖方式，已有约200年的历史。它装置简单，运行时无噪声和不消耗电能。但由于其作用压力小，管径大，作用范围受到限制。自然循环热水供暖系统通常只能在单幢建筑物中应用，其作用半径不宜超过50m。故其使用受到限制，在目前的城市集中供热系统已经绝迹，仅在单户的土暖气中可见。

# 第二节　机械循环热水采暖系统

### 一、机械循环热水采暖系统与自然循环热水采暖系统的主要区别

机械循环热水供暖系统与重力循环系统的主要差别是在系统中设置了循环水泵，靠水泵的机械能，使水在系统中强制循环。由于设置了循环水泵，增加了系统的经常运行电费和维修工作量；但由于水泵所产生的作用压力很大，因而供暖范围可以扩大到多幢建筑，甚至发展为区域热水供暖系统。

机械循环热水供暖系统的主要形式有垂直式和水平式。其中垂直式系统按供、回水干管布置位置不同，又分为上供下回式双管系统和单管系统、下供下回式双管系统、中供式系统、下供上回式（倒流式）系统、混合式系统等。下面分别作以介绍。

### 二、机械循环上供下回式热水采暖系统

如图3-5所示，左侧为双管系统，右侧为单管系统。机械循环系统除膨胀水箱的连接位

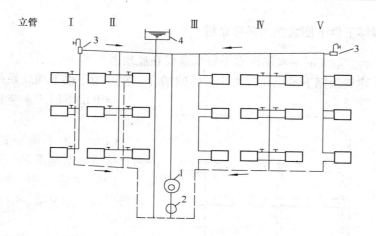

图 3-5 机械循环上供下回式热水采暖系统

1—热水锅炉；2—循环水泵；3—集气装置；4—膨胀水箱

（图中除支管上的阀门外，其余阀门均未标出）

置与自然循环系统不同外，还增加了循环水泵和排气装置。

在机械循环系统中，水流速度一般超过从水中分离出来的空气气泡的浮升速度。为了使气泡不致被带入立管，供水干管应按水流方向设上升坡度，使气泡随水流方向流动并汇集到系统的最高点，通过在最高点设置的排气装置将空气排出系统外。供水、回水干管的坡度，宜采用 0.003，不得小于 0.002。回水干管坡向与自然循环系统相同，即下坡向加热源（沿水流方向下降的坡度），应使系统水能顺利排出。

图中左侧的双管式系统，在管路与散热器连接方式上与自然循环系统没有差别。

图中右侧立管Ⅲ是单管顺流式系统。单管顺流式系统的特点是立管中全部的水量顺流进入各层散热器。顺流式系统形式简单、施工方便，造价低，是国内目前一般建筑广泛应用的一种形式。它最严重的缺点是不能进行局部调节。

立管Ⅳ是单管跨越式系统。立管的一部分水量流进散热器，另一部分立管水量通过跨越管与散热器流出的回水混合，再流入下层散热器，与顺流式相比，由于只有部分立管水量流入散热器，在相同的散热量下散热器的出水温度降低，散热器中热媒和室内空气的平均温差 $\Delta t$ 减小，因而所需的散热器面积比顺流式系统大一些。

单管跨越式由于散热器面积增加，同时在散热器支管上安装阀门，使系统造价增高，施工工序多，因此，多用于房间温度较严格，需要进行局部调节散热器散热量的建筑中。

在高层建筑（通常超过六层）中，近年国内出现一种跨越式与顺流式相结合的系统形式——上部几层采用跨越式，下部采用顺流式（图 3-5 右侧立管Ⅴ所示）。通过调节设置在上层跨越管段上的阀门开启度，在系统试运转或运行时，调节进入上层散热器流量，可适当的减轻供暖系统中经常会出现的上热下冷的现象。但这种折中形式，并不能从设计角度有效地解决垂直失调和散热器的可调节性能。

上供下回式机械循环热水供暖系统的几种形式也可用于重力循环系统上。

上供下回式管道布置，是最常用的一种布置形式。

### 三、机械循环下供下回式热水采暖系统

如图3-6所示，系统的供水和回水干管都敷设在底层散热器下面。在设有地下室的建筑物，或在平屋顶建筑顶棚下难以布置供水干管的场合，常采用下供下回式系统。

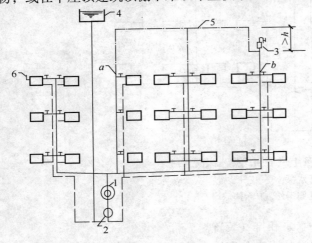

图3-6 机械循环下供下回式系统
1—热水锅炉；2—循环水泵；3—集气装置；
4—膨胀水箱；5—空气管；6—冷风阀

与上供下回式系统相比，它有如下特点：

(1) 在地下室布置供水干管，管路直接散热给地下室，无效热损失小。

(2) 在施工中，每安装好一层散热器即可开始供暖，给冬季施工带来很大方便。

(3) 排除系统中的空气较困难。

下供下回式系统排出空气的方式主要有两种：通过顶层散热器的冷风阀手动分散排气（图3-6左侧），或通过专设的通气管手动或自动集中排气（图3-6右侧）。从散热器和立管排出的空气，沿空气管送到集气装置，定期排出系统外。集气装置的连接位置，应比水平空气管低 $h$ 以上，即应大于图中 $a$ 和 $b$ 两点在供暖系统运行时的压差值，否则位于上部空气管内的空气不能起到隔断作用，立管水会通过空气管串流。因此，通过专设空气管集中排气的方法，通常只在作用半径小或系统压降小的热水供暖系统中应用。

### 四、机械循环中供式热水采暖系统

如图3-7所示，从系统总立管引出的水平供水干管敷设在系统的中部，下部系统呈上供下回式。上部系统可采用下供下回式［双管，图3-7（a）］，也可采用上供下回式［单管，图3-7（b）］。中供式系统可避免由于顶层梁底标高过低，致使供水干管挡住顶层窗户的不合理布置，并减轻了上供下回式楼层过多，易出现垂直失调的现象；但上部系统要增加排气装置。

中供式系统可用于加建楼层的原有的建筑物或"品"字形建筑（上部建筑面积少于下部的建筑）供暖上。

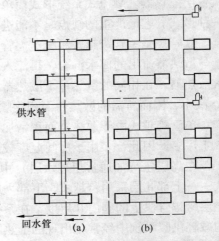

图3-7 机械循环中供式热水供暖系统
(a) 下供下回式双管；(b) 上供下回式单管

### 五、机械循环下供上回式（倒流式）热水采暖系统

如图3-8所示，系统的供水干管设在下部，而回水干管设在上部，顶部还设置有顺流式膨胀水箱。立管布置主要采用顺流式。

倒流式系统具有如下特点：

（1）水在系统内的流动方向是自下而上流动，与空气流动方向一致。可通过顺流式膨胀水箱排除空气，无需设置集气罐等排气装置。

（2）对热损失大的底层房间，由于底层供水温度高，底层散热器的面积减小，便于布置。

（3）当采用高温水供暖系统时，由于供水干管设在底层，这样可降低防止高温水汽化所需的水箱标高，减少布置高架水箱的困难。

（4）倒流式系统散热器的传热系统远低于上供下回式系统。散热器热媒的平均温度几乎等于散热器的出水温度。在相同的立管供水温度下，散热器的面积要比上供下回顺流式系统的面积增多。

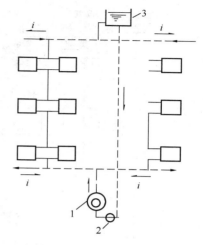

图 3-8　机械循环下供上回式
（倒流式）热水供暖系统
1—热水锅炉；2—循环水泵；3—膨胀水箱

### 六、机械循环混合式热水采暖系统

如图 3-9 所示，混合式系统是由下供上回式（倒流式）和上供下回式两组串联组成的系统。水温 $t'_g$ 的高温水自下而上进入第 I 组系统，通过散热器，水温降到 $t'_m$ 后，再引入第 II 组系统，系统循环水温度再降到 $t'_h$ 后返回热源。

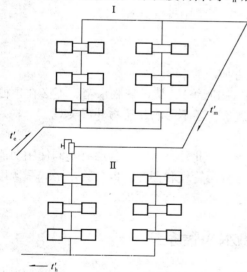

图 3-9　机械循环混合式热水供暖系统

进入第 II 组系统的供水温度 $t'_m$，根据设计的供、回水温度，可按两个串联系统的热负荷分配比例来确定；也可以预先给定进入第 II 组系统的供水温度 $t'_m$，来确定两个串联系统的热负荷分配比例。由于两组系统串联，系统的压力损失大些。这种系统一般只宜使用在连接于高温热水网路上的卫生要求不高的民用建筑或生产厂房。

### 七、异程式系统与同程式系统

前面介绍的各种图式，除图 3-9 外，在供、回水干管走向布置方面都有如下特点：通过各个立管的循环环路的总长度并不相等。如图 3-5 左侧所示，通过立管 III 循环环路的总长度，就比通过立管 V 的短。这种布置形式称为异程式系统。

异程式系统供、回水干管的总长度短，但在机械循环系统中，由于作用半径较大，连接立管较多，因而通过各个立管环路的压力损失较难平衡。有时靠近总立管最近的立管，即使选用了最小的管径 φ15mm，仍有很多的剩余压力。初调节不当时，就会出现近处立管流量超过要求，而远处立管流量不足。在远近立管处出现流量失调而引起在水平方向冷热不均的现象，称为系统的水平失调。

为了消除或减轻系统的水平失调，在供、回水干管走向布置方面，可采用同程式系统。

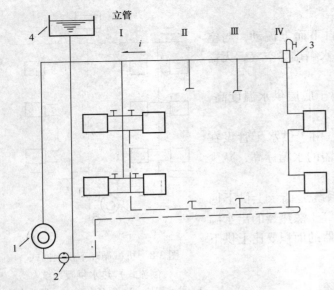

图 3-10　同程式系统

1—热水锅炉；2—循环水泵；3—集气装置；4—膨胀水箱

同程式系统的特点是通过各个立管的循环环路的总长度都相等。如图3-10所示，通过最近立管Ⅰ的循环环路与通过最远处立管Ⅳ的循环环路的总长度都相等，因而压力损失易于平衡。由于同程式系统具有上述优点，在较大的建筑物中，常采用同程式。但同程式系统管道的用量多于异程式系统。

## 八、水平式系统

水平式系统按供水管与散热器的连接方式分，可分为顺流式和跨越式两类。这些连接图式，在机械循环和重力循环系统中都可应用。

水平式系统的排气方式要比垂直式上供下回系统复杂些。它需要在散热器上设置冷风阀分散排气，或在同一层散热器上部串联一根空气管集中排气。对较小的系统，可用分散排气方式。对散热器较多的系统，宜用集中排气方式。

水平式系统与垂直式系统相比，具有如下优点：

（1）系统的总造价，一般要比垂直式系统低。

（2）管路简单，无穿过各层楼板的立管，施工方便。

（3）有可能利用最高层的辅助空间（如楼梯间、厕所等），架设膨胀水箱，不必在顶棚上专设安装膨胀水箱的房间。这样不仅降低了建筑造价，还不影响建筑物外形美观。

（4）计量容易。

因此，水平式系统也是在国内应用较多的一种形式。此外，对一些各层有不同使用功能或不同温度要求的建筑物，采用水平式系统，更便于分层管理和调节。但单管水平式系统串联散热器很多时，运行时易出现水平失调，即前端过热而末端过冷现象。

# 第三节　高层建筑热水采暖系统

由于高层建筑热水供暖系统的水静压力较大，因此，它与室外热网连接时，应根据散热器的承压能力、外网的压力状况等因素，确定系统的形式及其连接方式。在确定系统形式时，还应考虑由于建筑物层数多而加重系统垂直失调的问题。

高层建筑热水采暖系统几种常用的形式。

## 一、分层式采暖系统

在高层建筑供暖系统中，垂直方向分成两个或两个以上的独立系统，称为分层式供暖系统。

如图 3-11 所示，下层系统通常与室外网路直接连接。它的高度主要取决于室外网路的压力工况和散热器的承压能力。上层系统与外网采用隔绝式连接（图 3-11），利用水加热器使上层系统的压力与室外网路的压力隔绝。上层系统采用隔绝式连接，是目前常用的一种形式。

当外网供水温度较低，使用热交换器所需加热面过大而不经济合理时，可考虑采用如图 3-12 所示的双水箱分层式供暖系统。

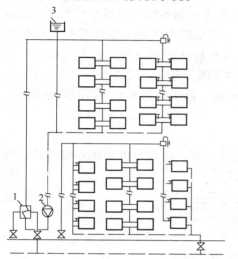 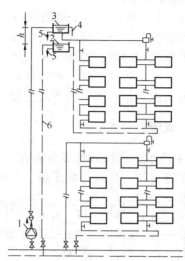

图 3-11 高层建筑分层式采暖
系统（高区间接连接）
1—换热器；2—循环水泵；3—膨胀水箱

图 3-12 高区双水箱高层建筑热水采暖系统
1—加压水泵；2—回水箱；3—进水箱；4—供水箱
溢流管；5—信号管；6—回水箱溢流管

双水箱分层式供暖系统的特点：

1. 上层系统与外网直接连接。当外网供水压力低于高层建筑静水压力时，在用户供水管上设加压水泵。利用进、回水箱两个水位高差 $h$ 进行上层系统的水循环。

2. 上层系统利用非满管流动的溢流管 6 与外网回水管连接，溢流管 6 下部的满管高度 $H_h$ 取决于外网回水管的压力。

3. 由于利用两个水箱替代了用热交换器所起的隔绝压力作用，简化了入口设备，降低了系统造价。但由于增设了两座高层水箱，增加了建筑造价。若外网不允许水泵直接从管道中吸水，还需增设一座热水池。

4. 采用了开式水箱，易使空气进入系统，造成系统的腐蚀。

## 二、双线式系统

双线式系统有垂直式和水平式两种形式。

1. 垂直双线式单管热水供暖系统

如图 3-13（a）所示，垂直双线式单管热水供暖系统是由竖向的 Ⅱ 形单管式立管组成的。双线系统的散热器通常采用蛇形管或辐射板式（单块或砌入墙内形成整体式）结构。由于散热器立管是由上升立管和下降立管组成的，因此各层散热器的平均温度近似地可以认为是相同的。这种各层散热器的平均温度近似相同的单管式系统，尤其对高层建筑，有利于避免系统垂直失调。这是双线式系统的突出优点。

垂直双线式系统的每一组Ⅱ形单管式立管最高点处应设置排气装置。此外，由于立管的阻力较小，容易引起水平失调。可考虑在每根立管的回水立管上设置孔板，增大立管阻力，或采用同程式系统来消除水平失调。

2. 水平双线式热水供暖系统

如图3-13（b）所示，水平双线式系统，在水平方向的各组散热器平均温度近似地认为是相同的。当系统的水温度或流量发生变化时，每组双线上的各个散热器的传热系数 $K$ 值的变化程度近似是相同的。因而对避免冷热不均很有利（垂直双线式也有此特点）。同理，水平双线式与水平单管式一样，可以在每层设置调节阀，进行分层调节。此外，为避免系统垂直失调，可考虑在每层水平分支线上设置节流孔板，以增加各水平环路的阻力损失。

### 三、单、双管混合式系统

如图3-14所示，若将散热器沿垂直方向分成若干组，在每组内采用双管形式，而组与组之间则用单管连接，这就组成了单、双管混合式系统。

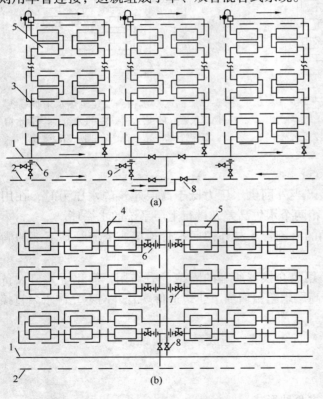

(a)

(b)

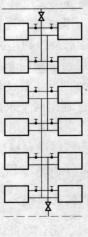

图3-13　双线式热水采暖系统
（a）垂直双线系统；（b）水平双线系统
1—供水干管；2—回水干管；3—双线立管；4—双线水平管；5—散热器；
6—节流孔板；7—调节阀；8—截止阀；9—排水阀

图3-14　单双管
混合式系统

　　这种系统的特点是：既避免了双管系统在楼层数过多时出现的严重竖向失调现象，同时又能避免散热器支管管径过粗的缺点，而且散热器还能进行局部调节。

# 第四节　分户计量热水采暖系统

　　为了便于分户按实际耗热量计费、节约能源和满足用户对供暖系统多方面的功能要求，就必须设置分户计量供暖系统。分户计量供暖系统应便于分户管理及分户分室控制、调节供热量，即调节室温。而垂直式系统，一个用户由多个立管供热，在每一个散热器支管上安装热表来计量，不仅使系统复杂、造价过高，而且管理不便，因此不能广泛使用。本节主要介绍分户水平式系统及放射式系统。

　　分户计量供暖系统的共同特点是在每户管道的起、止点安装关断阀和其中之一处安装调节阀，新建住宅热水集中供暖系统应设置热表和温控装置。热表一般安装在用户进口处。虽然安装在出口处时，水温低，有利于延长使用寿命，但失水率有所增加。

## 一、分户计量采暖系统形式

　　1. 分户计量水平单管系统

　　（1）与以往水平式系统的区别

　　分户计量水平单管系统如图 3-15 所示，与传统的水平式系统的主要区别在于：

　　①水平支路长度仅限于一个住户之内；

　　②能进行分户计量和调节供热量；

　　③可分室调节供热量，满足不同的室温要求。

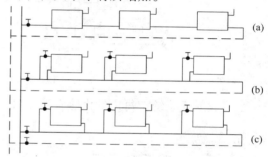

图 3-15　分户计量水平单管系统

（a）顺流式；（b）同侧接管跨越式；

（c）异侧接管跨越式

　　（2）形式

　　分户计量水平单管系统可分为水平顺流同程式系统和水平跨越同程式系统。

　　顺流式系统可分户计量，可分户调节，但不能分室调节。

　　跨越式系统不但可以分户计量，分户调节，而且可以分室调节。必要时还可以安装温控阀，来实现房间温度自动调节。

　　（3）优缺点

　　优点：水平单管系统布置管道方便，节省管材，水利稳定性好。

　　缺点：排气不甚容易，可通过手动排气阀排气，造价低；或串联空气管自动排气阀排气，但造价高。

　　2. 分户计量水平双管系统

　　分户计量水平双管系统如图 3-16 所示。可分户计量，分室调节。与单管系统相比，图（a）、图（b）排气容易，图（c）不易，耗费管材多，水利稳定性也差。

　　3. 分户计量水平单双管系统

　　如图 3-17 所示，分户计量水平单双管系统，兼有水平单管和水平双管的优点，适用于面积较大的户型以及跃层式建筑。

　　4. 分户计量水平放射式系统

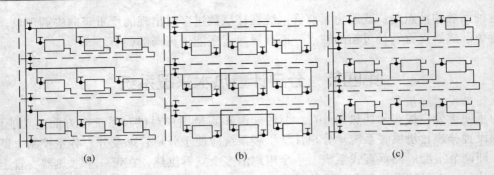

图 3-16　分户水平双管系统

（a）上供下回双管同程式；（b）上供上回双管同程式；（c）下供下回双管同程式

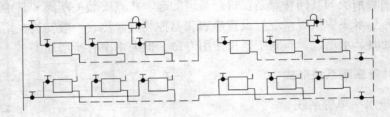

图 3-17　分户水平单、双管系统

水平放射式系统在每户的供热管道入口处设置小型分水器和积水器，每组散热器并联设置，如图 3-18 所示。从分水器引出的散热器支管是辐射状埋地敷设（故又称章鱼式）至各组散热器。该系统可分户计量，可分室调节。必要时安装温控阀可自动控制温度，但排气不易。

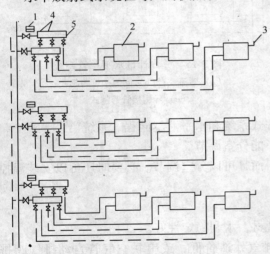

图 3-18　分户水平放射式采暖系统示意图

1—热表；2—散热器；3—放气阀；

4—分、集水器；5—调节阀

## 二、管道布置及用户系统的入口

### 1. 管道布置

每户的关断阀及向各楼层、各住户供给热媒的供回水立管（总立管）及入口装置，宜设于管道井内。管道井宜设在公共的楼梯间或户外公共空间，管道井有检查门，便于供热管理部门在住户外启闭各户水平支路上的阀门、调节住户的流量、抄表和计量供热量。户内采暖系统宜采用单管水平跨越式、双管水平并联式、上供下回式等。通常建筑物的一个单元设一组供回水立管，多个单元设一组供回水干管可设在室内或室外管沟中。干管可采用同程式或异程式，单元数较多时宜用同程式。为了防止铸铁散热器与铸造型砂以及其他污物积聚、堵塞热表、温度阀等部件，分户式采暖系统宜用不残留型砂的铸铁散热器或其他材质的散热器，系统投入运行前应进行冲洗。

户内功能管道布置可明装，条件许可时最好暗埋布置。但暗埋管不应有接头，且宜外加塑料套管。

2. 用户系统的引入口

分户热计量热水集中采暖系统，应在用户入口处设置热量表、压差或流量调节装置、除污器等，入口装置宜设在管道井内。为了保护热量表及散热器恒温阀不被堵塞，过滤器应设置在热量表前面。另外，考虑到我国采暖收费难的现状，从便于管理和控制的角度，在供水管上应安装锁闭阀，以便需要时采取强制性措施关闭用户的采暖系统。热力入口处的具体设置方式如图 3-19 所示。

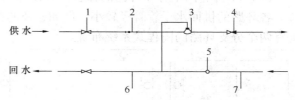

图 3-19　典型户内系统热力入口示意图
1—锁闭调节阀；2—过滤器；3—热量表；4—截止阀；
5—钢塑直通连接件；6—热镀锌钢管；7—塑料管

计量供热系统户外管道一般采用金属管材，而户内管道常采用塑料管材，因此必然涉及到一个连接问题。目前，常用做法是将二者用钢塑连接件相连。

# 第五节　热水采暖系统管道布置与敷设

## 一、管道布置的基本原则

室内热水供暖系统管道布置合理与否，直接影响到系统的造价和使用效果。应根据建筑物的具体条件，与外网连接的形式以及运行情况等因素来选择合理的布置方案，力求系统管道走向布置合理，节省管材，便于调节和排除空气，而且要求各并联环路的阻力损失易于平衡。

供暖系统的引入口宜设置在建筑物热负荷对称分配的位置，一般宜在建筑物中部。这样可以缩短系统的作用半径。在民用建筑和生产厂房辅助性建筑中，系统总立管在房间内的布置不应影响人们生活和工作。

在布置供、回水干管时，首先应确定供回水干管的走向。系统应合理地分成若干支路，而且尽量使各支路的阻力损失易于平衡。

## 二、环路划分

室内采暖系统引入口的设置，应根据热源和室外管道的位置，并且还应考虑有利于系统的环路划分。

环路划分一是将整个系统划分成几个并联的、相对独立的小系统。二是要合理划分，使热量分配均衡，各并联环路阻力易于平衡，便于控制和调节系统。条件许可时，建筑物采暖系统南北向房间宜分环设置。

下面是几种常见的环路划分方法。

图 3-20 为无分支环路的同程式系统。它使用于小型系统或引入口的位置

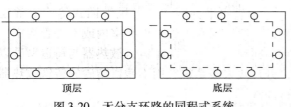

顶层　　　　　　　底层

图 3-20　无分支环路的同程式系统

不易平分成对称热负荷的系统中。

图 3-21 为有两个分支环路的异程式系统布置方式。它的特点是系统南北分环，容易调节。各环路的供回水干管管径较小，但如各环的作用半径过大，容易出现水平失调。图 3-22 为有两个分支环路的同程式系统布置。

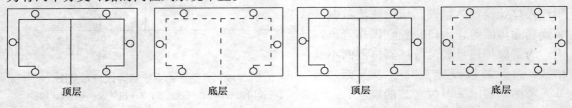

| 图 3-21　有两个分支环路的异程式系统 | 图 3-22　有两个分支环路的同程式系统 |

一般宜将供水干管的始端放置在朝北向一侧，而末端设在朝南向一侧。也可以采用其他的管路布置方式，应视建筑物的具体情况灵活确定。在各分支环路上，应设置关闭和调节装置。

室内热水供暖系统的管路应明装，有特殊要求时，方采用暗装。尽可能将立管布置在房间的角落。尤其在两外墙的交接处。在每根立管的上、下端应装阀门，以便检修放水。对于立管很少的系统，也可仅在分环供、回水干管上安装阀门。

对于上供下回式系统，供水干管多设在顶层棚下。顶棚的过梁底标高距离窗户顶部之间的距离应满足供水干管的坡度和设置集气管所需的高度。回水干管可敷设在地面上，地面上不容许敷设或净空高度不够时，回水干管设置在半通行地沟或不通行地沟内。

为了有效排出系统内的空气，所有水平供水干管应具有不小于 0.002 的坡度。当受到条件限制时，机械循环系统的热水管道可无坡度敷设，但管中的水流速度不得小于 0.25m/s。

### 三、管道敷设要求

室内采暖系统管道应尽量明设，以便于维护管理和节省造价，有特殊要求或影响室内整洁美观时，才考虑暗设。敷设时应考虑：

（1）上供下回式系统的顶层梁下和窗顶之间的距离应满足供水干管的坡度和集气罐的设置要求。集气罐应尽量设在有排水设施的房间，以便于排气。

回水干管如果敷设在地面上，底层散热器下部和地面之间的距离也应满足回水干管敷设坡度的要求。如果地面上不允许敷设或净空高度不够时，应设在半通行地沟或不通行地沟内。

供、回水干管的敷设坡度应满足《暖通规范》的要求。

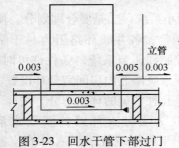

图 3-23　回水干管下部过门

（2）管路敷设时应尽量避免出现局部向上凹凸现象，以免形成气塞。在局部高点处，应考虑设置排气装置。局部最低点处，应考虑设置排水阀。

（3）回水干管过门时，如果下部设过门地沟或上部设空气管，应设置泄水和排空装置。具体做法如图 3-23 和图 3-24 所示。

两种做法中均设置了一段反坡向的管道，目的是为了顺利排除系统中的空气。

（4）立管应尽量设置在外墙角处，以补偿该处过多的热损失，防止该处结露。楼梯间或其他有冻结危险的场所，应单独设置立管，该立管上各组散热器的支管均不得安装阀门。

（5）室内采暖系统的供水、回水管上应设阀门；划分环路后，各并联环路的起、末端应各设一个阀门，立管的上下端各设一个阀门，以便于检修、关闭。

热水采暖系统热力入口处的供水、回水总管上应设置温度计、压力表及除污器。必要时，应装设热量表。

（6）散热器的供、回水支管应考虑避免散热器上部积存空气或下部放水时放不净，应沿水流方向设下降的坡度。如图 3-25 所示，坡度不得小于 0.01。

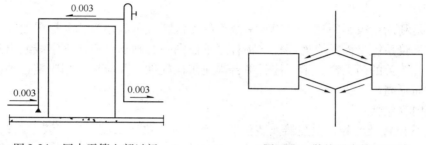

图 3-24　回水干管上部过门　　　　　　图 3-25　散热器支管的坡向

（7）穿过建筑物基础、变形缝的采暖管道，以及埋设在建筑结构里的立管，应采取防止由于建筑物下沉而损坏管道的措施。当采暖管道必须穿过防火墙时，在管道穿过处应采取防火封堵措施，并在管道穿过处采取固定措施，使管道可向墙的两侧伸缩。采暖管道穿过隔墙和楼板时，宜装设套管。采暖管道不得同输送蒸汽燃点低于或等于120℃的可燃液体或可燃、腐蚀性气体的管道在同一条管沟内平行或交叉敷设。

（8）采暖管道在管沟或沿墙、柱、楼板敷设时，应根据设计、施工与验收规范的要求，每隔一定间距设置关卡或支、吊架。为了消除管道受热变形产生的热应力，应尽量利用管道上的自然转角进行热伸长的补偿，管线很长时，应设补偿器，适当位置设固定支架。

（9）采暖管道多采用水、煤气钢管，可采用螺纹连接、焊接和法兰连接。管道应按施工与验收规范要求作防腐处理。敷设在管沟、技术夹层、闷顶、管道竖井或易冻结地方的管道，应采取保温措施。

（10）采暖系统供水、供汽干管的末端和回水干管始端的管径，不宜小于20mm。低压蒸汽的供水干管可适当放大。

# 第六节　采暖系统施工图

## 一、采暖系统施工图的组成及内容

在工程设计中，采暖系统施工图一般由图纸目录、设计施工说明、图例、设备及主要材料明细表、平面图、系统图、详图等组成。在同一套工程设计图纸中，图样线宽组、图例、符号等应一致。图纸编号应独立按顺序排列。一张图幅内绘制多种图样时，应按平面图、详图，从上至下、从左至右的顺序排列；当一张图幅绘有多层平面图时，宜按建筑层次由低至高、由下而上顺序排列。图纸中的设备或部件不便用文字标注时，可进行编号。

1. 设计施工说明

说明设计图纸无法表示的问题，如热源情况、采暖设计热负荷、设计意图及系统形式、进出口压力差，散热器的种类、形式及安装要求，管道的敷设方式、防腐保温、水压试验要求，施工中需要参照的有关专业施工图号或采用的标准图号等。

2. 设备及主要材料明细表

设备表一般包括序号（或编号）、设备名称、技术要求、数量、备注栏；材料表一般包括材料名称（或编号）、规格或物理性能、数量、单位、备注栏。

3. 平面图

平面图是利用正投影原理，采用水平全剖的方法，表示出建筑物各层采暖管道与设备的平面布置。采暖系统平面图应连同建筑物各层平面图一起画出，应用细实线绘出建筑轮廓线和与采暖系统有关的门、窗、梁、柱、平台等建筑构配件，并应标明相应定位轴线编号、房间名称、平面标高。

平面图内容包括：

（1）立管位置及编号，散热器安装位置、类型、片数（长度）及安装方式；

（2）总立管的位置、编号，供、回水干管的位置、走向、坡度及干管上的阀门、固定支座的安装位置与型号，补偿器的型号、位置；

（3）膨胀水箱、集气罐等设备的位置、型号及其与管道的连接情况；

（4）引入口的位置及采用的标准图号（或详图号）；

（5）室内管沟（包括过门地沟）的位置和主要尺寸，活动盖板的设置位置等。

平面图一般包括标准层平面图、顶层平面图、底层平面图。

平面图常用的比例有 1∶50、1∶100、1∶200 等。

4. 系统图

系统图又称轴测图，是表示采暖系统的空间布置情况、散热器与管道的空间连接形式，设备、管道附件等空间关系的立体图。系统图采用轴测投影法绘制，宜采用与相应的平面图一致的比例。系统图中标有立管编号、管道标高、各管段管径、水平干管的坡度、散热器的片数（长度）及集气罐、膨胀水箱、阀件的位置、型号规格等。

通过系统图可了解采暖系统的全貌。系统图中的管线重叠、密集处，可采用断开画法，断开处宜以相同的小写拉丁字母表示，也可用细虚线连接。

5. 详图

详图表示采暖系统节点与设备的详细构造及安装要求。平面图和系统图中表示不清，又无法用文字说明的地方，如引入口装置、膨胀水箱的构造与配管、管沟断面、保温结构等可用详图表示。如果选用的是国家标准图集，可给出标准图号，不出详图。详图常用的比例是 1∶10、1∶50。

**二、采暖系统施工图示例**

以某公寓楼热水采暖系统为例，使读者更好地了解采暖系统施工图的组成和内容，掌握绘制采暖系统施工图的方法，并读懂采暖系统施工图。

1. 图纸目录
(1) 设计施工说明、图例、主要设备及配件表
(2) 一层采暖平面图
(3) 二至三层采暖平面图
(4) 四层采暖平面图
(5) 五层采暖平面图
(6) 采暖系统图（一）
(7) 采暖系统图（二）
2. 设计施工说明、图例、主要设备及配件表

# 设 计 施 工 说 明

一、设计概况及设计内容

1. 本工程为西安××公寓楼，建筑面积××m²，地上五层，砌体结构，建筑高度 17.95m。

2. 本设计包括公寓内的采暖设计。

二、设计依据

1. 《民用建筑供暖通风与空气调节设计规范》（GB 50736—2012）。

2. 《宿舍建筑设计规范》（JGJ 36—2005）。

3. 《西安市居住建筑节能设计标准》（DBJ 61—44—2007）。

4. 建设单位对本工程的有关意见及要求。

三、采暖设计及计算参数

1. 采暖室外计算参数：冬季采暖室外计算温度：−5℃

冬季室外平均风速：1.8m/s

2. 采暖室内设计温度：居室：18℃

走道、楼梯间：16℃

淋浴卫生间：25℃

四、围护结构热工计算参数

玻璃窗：采用双层中空玻璃窗　$K = 2.6\text{W}/(\text{m}^2 \cdot ℃)$

外墙：采用外保温复合墙体　　$K = 0.533\text{W}/(\text{m}^2 \cdot ℃)$

屋顶：120mm 憎水珍珠岩板　$K = 0.458\text{W}/(\text{m}^2 \cdot ℃)$

五、采暖系统

1. 本工程供、回水由小区锅炉房提供；采暖供/回水温度为 95℃/70℃；采暖系统定压及补水由锅炉房解决。

2. 本工程采暖总耗热量 109kW，采暖热指标 41W/m²，进出口压力差 $P = 29.4\text{kPa}$。

3. 供暖方式：单管上供下回同程式系统，供暖干管顶层梁底明敷；回水干管在地沟内敷设。每组散热器上安装手动跑风；供暖系统最高处设置自动排气阀，自动排气阀采用 E121（$DN20$）型。

4. 本建筑散热器均采用铸铁柱翼（内腔无砂）散热器 SC（WS）TXY2−6−8。散热器安装时，必需在内粉刷全部完毕后再安装，以防止砂浆石灰水落上，影响美观及锈蚀，散热

器挂装高度距建筑地面 0.15m。

5. 采暖立管及水平支管管径均为 $DN20$。

六、施工说明

1. 供暖管道采用碳素钢管，$DN<50mm$ 者，采用普通焊接钢管；

供暖管道采用碳素钢管，$DN>50mm$ 者，采用无缝钢管；

供暖管道采用焊接钢管，$DN<32mm$ 者，采用丝接连接；$DN>32mm$ 者及地沟中管道，采用焊接连接。

所有焊接钢管表面均刷樟丹防锈漆，非保温明管则再刷银粉漆两遍。

2. 阀门：$DN>50$，采用法兰连接；$DN<50$，采用螺纹连接，承压 1.6MPa。

截止阀：$DN<50$ J11T–16，$DN>50$ J41T–16

闸阀：$DN<50$ Z11T–16，$DN>50$ Z44T–16

3. 不供暖房间、地沟、楼梯间内的供水、回水管道以及供暖总立管，均采用岩棉管壳保温，保温层厚度 $d=40mm$；保温层外部做铝箔保护层，做法参见陕 02N3《管道及设备防腐保温》。

保温管道在除锈后刷防锈底漆两道；非保温管道刷防锈底漆两道、银粉两道，管道支、吊、托架防腐处理同管道。

4. 各系统干管坡度 $i=0.003$，坡向见设计图，如不能满足所标坡度，可减小坡度，但不得小于 0.002，且水平干管不得遮挡门窗。

5. 管道穿墙及楼板处应加套管，穿楼板套管应高出地面 20mm，套管直径比管子大 2号，管子与套管之间用石棉绳填实。管道穿混凝土墙，其套管必须在土暖施工时预留；室内穿卫生间管道采用甲型刚性防水套管，做法见陕 02N1–122 页。

6. 系统安装参见陕 02N1《供暖工程》；支、吊架做法见陕 02N4《管道支架、吊架》。

7. 系统设计工作压力 0.30MPa，非采暖季节应充水湿保养。

8. 管道试压：系统试验压力为 0.6MPa（系统最低点试验压力），试压时应在试验压力下 10 分钟内压力降不大于 0.02MPa，降至工作压力后检查不渗不漏。

9. 施工中应配合土建工种做好板、墙留洞及预埋套管以免遗漏为施工带来困难。

10. 凡以上未说明之处，均应按以下规范及图集进行施工：

《建筑给水排水及采暖工程施工质量验收规范》（GB 50242—2002）

陕 02N 标准图集（DBJT 24—31—2002）

### 图 例

| 图例 | 名称 | 图例 | 名称 |
|---|---|---|---|
| —— | 采暖供水管 | Ⓝ | 热力入口装置 |
| -------- | 采暖回水管 | Ⓛ1 | 采暖立管编号 |
| 自动排气阀 | 自动排气阀 | ◁▷ ● | 截止阀 |
| ——*—— | 固定支架 | DN×× | 管道公称直径 |
| 散热器及手动放气阀 | 散热器及手动放气阀 | | |

**主要设备及配件表**

| 序号 | 名　　称 | 规格及型号 | 单位 | 数量 | 备注 |
|------|----------|-----------|------|------|------|
| 1 | 截止阀 | Z11T－16 DN20 | 个 | 172 | |
| 2 | 截止阀 | Z11T－16 DN50 | 个 | 4 | |
| 3 | 截止阀 | Z11T－16 DN70 | 个 | 4 | |
| 4 | 三通锁闭调节阀 | ST－11T－16 DN20 | 个 | 735 | |
| 5 | 自动排气阀 | E121 DN20 | 个 | 3 | |
| 6 | 铸铁柱翼（内腔无砂）散热器 | SC（WS）TXY2－6－8 | 个 | | |

**3. 一层采暖平面图（图 3-26）**

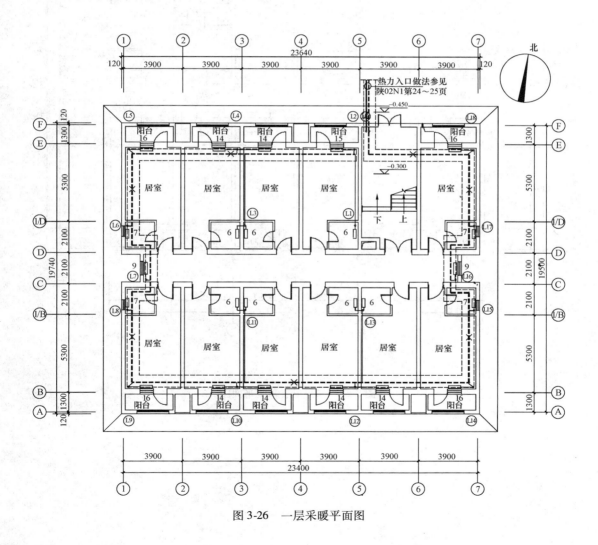

图 3-26　一层采暖平面图

## 4. 二至三层采暖平面图（图 3-27）

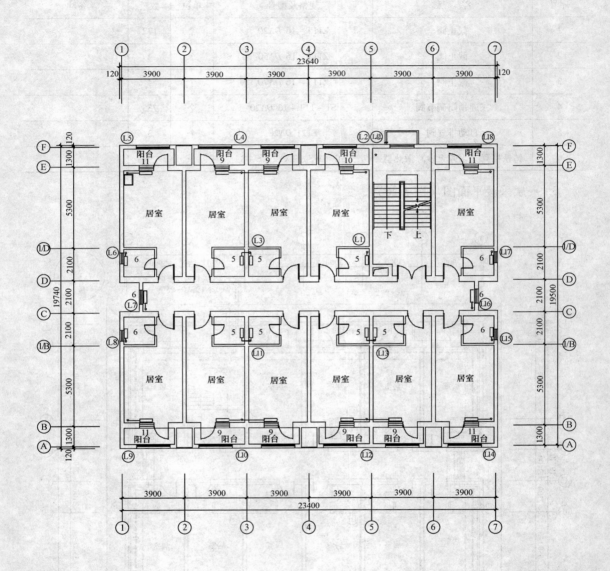

图 3-27　二至三层采暖平面图

## 5. 四层采暖平面图（图 3-28）

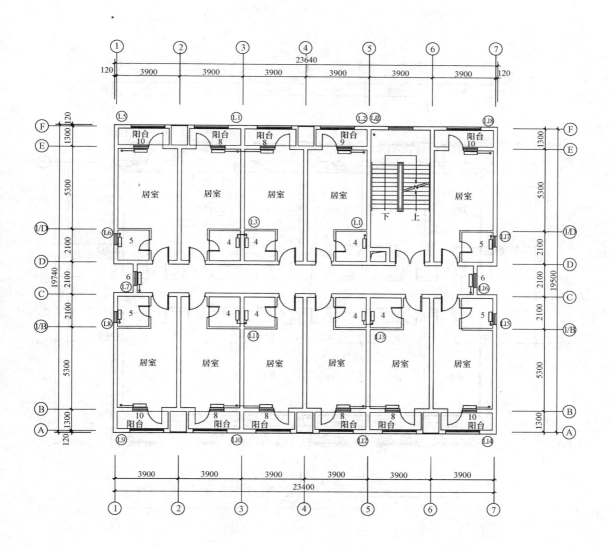

图 3-28　四层采暖平面图

## 6. 五层采暖平面图（图3-29）

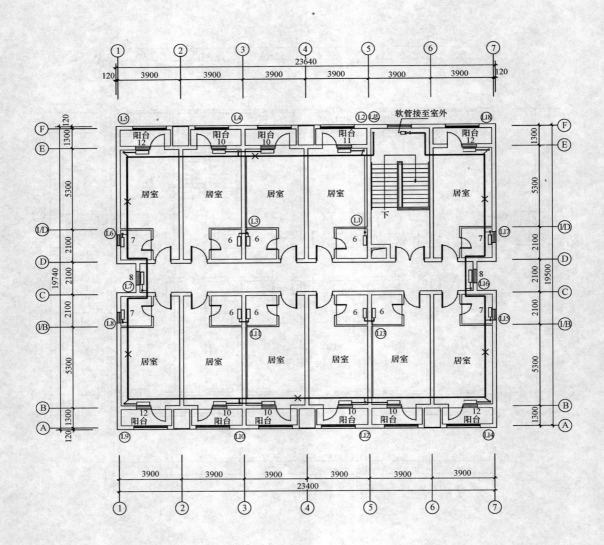

图 3-29　五层采暖平面图

## 7. 采暖系统图（图3-30，图3-31）

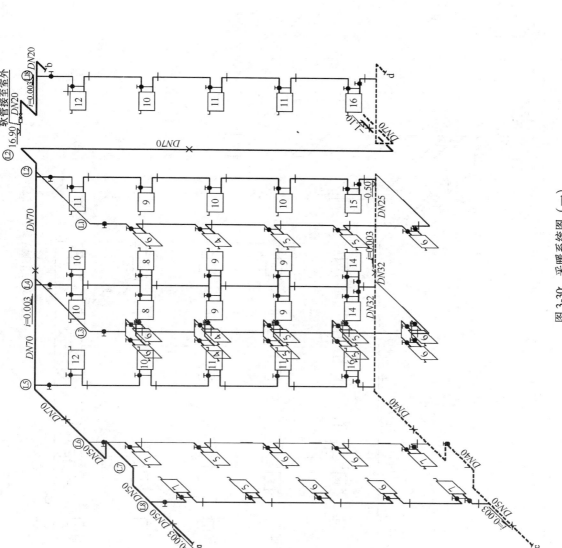

图 3-30 采暖系统图（一）

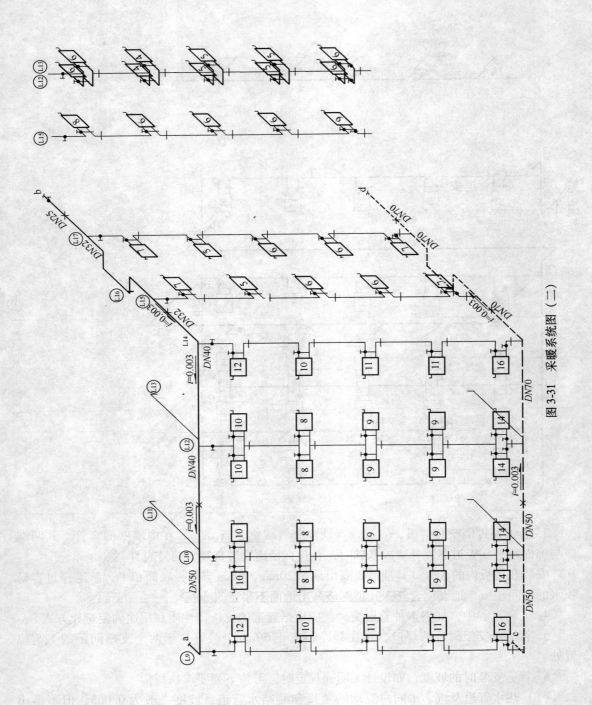

图 3-31 采暖系统图（二）

# 第七节　采暖系统安装与水压试验

## 一、常用管材及连接方式

热媒为热水或蒸汽的供暖管道，一般均采用焊接钢管或称黑铁管。管径在 $DN32$ 以下为丝扣连接，管径在 $DN40$ 以上多为焊接连接。普通焊接钢管工作压力为 0.75MPa，出厂试压为 2.0MPa；如果工作压力要求较高，可采用加厚钢管，工作压力可达 1.3MPa，出厂试压为 3.0MPa。加厚钢管的基本直径及外径尺寸与普通钢管相同，只是管壁加厚，而实际内径则相应缩小。

## 二、采暖管道安装的基本技术要求

1. 使用的材料和设备在安装前，应该按设计要求检查规格、型号和质量。安装前，必须清除设备和材料内部的污垢和杂质。

2. 管道穿过基础、墙壁和楼板，应该配合土建预留孔洞，其尺寸设计如无具体要求，可参考表 3-1。

表 3-1　预留孔洞尺寸表

| 项次 | 管道名称 | 明管（长×宽）（mm×mm） | 暗管（长×宽）（mm×mm） |
|---|---|---|---|
| 1 | 供暖立管 $D \leqslant 25$<br>$D = 32 \sim 50$<br>$D = 70 \sim 100$ | $100 \times 100$<br>$150 \times 150$<br>$200 \times 200$ | $130 \times 130$<br>$150 \times 130$<br>$200 \times 200$ |
| 2 | 两根供暖立管 $D \leqslant 32$ | $150 \times 100$ | $200 \times 130$ |
| 3 | 散热器支管 $D \leqslant 25$<br>$D = 32 \sim 40$ | $100 \times 100$<br>$150 \times 130$ | $60 \times 60$<br>$150 \times 100$ |
| 4 | 供暖主干管 $D \leqslant 80$<br>$D = 100 \sim 125$ | $300 \times 250$<br>$350 \times 350$ | |

3. 管道穿过墙壁和楼板，应该设置铁皮套管或钢套管。安装在内墙壁的套管，其两端应与饰面相平。管道穿过外墙或基础时，套管直径比管道直径大两号为宜。

安装在楼板内的套管，其顶部要高出地面 20mm，低部与楼板底面相平。管道穿过容易积水的房间楼板，加设钢套管，其顶部应高出地面不小于 30mm。

4. 安装过程中，如遇多种管道交叉，应根据管道的规格、性质和用途确定避让方式。

5. 管道及支架附近的焊口，距支架净距大于 50mm，最好位于两个支座间距的 1/5 位置处。

6. 管道安装时的坡度，如设计无明确规定时，可按下列要求执行：

（1）热水管道及汽、水同向流动的蒸汽和凝结水管道，坡度一般为 0.003，但不得小于 0.002。

（2）汽、水逆向流动的蒸汽管道，坡度不得小于 0.005。

7. 立管管卡的安装，当层高不超过 4m 时，每层安装一个，距离地面 1.5~1.8m；层高大于 4m 时，每层不得少于两个，应均匀安装。

### 三、采暖管道的安装程序及方法

室内供暖管道的安装一般按以下程序：支架制作安装→测绘管段加工草图，下料预制→阀件检验试压→系统设备（如膨胀水箱）制作→散热器组对、试压→系统干、立管安装→散热器及其支管的安装→系统附件、设备安装→系统的试压和吹扫→刷漆、保温→交工验收。

1. 干管安装

（1）管子的调直和刷油：管子在安装前进行检查和调直。检查管子是否弯曲，表3-2 为一般管道避让原则，可供参考。

表 3-2　管道避让原则

| 避让管 | 不让管 | 理由 |
| --- | --- | --- |
| 小管 | 大管 | 小管绕弯容易，且造价低 |
| 压力流管 | 重力流管 | 重力流管改变坡度和流向，对流动影响较大 |
| 冷水管 | 热水管 | 热水管绕弯要考虑排水、放气等 |
| 给水管 | 排水管 | 排水管管径大，且中水杂质多 |
| 低压管 | 高压管 | 高压管造价高，且强度要求也高 |
| 气体管 | 水管 | 水流动的动力消耗大 |
| 阀件少的管 | 阀件多的管 | 考虑安装、操作、维护等因素 |
| 金属管 | 非金属管 | 金属管易弯曲、切割和连接 |
| 一般管道 | 通风管 | 通风管道体积大，绕弯困难 |

否有重皮、裂纹及严重锈蚀等现象，对于有严重锈蚀的管子不得使用，弯曲的管子应进行调直。当管材用量较大时，应集中检查与调直，对于弯曲不大、管径较小的管子，可采用手工冷调；对于弯曲较大而且管径大的管子，可采用热调（地炉或气焊加热，简单压力机具压调）。

集中调直后的管子，应立即集中涂刷防锈漆，对保温管刷两道底漆，不保温的明装管道为一道底漆。设计规定的面漆，可在管道安装及水压试验合格后进行，这样既符合工序要求，又节省劳力。

（2）管子的定位、放线及支架安装：依据施工图所要求的干管走向、位置、标高和坡度，检查预留孔洞，如未留孔洞时应打通干管需穿越的隔墙洞，挂通线弹出管子安装的坡度线。在弹好的管中心坡度线下方，画出支架安装打洞位置方块线，即可进行支架安装。

（3）预制管段：依据施工图纸，按照测线方法，绘制各管段的加工图，划分好加工的管段，分段下料编好序号，开好焊接坡口，以备组对。

（4）管道的就位与连接：在支架安装好并达到强度要求后即可使管子上架。

把预制好的管段对号入座安放到预埋好的支架上。根据管段的长度、质量，选用适用的滑车、卷扬机和手拉链式滑车吊装。管道在支架上要采取临时固定措施。

对焊接连接的干管，直线部分可整根管子上架，弯曲部分应在地面上焊好弯管后上架。所有直管、弯曲管的管口在上架前，均应用角尺检测，以保证焊接对口的平齐。对管端倾斜度超过 1mm 要求的，应在地面上修整后方可上架。

安放到支架上的管段、相互对口，按要求焊接或丝接，连成整条管段。

按设计要求，将干管找好坡度，在预埋支架时已考虑到坡度和坡向，管线连接好后，再检查校对坡度，检查合格后，把干管固定在支架上。

（5）地面立管与装阀：地沟干管安装后，应将各力管做到地面上，并临时装阀，以备隐蔽试压。

（6）干管水压试验：地沟、屋顶、吊顶内的干管，不经水压试验合格验收，不得进行保温及隐蔽。

2. 立管安装

（1）确定立管的位置：根据干管和散热器的实际安装位置，来确定立管及三通、四通的位置。安装立管时保持其垂直状，要用线坠来检查。

立管位置确定后，应打通各层楼板洞，自顶层向低层吊通线，用线坠控制垂直度，把立管中心弹画在后墙上作为立管安装的基础线。再根据立管与墙面的净距，确定立管卡子的位置，埋好管卡。当用混凝土固定管卡时，须等其强度达到要求后方可固定立管。

（2）立管的预制与安装：根据实测的安装长度计算出管段的加工长度。再计算加工长度前，要把各管段划分好，把各种弯曲段的展开长度计算进去，阀门和活接头的螺纹段长度也计算在内，然后切料。

按照要求把各段的下料管线加工成形，按规格和数量都加工好。立管预制后即可由底层到顶层（或由顶层到底层）逐层进行各楼层预制管段的连接安装，每安装一层管段时均应穿入套管，并在安装后逐层用管卡固定，对于无跨越管的单管串联式系统，则应和散热器支管同时安装。

（3）立管与干管的连接：从地沟内引出的立管，应在沟内用两个弯头接至地面立管的安装位置上，供暖干管上应先焊上短丝管头，以便于立管的螺纹连接。从架空干管上接出的立管，应用弯管引出，以保持与后墙规定的净距。

（4）立管套管的填料与调整：立管安装完毕，应向各层钢套管内填塞石棉绳或沥青油麻，并调整其位置使套管固定牢固。

（5）立管安装时还需注意以下几点：

①管道外表面与墙壁抹灰的净距为：当管径 $D \leqslant 32$mm 时，为 25 ~ 35mm；管径 $D >$ 32mm 时，为 30 ~ 50mm。

②立管上接出支管的三通位置，必须能满足支管坡度要求。

③立管固定卡的安装要求为：层高不超过 4m 的房间，每层安装一个立管卡子，距地面高度为 1.5 ~ 1.8mm。

当管道系统全部安装完毕（包括散热器等），即可按规定进行系统的试压、防腐、保温等工序的施工。

**四、散热器的安装**

1. 散热器组装

（1）铸铁散热器组对方法

组对散热器的主要材料是散热器对丝、垫片、散热器补芯和丝堵。其中，对丝是两片散热器之间的连接件，它是一个全长上都有外螺纹的短管，一端为右螺纹，另一端为左螺纹。散热器补芯是散热器管口和散热器支管之间的连接件，并起变径作用。散热器丝堵用于散热器不接支管的管口堵口。由于每片散热器两侧接口一为左螺纹，一为右螺纹，因此，散热器补芯和丝堵也有左螺纹和右螺纹之分，以便对应使用。

组对前，应先将散热器对口表面的油污清除干净，散热器片表面要除锈，并刷一道防锈漆。组对时，先将一片散热器放到组对平台上，把对丝套上涂有铅油的垫片放入散热器接口中，再将第二片散热器反方向螺纹的接口对准第一片散热器接口中的对丝，将两把散热器钥匙同时、同向、同转速旋转，使对丝在两片散热器接口内同时入扣，利用对丝将两片散热器拉紧。

（2）散热器组对要求

a. 垫片应使用成品的，组对后外露不应大于 1mm。

b. 散热器组对应平直紧密，平直度不得超过允许偏差（见附表 3-3）。

c. 每组散热器的片数不得超过规定的片数。

d. 组装好的散热器一般不允许堆放，若需平堆时，不得超过十层，且层间应加木板垫层隔开。

（3）散热器试压

散热器组对完成后，必须进行水压试验，合格才可安装。试压时先将组对好的散热器上好临时堵头、补芯、放气阀。连接试验泵，打开进水阀，向散热器内注水，同时打开放气阀，排净空气，水注满后，关闭放气阀。继续加压至试验压力（若无设计要求时，一般为工作压力的 1.5 倍，但不得小于 0.6MPa），持续 2~3min，观察每个接口不渗漏为合格。

2. 安装工艺

散热器一般安装于建筑物外墙窗下，并应使其垂直中心线与窗的垂直中心线重合。散热器的安装分明装、半暗装和暗装三种形式。明装为散热器全部裸露与内墙面的安装；半暗装为散热器的一半嵌入墙槽内的安装；暗装为散热器全部嵌入墙槽内的安装。

散热器的安装方式有墙挂式和落地式两种。

墙挂式安装，使用专用托钩。若在砖墙上安装可在墙上栽埋托钩，将散热器挂在托钩上。具体方法是：托钩位置标定后，打洞并清除洞内砖渣，用水湿润洞壁后，即可挂线栽托钩，先用 150 号细石混凝土填塞满孔洞，再将托钩尾端垂直墙面插入洞内捣实、抹平，待混凝土强度约达到有效强度的 70% 以上后，即可挂装散热器。若在钢筋混凝土墙上安装，应在墙上预埋铁件，安装散热器前将托钩焊在预埋件上。此外，砖墙、混凝土墙均可采用膨胀螺栓形托钩。

各类散热器的支托架数量如无设计要求，应符合表 3-3 的规定。

铸铁散热器托钩数为单数时，应上部为双数，下部为单数，布置应对称。片数相等的散热器支托钩（架）的安装位置应相同。所有支托钩（架）与散热器应结合紧密，不允许出现有不接触现象。

3. 安装注意事项

散热器安装时，还应注意以下各点：

（1）挂墙安装的散热器，距地面高度按设计要求确定。如设计无要求，一般下部距地不少于 150mm，上部不高出窗台板下皮。

**表 3-3 散热器支、托架数量表**

| 散热器型号 | 每组片数 | 上部托钩或支架数 | 下部托钩或支架数 | 总计 |
|---|---|---|---|---|
| 圆翼型 | 1 | | | 2 |
| | 2 | | | 3 |
| | 3 ~ 4 | | | 4 |
| 柱型 | 3 ~ 8 | 1 | 2 | 3 |
| | 9 ~ 12 | 1 | 3 | 4 |
| | 13 ~ 16 | 2 | 4 | 6 |
| | 17 ~ 20 | 2 | 5 | 7 |
| | 21 ~ 24 | 2 | 6 | 8 |
| 扁管式、板式 | 1 | 2 | 2 | 4 |
| 串片型 | 每根长度≥1.4m | | 2 | 2 |
| | 长度在 1.6 ~ 2m 多根串联、托钩间距≤1m | | 3 | 3 |

（2）散热器应平行于墙面，散热器中心与墙表面的距离应符合表 3-4 的规定。

**表 3-4 散热器中心与墙表面距离**

| 散热器型号 | M132 型 | 四柱型 | 圆翼型 | 扁管、板式（外沿） | 串片型 | |
|---|---|---|---|---|---|---|
| | | | | | 平放 | 竖放 |
| 中心距墙表面的距离（mm） | 115 | 130 | 115 | 80 | 95 | 60 |

（3）铸铁翼型散热器的翼片，应要求完整，若有残损，须不超过下列数值：

圆翼型散热器：残翼数不超过二个，累计长度不超过 200mm。

有残翼的散热器，安装时残损部位须朝下或朝墙安装。

（4）水平安装的圆翼型散热器，接管处应使用偏心法兰盘，以便于顶部排气、下部排水。

（5）散热器安装稳固后，用活接头与支管线上下连接，以便于拆卸检修。若有截止阀，应装在活接头和立管之间。

（6）散热器支管安装，一般散热器与立管安装完毕后进行，也可与立管同时安装。安装时，注意一定要把管长调整合适后再进行碰头，以免支管或立管安装不正。不应使接头配件处受力而损坏。

（7）连接散热器支管的坡度：

①当支管长度小于或等于 500mm 时为 5mm；

②当支管长度大于 500mm 时为 10mm；

③当一根立管在同一节点上接出两根支管时，任意一根长度超过 500mm，两根均按 10mm 进行安装。

（8）散热器支管过墙时，除应加设套管外，还应注意支管接头不准在墙内。

（9）散热器安装时的允许偏差应符合规定要求。

### 五、水压试验

水暖管道安装完毕投入使用前，应按设计规定或规范要求对系统进行压力试验，简称试压。压力试验按其试验目的，可分为检查管道及其附件机械性能的强度试验和检查其连接状况的严密性试验，以检验系统所用管材和附件的承压能力以及系统连接部位的严密性。对于非压力管道（如排水管）则只进行灌水试验、渗水量试验或通水试验等严密性试验。水暖管道工程的压力试验，一般采用水压试验。如因设计、结构或气候因素影响而水压试验确有困难时，或工艺要求必须采用气压试验时，必须采取有效的安全措施，并报请主管部门批准后方可进行。

1. 管道压力试验应具备的条件

（1）试压段的管道安装工程已全部完成，并符合设计要求和管道安装施工的有关规定。对室内给水管道可安装卫生器具的进水阀前，卫生器具至进水阀间的短管可不进行水压试验，允许用通水试漏验收。供暖系统试压应在管道和散热设备全部连接安装后进行。

（2）支、吊架安装完毕，配置正确，紧固可靠。

（3）试压前焊接钢管和焊缝均不得涂漆和保温，焊缝应经过外观检查确认合格。埋地敷设的管道，一般不应覆土。

（4）为试压而采取的临时加固措施经检查应确认安全可靠。

（5）压力试验可按系统或分段进行，隐蔽工程应在隐蔽前进行。试压前应将不能参与实验的系统、设备、仪表、管道附件等加以隔离，并应有明显标记和记录。

（6）试验用压力表应经过检验校正，其精度等级不应低于 1.5 级，表的满刻度为最大被测压力的 1.5~2 倍。一般用两块，一块装在试压泵出口，另一块装在压力波动较小的本系统其他位置。

2. 水压试验的步骤及要求

水压试验应用清洁的水作介质，其试验程序由充水、升压、强度试验、降压及严密性检查几个步骤组成。管道的试验压力如设计无规定时，可按表 3-5 中规定进行。对位差较大的管道系统，应考虑试压介质的静压影响，最低点的压力不得超过管道附件及阀门的承受能力。

表 3-5　水暖管道的试验压力

| 管道类别 | | 工作压力（$P$/MPa） | 试验压力（$P_s$/MPa） | |
| --- | --- | --- | --- | --- |
| | | | $P_s$ | 同时要求 |
| 室内供暖 | 低压蒸汽管 | | 顶点工作压力的 2 倍 | 底部压力不小于 0.25 |
| | 低温水及高压蒸汽管 | | 顶点工作压力 +0.1 | 顶部压力不小于 0.3 |
| | 高温水管 | <0.43 | 2$P$ | |
| | | 0.43~0.71 | 1.3$P$+0.3 | |

（1）系统充水

水压试验的充水点和加压装置，一般应设在系统或管道的较低处，以利于低处进水、高点排气。冲水前将系统阀门全部打开，同时打开各高点处的放气阀，关闭最低点的排气阀，连接好进水管、压力表和打压泵等，当放气阀不间断出水时，说明系统中空气全部排净，关闭放气阀和进水阀。全面检查管道系统有无漏水现象，如有漏水应及时进行修理。

（2）升压及强度试验

管道充满水并无漏水现象后，即可通过加压泵加压，加压泵可用手摇泵、电动试压泵、离心泵等，有条件时也可用自来水直接加压。压力应逐渐升高，加压到一定数值时，应停下来对管道进行检查，无问题时再继续加压。一般分 2～3 次升至试验压力，停止升压并迅速关闭进水阀。观察压力表，如压力表指针跳动，说明排气不良，应打开放气阀再次排气，并加压至试验压力，然后记录时间停压检查。在规定的时间内管道系统无变形破坏，且压力降不超过规定值时，则强度试验合格。

在试验压力下停压时间一般为 10min，压力降不超过 0.05MPa；室内供暖系统停压时间为 5min，压力降不大于 0.02MPa。如压降大于上述范围，说明受试管段有破裂或漏水处，应找到泄漏处，修复后应重新试压。

3. 严密性检查

强度试验合格后，将压力降至工作压力，稳压下进行严密性检查。检查的重点在于管道的各类接口、管道与设备的连接处、各类阀门和附件的严密程度，以不渗漏为合格。受试管道只有强度试验和严密性检查均合格时，才算水压试验合格。

水压试验合格后，应将管道中的水排净。水压试验的排水，应事先有周密的考虑，不应使其对附近的建筑物、构筑物和埋地管造成伤害。

**六、管道的清洗**

为了保证管道系统内部的清洁，在经过强度试验和严密性试验合格后，投入运行前，应对系统进行吹扫和清洗，合称吹洗，以清除管道内的铁屑、铁锈、焊渣、尘土及其他污物。室内供暖管道常用水清洗。

供暖管道系统在使用前，常用水进行冲洗。冲洗时，如管道分支较多，末端截面面积较小时，可将干管中的阀门拆掉 1～2 个，分段进行冲洗。如果管道分支不多，排水管可从干管末端接出。排水管的截面不应小于被冲洗管道截面的 60%，且排水管应接入可靠的排水井或沟中，并保证排泄畅通和安全。冲洗时，以系统内可能达到的最大流量或不小于 1.5m/s 的流速进行。当设计无规定时，则以出口水色和透明度与入口处目测一致为合格。

管道冲洗后应将水排净，需要时可用压缩空气吹干或采取保护措施。

另外，在遇到容积很大的供暖系统，且取水有一定困难的情况下，因其洁净度要求不是很高，可以采用自身循环的方法进行清洗。但在循环泵前应加过滤器，定时排除污物，定时更换部分循环水。

# 思考题与习题

1. 什么是自然循环采暖系统？什么是机械循环采暖系统？
2. 简述自然循环采暖系统、机械循环采暖系统的工作原理。试比较两者的不同之处。
3. 自然循环单管采暖系统、双管采暖系统的循环作用压力如何计算？
4. 单管系统、双管系统形式各有什么特点？
5. 常见的自然循环采暖系统、机械循环采暖系统形式有哪些？各有什么特点？

6. 什么是同程式采暖系统和异程式采暖系统？

7. 什么是垂直失调、水平失调？为何产生？

8. 高层建筑热水供暖系统选用主要考虑的因素是什么？

9. 单、双管混合式系统有什么特点？

10. 分户计量采暖系统常见形式有哪些？各有什么特点？适用于什么场合？

11. 水平放射式分户计量热水供暖系统有哪些优缺点？

12. 室内采暖系统的布置原则有哪些？热力引入口如何布置？

13. 热水采暖系统管路如何布置？

14. 室内供暖管道安装方式有哪些？

15. 高层建筑分区供暖分区的原则是什么？

16. 住宅建筑采用分户计量热水采暖系统的优点是什么？

17. 单、双管混合式系统为什么能够解决垂直失调的问题？

# 第四章　热水采暖系统的水力计算

本章主要讲述一般民用建筑室内采暖系统水力计算的原则和方法。室内采暖系统中各管段的管径是通过水力计算确定的，并能保证进入各管段的流量和进入各散热设备的流量符合设计要求。水力计算应在确定了各房间的热负荷、系统形式、管路布置以及对散热设备选择计算后进行。水力计算是采暖系统设计的重要组成部分，也是设计中的一个难点。通过对本章内容的学习，应掌握机械循环热水采暖系统水力计算的方法。

## 第一节　热水采暖系统管路水力计算的基本原理与方法

### 一、热水采暖系统管路水力计算的基本公式

根据流体力学，流体在管段中流动时要克服流动阻力，引起能量损失。能量损失分为沿程损失和局部损失。

克服沿程阻力引起的能量损失为沿程损失。沿程损失沿管段均匀分布，即与管段的长度成正比。

克服局部阻力的能量损失称为局部损失。管道进口、三通和阀门等处，都会产生局部阻力损失。

（一）沿程损失

沿程损失按下式计算：

$$\Delta p_y = \lambda \frac{L}{d} \frac{\rho v^2}{2} \tag{4-1}$$

在管路的水力计算中，通常把管路中水流量和管径都没有改变的一段管子称为一个计算管段。任何一个热水采暖系统的管路都是由许多串联或并联的计算管段组成的。

每米管长的沿程损失，即比摩阻 $R$ 可用流体力学的达西·维斯巴赫公式进行计算：

$$R = \frac{\Delta p_y}{L} = \frac{\lambda}{d} \frac{\rho v^2}{2} \tag{4-2}$$

式中　$\Delta p_y$——沿程损失，Pa；

　　　$R$——比摩阻，Pa/m；

　　　$\lambda$——管段的沿程（摩擦）阻力系数；

　　　$L$——管段长度，m；

　　　$d$——管径，m；

　　　$\rho$——流体的密度，kg/m³；

$\nu$——流体在管段内的流速，m/s。

管段的沿程阻力系数 $\lambda$ 与管内流体的流动状态和管内壁的粗糙度有关，即

$$\lambda = f(Re, K/d) \tag{4-3}$$

式中 $Re$——雷诺数，判别流体流动状态的准则数；

$K$——管内壁的当量绝对粗糙度，m。

大量的实验数据整理得出，流体不同的流动状态所对应的一些计算沿程阻力系数 $\lambda$ 的经验公式。

1. 层流区

当 $Re \leqslant 2320$ 时，流体处于层流区，沿程阻力系数 $\lambda$ 仅与雷诺数 $Re$ 有关，可按下式计算：

$$\lambda = \frac{64}{Re} \tag{4-4}$$

机械循环热水采暖系统由于流体流速较高，管径较小，流动很少处于层流状态；仅在自然循环热水采暖系统的个别水流量很小，管径较小的管段内，流体才会出现层流状态。

2. 紊流区

当 $Re > 2320$ 时，流体处于紊流区，紊流区中又分为三个区域。

（1）紊流光滑区

紊流光滑区的 $\lambda$ 值，可用布拉修斯公式进行计算，即

$$\lambda = \frac{0.3164}{Re^{0.25}} \tag{4-5}$$

（2）紊流过渡区

紊流过渡区可用洛巴耶夫公式确定 $\lambda$ 值，即

$$\lambda = \frac{1.42}{\left( \lg Re \dfrac{d}{K} \right)^2} \tag{4-6}$$

（3）紊流粗糙区又叫阻力平方区

在此区域内，$\lambda$ 值仅取决于 $K/d$。

可用尼古拉兹公式计算，即

$$\lambda = \frac{1}{\left( 1.14 + 2\lg \dfrac{d}{K} \right)^2} \tag{4-7}$$

当管径等于或大于 40mm 时，用希弗林松公式计算更精确，即

$$\lambda = 0.11 \left( \frac{K}{d} \right)^{0.25} \tag{4-8}$$

此外，柯列勃洛克公式和阿里特苏里公式可以计算整个紊流区的沿程阻力系数 $\lambda$ 值，即

$$\frac{1}{\sqrt{\lambda}} = -2\lg \left( \frac{2.51}{Re \sqrt{\lambda}} + \frac{K/d}{3.72} \right) \tag{4-9}$$

$$\lambda = 0.11 \left( \frac{K}{d} + \frac{68}{Re} \right)^{0.25} \tag{4-10}$$

管壁的当量绝对粗糙度 $K$ 值与管子的使用状况（流体对管壁腐蚀与沉积水垢等状况）和管子的使用时间等因素有关。对于热水采暖系统，推荐采用下面的数值：

室内热水采暖系统管路     $K = 0.2mm$

室外热水管网        $K = 0.5mm$

分户热计量系统中常用的塑料管材   $K = 0.05mm$

在室内热水采暖系统管段中，热水的流速通常都较小。因此，热水在室内采暖系统管段中的流动状态，几乎都处于紊流过渡区内。

室外热水管网设计时，采用较高的流速。因此，热水在管网中的流动状态，大多处于紊流粗糙区（阻力平方区）。

在实际的室内热水采暖系统水力计算时，常常已知管段中热水的质量流量 $G$，流速与流量的关系式为：

$$v = \frac{G}{3600 \frac{\pi d^2}{4} \rho} = \frac{G}{900 \pi d^2 \rho} \tag{4-11}$$

式中   $G$——管段中热水的质量流量，kg/h。

将式（4-11）代入式（4-2）中，经整理后得：

$$R = 6.25 \times 10^{-8} \frac{\lambda}{\rho} \frac{G^2}{d^5} \tag{4-12}$$

当热水系统的水温和流动状态确定时，式（4-12）中的 $\lambda$ 和 $\rho$ 值就是已知值，式（4-12）就可以表示为 $R = f(G, d)$ 的函数式。只要已知三个参数中的任意两个就可以确定第三个参数的值。

依据式（4-12）编制出室内热水采暖系统的管路水力计算表，见附表 4-1。在已知管段长度 $L$ 和查表确定比摩阻 $R$ 后，该管段的沿程损失可由式（4-2）计算得到，可以大大减轻计算工作量。

（二）局部损失

管段的局部损失，可按下式计算：

$$\Delta p_j = \sum \xi \frac{\rho v^2}{2} \tag{4-13}$$

式中   $\sum \xi$——管段中各附件的局部阻力系数之和，见附表 4-2；

$\frac{\rho v^2}{2}$——表示总局部阻力系数 $\sum \xi = 1$ 时的局部损失，也可用 $\Delta P_d$ 表示，见附表 4-3。

（三）总损失

热水采暖系统中各个计算管段的总压力损失，即水力计算基本公式，可以用下式计算：

$$\Delta p = \Delta p_y + \Delta p_j = RL + \sum \xi \frac{\rho v^2}{2} \tag{4-14}$$

## 二、当量局部阻力法和当量长度法

（一）当量局部阻力法

当量局部阻力法是将管段的沿程损失折算成局部损失进行计算。这种方法在实际工程设计中可以简化对计算管段的水力计算：

设某一计算管段的沿程损失相当于某一局部损失，则

$$\Delta p_j = \xi_d \frac{\rho v^2}{2} = L \frac{\lambda}{d} \frac{\rho v^2}{2}$$

$$\xi_d = L \frac{\lambda}{d} \tag{4-15}$$

式中 $\xi_d$——当量局部阻力系数。

将式（4-15）代入式（4-14），计算管段的总压力损失可写成

$$\Delta p = \Delta p_y + \Delta p_j = \left( L \frac{\lambda}{d} + \sum \xi \right) \frac{\rho v^2}{2} = (\xi_d + \sum \xi) \frac{\rho v^2}{2} \tag{4-16}$$

$$\xi_{zh} = \xi_d + \sum \xi \tag{4-17}$$

式中 $\xi_{zh}$——管段的折算局部阻力系数。

所以

$$\Delta p = \xi_{zh} \frac{\rho v^2}{2} \tag{4-18}$$

将式（4-14）代入上式，则有

$$\Delta p = \frac{1}{900^2 \pi^2 d^4 2\rho} \xi_{zh} G^2 \tag{4-19}$$

令

$$A = \frac{1}{900^2 \pi^2 d^4 2\rho}$$

则管段的总压力损失

$$\Delta p = A \xi_{zh} G^2 \tag{4-20}$$

附表 4-4 给出了一些管径的 $\lambda/d$ 值和 $A$ 值。

附表 4-5 给出了当 $\xi_{zh} = 1$ 时按式（4-20）编制的热水采暖系统水力计算表。

此外，在工程设计中，对常用的垂直单管顺流式系统，整根立管与干管、支管以及支管与散热器的连接方式，在施工规范中给出了标准的连接图式。因此，为了简化立管的水力计算，可将由许多管段组成的立管看成一个计算管段进行计算，其具体计算方法和数值见附表 4-6 和附表 4-7。

式（4-20）还可以改写为：

$$\Delta p = s G^2 \tag{4-21}$$

式中 $s$——管段的阻力特性数（简称阻力数），Pa／（kg/h）$^2$。它表示当管段通过 1kg/h 水流量的压力损失值。

（二）当量长度法

当量长度法是将管段的局部损失折算成沿程损失进行计算，也是一种简化水力计算的方法。设某一计算管段的局部损失相当于流过长为 $L_d$ 管段的沿程损失，则

$$\sum \xi \frac{\rho v^2}{2} = L_d \frac{\lambda}{d} \frac{\rho v^2}{2} \tag{4-22}$$

得出

$$L_d = \sum \xi \frac{d}{\lambda}$$

式中 $L_d$——管段中局部阻力的当量长度，m。

则管段的总压力损失，可表示为

$$\Delta p = \Delta p_y + \Delta p_j = (L + L_d)R = L_{zh}R \tag{4-23}$$

式中　$L_{zh}$——管段的折算长度，m。

当量长度法一般多用在室外热水管网的水力计算中。

### 三、热水采暖系统管路水力计算的主要任务和方法

（一）室内热水采暖系统水力计算的主要任务

①按已知各管段的流量和系统的循环作用压力，确定各管段的管径。这是实际工程设计的主要内容。

②按已知各管段的流量和管径，确定系统所需的循环压力。常用于校核循环水泵扬程是否满足要求。

③按已知各管段的管径和该管段的允许压降，确定通过该管段的水流量。常用于校核已有的热水采暖系统各管段的流量是否满足需要。

（二）室内热水采暖系统水力计算的方法

常用的水力计算方法有等温降法和不等温降法两种。

等温降法是预先规定每根立管（对双管系统是每个散热器）的水温降，系统中各立管（对双管系统是各散热器）的供、回水温降相等，在这个前提下计算流量，进而确定各管段管径，等温降法简便，易于计算，但不易使各并联环路的阻力达到平衡，系统运行时容易出现近热远冷的水平失调问题。

不等温降法是在各立管温降不相等的前提下进行计算。首先选定管径，根据平衡要求的压力损失去计算立管的流量，根据流量来计算立管的实际温降，最后确定散热器的数量，本计算方法最适用于异程式垂直单管系统。下面主要介绍等温降法的计算步骤。

①根据已知热负荷 $Q$ 和设计的供、回水温差 $\Delta t$，计算各管段的流量 $G$。

$$G = \frac{3600Q}{4.187 \times 10^3(t'_g - t'_h)} = \frac{0.86Q}{t'_g - t'_h} \tag{4-24}$$

式中　$G$——各管段的流量，kg/h；

$Q$——各管段的热负荷，W；

$t'_g$——系统的设计供水温度，℃；

$t'_h$——系统的设计回水温度，℃。

②根据已算出的流量在允许流速范围内，选择最不利循环环路中各管段的管径。首先，根据系统的循环作用压力，确定最不利环路的平均比摩阻

$$R_{pj} = \frac{\alpha \Delta p}{\sum L} \tag{4-25}$$

式中　$\Delta p$——最不利循环环路的循环作用压力，Pa；

$\sum L$——最不利循环环路的总长度，m；

$\alpha$——沿程损失约占总压力损失的估计百分数，见附表4-8。

有时也可选定一个较合适的平均比摩阻 $R_{pj}$ 来确定管径。选用的 $R_{pj}$ 值大，整个环路的管径变小，但系统的压力损失增大，水泵的扬程变大，又增加了电能消耗。因此，就需要确定一个经济的比摩阻来确定管径。机械循环热水采暖系统推荐值一般取 60～120Pa/m。

根据 $R_{pj}$ 最不利循环环路中各管段的流量，查水力计算表，选出最接近的管径，确定该

管径下管段的实际比摩阻和实际流速 $\nu_{sh}$（《暖通规范》规定的最大允许流速：民用建筑为1.2m/s；生产厂房的辅助建筑为2m/s；生产厂房为3m/s）。

③根据流量和选择好的管径，可计算出各管段的沿程损失 $\Delta p_y$ 和局部损 $\Delta p_j$。

④按已算出的各管段的压力损失，进行各并联环路间的压力平衡计算。如不能满足平衡要求，再调整管径，使之达到平衡为止。《暖通规范》规定：热水采暖系统最不利循环环路与各并联环路之间（不包括共同管段）的计算压力损失相对差值，不应大于 ±15%。

整个热水采暖系统总的计算压力损失，宜增加10%的附加值，以此确定系统必需的循环作用压力。

## 第二节　自然循环双管系统水力计算方法与实例

自然循环异程式双管系统的最不利循环环路是通过最远立管底层散热器的循坏环路。由此开始水利计算。

【例4-1】　图4-1为自然循环异程式双管采暖系统的右侧环路。热媒参数：供水温度 $t'_g$ = 95℃，回水温度 $t'_h$ = 70℃。锅炉中心距底层散热器中心距离为3m，层高为3m。每组散热器的供水支管上设有一截止阀。

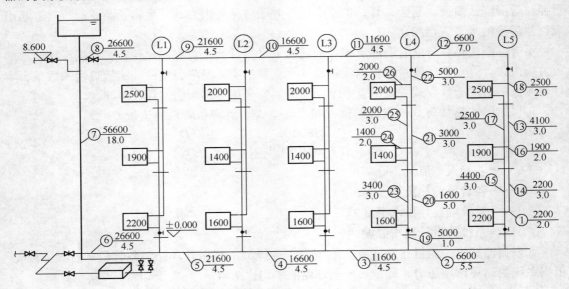

图4-1　自然循环双管异程式热水采暖系统

【解】　图中散热器内的数字表示其热负荷（W），L1表示立管编号。圆圈内的数字表示管段号，管段号旁的数字：上行表示管段热负荷（W），下行表示管段长度（m）。

计算方法和步骤如下：

1. 最不利循环坏路的选择和计算

①选择最不利循坏坏路，最不利循环环路是平均比摩阻最小的一个环路。由图4-1可知，该系统的最不利循环环路是通过立管L5的最底层散热器的环路，包括1～14管段。

②计算立管L5第一层散热器环路的综合作用压力 $\Delta p_1$。由式（3-1）计算最不利环路的

作用压力。

$$\Delta p_1 = gH_1 \left( \rho_h - \rho_g \right) + \Delta p_f$$

根据题中的已知条件，三层楼房明装立管不保温，立管 L5 至锅炉的水平距离为 25m，在 25～50m 的范围内，底层散热器中心至锅炉房中心垂直高度小于 15m，自总立管至计算立管之间的水平距离在 20～30m 的范围内。因此，查附录 3-2 得最不利循环环路水冷却产生的附加压力 $\Delta p_f = 300Pa$。

根据供、回水温度，查得 $\rho_h = 977.81 kg/m^3$，$\rho_g = 961.92 kg/m^3$。将已知数字代入上式，最不利循环环路立管 L5 第一层散热器环路的综合作用压力为

$$\Delta p_1 = \left[ 9.81 \times 3 \times \left( 977.81 - 961.92 \right) + 300 \right] \approx 768 \ \left( Pa \right)$$

③计算立管 L5 第一层散热器环路的平均比摩阻。由式（4-24），最不利循环环路的总长度 $\sum L = 74.5m$。查附表 4-8，得自然循环热水采暖系统沿程损失占总损失的 50%。

$$R_{pj} = \frac{0.5 \times 768}{75.5} = 5.15 (Pa/m)$$

④计算管段流量 $G$。根据式（4-25），确定各管段流量，见水力计算表 4-1 的第 3 栏。

⑤管径的确定。根据各管役的流量 $G$ 和平均比摩阻 $R_{pj}$，查附表 4-1 选择最接近 $R_{pj}$ 值的管径。将查出的管径、实际流速和实际比摩阻依次列入表 4-1 的第 5、6、7 栏中。

例如：对于管段 1，$G = 75.68 kg/m^3$，选用管径 $DN20$。用内插法确定当 $G = 75.68 kg/m^3$ 时，实际流 $v_{sh} = 0.06m/s$。实际比摩阻 $R = 4.43 Pa/m$。

⑥计算各管段的沿程损失，依据沿程损失 $\Delta p_y = RL$，将各管段的沿程损失值列入水力计算表 4-1 的第 8 栏中。

⑦计算各管段局部损失

a. 确定局部阻力系数 $\sum \xi$。根据系统图中管路的实际情况，查附表 4-2，统计各管段局部阻力系数（见表 4-2），并列入表 4-1 的第 9 栏中。统计时应注意，将三通和四通管件的局部阻力计入流量较小的管段中。

b. 利用附表 4-3，根据管段流速 $v$，可查出动压头 $\Delta p_t$ 值，列入表 4-1 的第 10 栏。

c. 根据式（4-13）

$$\Delta p_j = \sum \xi \frac{\rho v^2}{2}$$

计算各管段局部损失，列入表 4-1 的第 11 栏。

⑧计算各管段的压力损失

$$\Delta p = \Delta p_y + \Delta p_j$$

将表 4-1 中第 8 栏与第 11 栏相加，列入表 4-1 第 12 栏中。

⑨计算最不利循环环路的总压力损失

$$\sum \left( \Delta p_y + \Delta p_j \right)_{1 \sim 14} = 668 (Pa)$$

⑩计算富裕压力值

考虑到施工的具体情况，要求系统应有 10% 以上的富裕度。

$$\Delta = \frac{\Delta p_1 - \sum \left( \Delta p_y + \Delta p_j \right)_{1 \sim 14}}{\Delta p_1} \times 100\% = \frac{768 - 668}{768} \times 100\% = 13\%$$

符合要求。

2. 确定立管 L5 第二层散热器环路各管段的管径，计算方法与前相同

①计算立管 L5 第二层散热器环路的作用压力 $\Delta p_2$。

$$\Delta p_2 = gH_2(\rho_h - \rho_g) + \Delta p_f = [9.81 \times 6 \times (977.81 - 961.92) + 300] \approx 1235(\text{Pa})$$

②计算平均比摩阻。立管 L5 第二层散热器环路中，管段 15、16 与管段 1、14 为并联管路。根据并联环路节点平衡原理，管段 15、16 的资用压差为

$$\Delta p_{15,14} = \Delta p_2 - \Delta p_1 + \sum (\Delta p_y + \Delta p_j)_{1\sim14}$$
$$= (1235 - 768 + 41.60 + 15.05) \approx 524 (\text{Pa})$$

管段 15、16 的总长度为 5m，平均比摩阻为

$$R_{pj} = \frac{\alpha \Delta p}{\sum L} = \frac{0.5 \times 524}{5} = 52.4(\text{Pa/m})$$

异程式双管系统的最不利循环环路是通过最远立管底层散热器的环路。对与它并联的其

表 4-1　自然循环热水采暖系统管路水力计算表

| 管段编号 | 热负荷 $Q$ (W) | 流量 $G$ (kg/h) | 管段长度 $L$ (m) | 管径 $d$ (mm) | 流速 $v$ (m/s) | 比摩阻 $R$ (Pa/m) | 沿程损失 $\Delta P_y$ (Pa) | 局部阻力系数 $\sum \xi$ | 动压头 $\Delta P_d$ (Pa) | 局部损失 $\Delta P_j$ (Pa) | 计算管段压力损失 $\Delta p$ (Pa) |
|---|---|---|---|---|---|---|---|---|---|---|---|
| 1 | 2 | 3 | 4 | 5 | 6 | 7 | 8 | 9 | 10 | 11 | 12 |
| 立管 L5 第一层散热器环路 $\Delta p_1 \approx 768$ (Pa) | | | | | | | | | | | |
| 1 | 2200 | 75.68 | 2.0 | 20 | 0.06 | 4.43 | 8.85 | 18.5 | 1.77 | 32.75 | 41.60 |
| 2 | 6600 | 227.04 | 5.5 | 25 | 0.11 | 9.85 | 54.15 | 4.0 | 5.95 | 23.80 | 77.95 |
| 3 | 11600 | 399.04 | 4.5 | 32 | 0.11 | 6.82 | 30.69 | 1.0 | 5.95 | 5.95 | 36.64 |
| 4 | 16600 | 571.04 | 4.5 | 40 | 0.12 | 6.66 | 29.96 | 1.0 | 7.08 | 7.08 | 37.04 |
| 5 | 21600 | 743.04 | 4.5 | 50 | 0.09 | 3.00 | 13.51 | 1.0 | 3.98 | 3.98 | 17.49 |
| 6 | 26600 | 915.04 | 4.5 | 50 | 0.12 | 4.41 | 19.82 | 3.5 | 7.08 | 24.78 | 44.60 |
| 7 | 56600 | 1947.04 | 18.0 | 70 | 0.15 | 5.15 | 92.62 | 6.0 | 11.06 | 66.36 | 158.98 |
| 8 | 26600 | 915.04 | 4.5 | 50 | 0.12 | 4.41 | 19.82 | 2.0 | 7.08 | 14.16 | 36.25 |
| 9 | 21600 | 743.04 | 4.5 | 50 | 0.09 | 3.00 | 13.51 | 1.0 | 3.98 | 3.98 | 17.49 |
| 10 | 16600 | 571.04 | 4.5 | 40 | 0.12 | 6.66 | 29.96 | 1.0 | 7.08 | 7.08 | 37.04 |
| 11 | 11600 | 399.04 | 4.5 | 32 | 0.11 | 6.82 | 30.69 | 1.0 | 5.95 | 5.95 | 36.64 |
| 12 | 6600 | 227.04 | 7.0 | 25 | 0.11 | 9.85 | 68.92 | 4.0 | 5.95 | 23.80 | 92.72 |
| 13 | 4100 | 141.04 | 3.0 | 25 | 0.07 | 4.14 | 12.43 | 1.0 | 2.41 | 2.41 | 14.84 |
| 14 | 2200 | 75.68 | 3.0 | 20 | 0.06 | 4.43 | 13.28 | 1.0 | 1.77 | 1.77 | 15.05 |
| $\sum (\Delta P_y + \Delta P_j)_{1\sim14} \approx 666$ (Pa) | | | | | | | | | | | |
| 系统作用压力富裕率 $\Delta = [\Delta P_1 - \sum (\Delta P_y + \Delta P_j)_{1\sim14}] / \Delta P_1 = (768 - 666) / 768 \approx 13\% > 10\%$ | | | | | | | | | | | |
| 立管 L5 第二层散热器环路　作用压力 $\Delta P_2 \approx 1235$ Pa　资用压差 $\Delta P_{15,16} \approx 524$ (Pa) | | | | | | | | | | | |
| 15 | 4400 | 151.36 | 3.0 | 15 | 0.22 | 71.03 | 213.10 | 4.0 | 23.79 | 95.16 | 308.26 |
| 16 | 1900 | 65.36 | 2.0 | 15 | 0.10 | 14.99 | 29.99 | 24.0 | 4.92 | 118.08 | 148.07 |
| $\sum (\Delta P_y + \Delta P_j)_{15,16} \approx 456$ (Pa) | | | | | | | | | | | |
| 不平衡率 = $(524 - 456) / 524 \approx 13\%$（符合要求） | | | | | | | | | | | |
| 立管 L5 第三层散热器环路 作用压力 $\Delta P_3 \approx 1703$ Pa 资用压差 $\Delta P_{17,18} \approx 698$ (Pa) | | | | | | | | | | | |

续表

| 管段编号 | 热负荷 $Q$（W） | 流量 $G$（kg/h） | 管段长度 $L$（m） | 管径 $d$（mm） | 流速 $v$（m/s） | 比摩阻 $R$（Pa/m） | 沿程损失 $\Delta P_y$（Pa） | 局部阻力系数 $\Sigma\xi$ | 动压头 $\Delta P_d$（Pa） | 局部损失 $\Delta P_j$（Pa） | 计算管段压力损失 $\Delta p$（Pa） |
|---|---|---|---|---|---|---|---|---|---|---|---|
| 1 | 2 | 3 | 4 | 5 | 6 | 7 | 8 | 9 | 10 | 11 | 12 |
| 17 | 2500 | 86.00 | 3.0 | 15 | 0.12 | 24.76 | 74.28 | 4.0 | 7.08 | 28.32 | 102.60 |
| 18 | 2500 | 86.00 | 2.0 | 15 | 0.12 | 24.76 | 49.52 | 24.5 | 7.08 | 173.46 | 222.98 |

$$\Sigma\ (\Delta P_y + \Delta P_j)_{17,18} \approx 326\ (Pa)$$

不平衡率 = （698 − 326）/ 698 ≈ 53%（用立管阀门节流）

立管 L4 第一层散热器环路 作用压力 $\Delta P_1' \approx 718$ Pa 资用压差 $\Delta P_{19\sim22} \approx 192$（Pa）

| 19 | 5000 | 172.00 | 1.0 | 25 | 0.09 | 5.93 | 5.93 | 3.0 | 3.98 | 11.94 | 17.87 |
|---|---|---|---|---|---|---|---|---|---|---|---|
| 20 | 1600 | 55.04 | 5.0 | 15 | 0.08 | 10.99 | 32.98 | 24.0 | 3.15 | 75.6 | 108.58 |
| 21 | 3000 | 103.20 | 3.0 | 20 | 0.08 | 7.72 | 104.11 | 1.0 | 11.06 | 11.06 | 115.17 |
| 22 | 5000 | 172.00 | 3.0 | 25 | 0.09 | 5.93 | 17.78 | 3.0 | 3.98 | 11.94 | 29.72 |

$$\Sigma\ (\Delta P_y + \Delta P_j)_{19\sim22} \approx 326\ (Pa)$$

不平衡率 = （192 − 204）/ 192 ≈ −6%（符合要求）

立管 L4 第二层散热器环路 作用压力 $\Delta P_2' \approx 1185$（Pa）

资用压差 $\Delta P_{23,24}' = \Delta P_2' - \Delta P_1' + \Delta P_{20}' \approx 598$（Pa）

| 23 | 3400 | 116.96 | 3.0 | 15 | 0.17 | 43.80 | 131.39 | 4.0 | 14.21 | 56.84 | 188.23 |
|---|---|---|---|---|---|---|---|---|---|---|---|
| 24 | 1400 | 48.16 | 2.0 | 15 | 0.07 | 8.65 | 17.30 | 24.0 | 2.41 | 57.84 | 75.14 |

$$\Sigma\ (\Delta P_y + \Delta P_j)_{23,24} \approx 224\ (Pa)$$

不平衡率 = （598 − 326）/ 598 ≈ 56%（用立管阀门节流）

立管 L4 第三层散热器环路 作用压力 $\Delta P_3' \approx 1653$（Pa）

资用压差 $\Delta P_{25,26} = \Delta P_3' - \Delta P_1' + \Delta P_{20,21}' - \Delta P_{23} \approx 944$（Pa）

| 25 | 2000 | 68.80 | 3.0 | 15 | 0.10 | 16.46 | 49.39 | 4.0 | 4.92 | 19.68 | 69.07 |
|---|---|---|---|---|---|---|---|---|---|---|---|
| 26 | 2000 | 68.80 | 2.0 | 15 | 0.10 | 16.46 | 32.92 | 24.5 | 4.92 | 120.54 | 153.46 |

$$\Sigma\ (\Delta P_y + \Delta P_j)_{25,26} \approx 223\ (Pa)$$

不平衡率 = （944 − 223）/ 944 ≈ 76%

他立管的管径计算，应根据节点压力平衡原理与该环路进行压力平衡计算确定。

③利用同样的方法，按 15 和 16 管段的流量及平均比摩阻，确定管段的管径。

④计算通过第一层与第二层并联环路的不平衡率

$$\frac{\Delta p_{15,16} - \Sigma\ (\Delta p_y + \Delta p_j)_{15,16}}{\Delta p_{15,16}} = \frac{524 - 456}{524} \times 100\% = 13\%$$

此不平衡率在允许 ±15% 范围内。

3. 确定立管 L.5 第三层散热器环路各管段的管径，计算方法与前相同

①计算立管 L5 第三层散热器环路的作用压力 $\Delta P_3$

$$\Delta p_3 = gH_3(\rho_h - \rho_g) + \Delta p_f = [9.81 \times 9 \times (977.81 - 961.92) + 300] \approx 1703(Pa)$$

表 4-2    自然循环热水采暖系统局部阻力系数计算表

| 管段号 | 局部阻力 | 管径（mm） | 个数 | $\Sigma\xi$ | 管段号 | 局部阻力 | 管径（mm） | 个数 | $\Sigma\xi$ |
|---|---|---|---|---|---|---|---|---|---|
| 1 | 散热器<br>弯头<br>截止阀<br>旁通三流<br>乙字弯 | 20 | 1<br>1<br>1<br>1<br>2 | 2.0<br>2.0<br>10.0<br>1.5<br>$1.5\times2$ | 12 | 直流三通<br>弯头<br>乙字弯<br>闸阀 | 25 | 1<br>1<br>1<br>1 | 1.0<br>1.5<br>1.0<br>0.5 |
| | $\Sigma\xi=18.5$ | | | | | $\Sigma\xi=4.0$ | | | |
| 2 | 弯头<br>闸阀<br>乙字弯<br>直流三通 | 25 | 1<br>1<br>1<br>1 | 1.5<br>0.5<br>1.0<br>1.0 | 13 | 直流三通 | 25 | 1 | 1.0 |
| | | | | | | $\Sigma\xi=1.0$ | | | |
| | | | | | 14 | 直流三通 | 20 | 1 | 1.0 |
| | $\Sigma\xi=4.0$ | | | | | $\Sigma\xi=1.0$ | | | |
| 3 | 直流三通 | 32 | 1 | 1.0 | 15、17 | 直流三通<br>括弯 | 15 | 1<br>1 | 1.0<br>3.0 |
| | $\Sigma\xi=1.0$ | | | | | $\Sigma\xi=4.0$ | | | |
| 4 | 直流三通 | 40 | 1 | 1.0 | 16 | 散热器<br>乙字弯<br>截止阀<br>旁流三通 | 15 | 1<br>2<br>1<br>2 | 2.0<br>$1.5\times2$<br>16.0<br>$1.5\times2$ |
| | $\Sigma\xi=1.0$ | | | | | $\Sigma\xi=24.0$ | | | |
| 5 | 直流三通 | 50 | 1 | 1.0 | 18 | 散热器<br>乙字弯<br>截止阀<br>旁流三通弯头 | 15 | 1<br>2<br>1<br>1<br>1 | 2.0<br>$1.5\times2$<br>16.0<br>1.5<br>2.0 |
| | $\Sigma\xi=1.0$ | | | | | | | | |
| 6 | 合流三通闸阀 | 50 | 1<br>1 | 3.0<br>0.5 | | $\Sigma\xi=24.5$ | | | |
| | $\Sigma\xi=3.5$ | | | | 19 | 旁流三通<br>乙字弯<br>闸阀 | 25 | 1<br>1<br>1 | 1.5<br>1.0<br>0.5 |
| 7 | 煨弯90°<br>闸阀<br>锅炉 | 70 | 4<br>3<br>1 | $0.5\times4$<br>$0.5\times3$<br>2.5 | | $\Sigma\xi=3.0$ | | | |
| | $\Sigma\xi=6.0$ | | | | 20 | 直流三通<br>弯头<br>乙字弯<br>截止阀<br>散热器 | 15 | 1<br>1<br>2<br>1<br>1 | 1.0<br>2.0<br>$1.5\times2$<br>16.0<br>2.0 |
| 8 | 煨弯90°<br>闸阀<br>直流三通 | 50 | 1<br>1<br>1 | 0.5<br>0.5<br>1.0 | | | | | |
| | $\Sigma\xi=2.0$ | | | | | $\Sigma\xi=24.0$ | | | |
| 9 | 直流三通 | 50 | 1 | 1.0 | 21 | 直流三通 | 20 | 1 | 1.0 |
| | $\Sigma\xi=1.0$ | | | | | $\Sigma\xi=1.0$ | | | |
| 10 | 直流三通 | 40 | 1 | 1.0 | 22 | 旁流三通<br>乙字弯<br>闸阀 | 25 | 1<br>1<br>1 | 1.5<br>1.0<br>0.5 |
| | $\Sigma\xi=1.0$ | | | | | | | | |
| 11 | 直流三通 | 32 | 1 | 1.0 | | | | | |
| | $\Sigma\xi=1.0$ | | | | | $\Sigma\xi=3.0$ | | | |

| 管段号 | 局部阻力 | 管径 (mm) | 个数 | $\Sigma\xi$ | 管段号 | 局部阻力 | 管径 (mm) | 个数 | $\Sigma\xi$ |
|---|---|---|---|---|---|---|---|---|---|
| 23、25 | 直流三通<br>括弯 | 15 | 1<br>1 | 1.0<br>3.0 | 26 | 旁流三通<br>截止阀<br>乙字弯<br>散热器 | 15 | 1<br>1<br>2<br>1<br>1 | 1.5<br>16.0<br>1.5×2<br>2.0<br>2.0 |
| | | | $\Sigma\xi=4.0$ | | | | | | |
| 24 | 旁流三通<br>截止阀<br>乙字弯<br>散热器 | 15 | 2<br>1<br>2<br>1 | 1.5×2<br>16.0<br>1.5×2<br>2.0 | | | | $\Sigma\xi=24.5$ | |
| | | | $\Sigma\xi=24.0$ | | | | | | |

②计算立管 L5 第三层散热器环路的平均比摩阻

立管 L5 第三层散热器环路中，管段 15、17、18 与管段 1、13、14 为并联管路。根据并联环路节点平衡原理，管段 17、18 的资用压差为

$$\Delta p_{17,18} = \Delta p_3 - \Delta p_1 + \sum(\Delta p_y + \Delta p_j)_{1,13,14} - \sum(\Delta p_y + \Delta p_j)_{15}$$
$$= (1703 - 768 + 41.60 + 14.84 + 15.05 - 308.26) \approx 698(\text{Pa})$$

管段 17、18 的总长度为 5m，平均比摩阻力为

$$R_{pj} = \frac{\alpha\Delta p}{\sum L} = \frac{0.5 \times 698}{5} = 69.8(\text{Pa/m})$$

③计算通过第二层与第三层并联环路的不平衡率

$$\frac{\Delta p_{17,18} - \sum(\Delta p_y + \Delta p_j)_{17,18}}{\Delta p_{17,18}} = \frac{698 - 326}{698} \times 100\% = 535\%$$

不符合要求。因管段 17、18 已选用最小管径，剩余压力只能靠第三层散热器支管上的阀门消除。

具体计算结果见表 4-1。

4. 确定立管 L4 第一层散热器环路各管段的管径，计算方法同前

①计算立管 L4 第一层散热器环路的作用压力 $\Delta p_1'$

$$\Delta p_1' = gH_1(\rho_h - \rho_g) + \Delta p_f = [9.81 \times 3 \times (977.81 - 961.92) + 250] \approx 718(\text{Pa})$$

根据题中的已知条件，总立管至立管 L4 之间的水平距离在 10~20m 的范围内，查附表 3-2 得该循环环路水冷却产生的附加压力 $\Delta p_f' = 250\text{Pa}$。

②计算立管 L4 第一层散热器环路的平均比摩阻。立管 L4 第一层散热器环路中，管段 19~22 与管段 1、2、12、13、14 为并联管路。根据并联环路节点平衡原理，管段 19~22 的资用压差为

$$\Delta p_{19,22} = \Delta p_1' - \Delta p_1 + \sum(\Delta p_y + \Delta p_j)_{1,2,12~14} = (718 - 768 + 242) \approx 192(\text{Pa})$$

管段 19~22 的总长度为 12m，平均比摩阻为

$$R_{pj} = \frac{\alpha\Delta p}{\sum L} = \frac{0.5 \times 192}{12} = 8.0(\text{Pa/m})$$

③计算通过立管 L4 第一层散热器环路与立管 L5 第一层散热器环路之间的不平衡率为 -6%，符合要求，计算方法同前。

立管 L4 第二层散热器环路、立管 L4 第三层环路的计算可依照上述方法和步骤进行，具体计算结果见表 4-1。

## 第三节　机械循环单管系统水力计算方法与实例

与自然循环系统相比，机械循环系统是由循环水泵提供动力，系统作用半径大，其室内热水采暖系统的总压力损失一般约为 10～20kPa；对于较大型的系统，可达到 20～50kPa。

进行水力计算时，机械循环热水采暖系统多根据入口处的循环作用压力，按最不利循环环路的平均比摩阻 $R_{pj}$ 来选用该环路各管段的管径。当入口作用压力较高时，管道中热水的流速和系统实际总压力损失也相应提高。由于最不利循环环路的各管段水流速过高，难以使各并联环路的压力损失达到平衡，所以常用控制 $R_{pj}$ 值的方法，按 $R_{pj} = 60～120Pa/m$ 选取管径。剩余的循环作用压力，由入口处的节流装置消耗。

在机械循环系统中，也存在着重力循环作用压力。管道内水冷却产生的重力循环作用压力，占机械循环总循环作用压力的比例很小，可忽略不计。对于机械循环双管系统，水在各层散热器冷却所形成的重力循环作用压力不相等，在进行各立管散热器并联环路的水力计算时，应计算在内，不能忽略。对于机械循环单管系统，如果建筑物各部分层数相同时，每根立管所产生的重力循环作用压力近似相等，可忽略不计；如果建筑物各部分层数不同时，高度和各层热负荷分配比不同的立管之间所产生的重力循环作用压力不相等，在计算各立管之间并联环路的压降不平衡率时，应将其重力循环作用压力的差额计算在内。重力循环作用压力可按设计工况下的最大值的 2/3 计算（约相应于采暖季平均水温下的作用压力值）。

下面通过常用的机械循环热水采暖系统管路水力计算例题，阐述其计算方法和步骤。

【例 4-2】　图 4-2 为机械循环单管异程式系统两个支路中的一个支路。热媒参数：供水温度 $t_g = 95℃$，回水温度 $t_h = 70℃$。系统与外网连接。在入口处外网的供、回水压差为 30kPa。图已标出立管号、管段长度，散热器内的数字表示散热器的热负荷。建筑物楼层高为 3m。试确定该系统管路的管径。

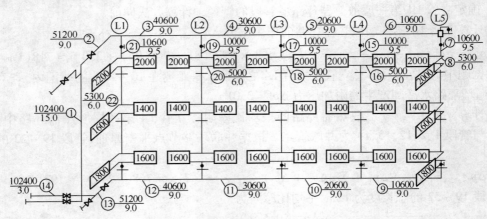

图 4-2　机械循环单管异程式热水采暖系统

【解】　计算方法和步骤如下：

1. 最不利循环环路的计算

①确定最不利循环环路，本系统为单管异程式系统，一般取最远立管的环路作为最不利循环环路。图4-2中从引入口到立管L5的环路为最不利循环环路。

②计算各管段流量，由式（4-24）计算各管段流量，计算结果见表4-3。

③确定各管段管径，根据流量$G$和采用推荐的平均比摩阻60～120Pa/m。查附表4-1，查出各管段管径$d$、流速$v$和实际比摩阻$R$，并到入水力计算表4-3的第5、6、7栏。

④计算各管段的压力损失。计算各管段的沿程损失和局部损失（管段的局部阻力系数见表4-4）。将表4-3中第8栏与第11栏相加，列入表4-3第12栏中。

⑤确定最不利循环环路的总压力损失

$$\sum (\Delta p_y + \Delta p_j)_{1-14} \approx 10550 (\text{Pa})$$

入口处的剩余循环压力，用调节阀节流消耗掉。

2. 立管L4环路的水力计算

立管L4与最末端供、回水干管和立管L5，即管段6～9为并联环路。根据并联环路节点平衡原理，管段6～9的总压力损失就是立管L4（即管段15、16）的资用压差，即

$$\Delta p_{15,16} = \sum (\Delta p_y + \Delta p_j)_{6-9} \approx 4715 (\text{Pa})$$

管段15、16的平均比摩阻

$$R_{pj} = \frac{\alpha \Delta p}{\sum L} = \frac{0.5 \times 4715}{15.5} = 152.10 (\text{Pa/m})$$

查附表4-8，机械循环热水采暖系统的沿程损失占总损失的50%。

根据流量$G$和平均比摩阻，查附表4-1，可确定各管段管径$d$、流速$v$和实际比摩阻$R$，并列入水力计算表4-3的第5、6、7栏。

再计算各管段的沿程损失和局部阻力损失，具体计算结果见表4-3的第8、11栏。各管段总压力损失见表4-3的第12栏。

立管L4的15、16管段总压力损失为

$$\sum (\Delta p_y + \Delta p_j)_{15,16} \approx 2494 (\text{Pa})$$

立管L4的不平衡率为

$$\frac{4715 - 2494}{4715} \times 100\% \approx 47\%$$

不符合要求。如15管段管径选用$DN15$时，立管L4的不平衡率仍不能满足要求，且总压力损失远大于资用压差。因此为了满足立管L4的资用压差，15管段管径选用$DN20$，剩余压力可用立管阀门节流消耗掉。

**表4-3　机械循环异程式热水采暖系统管路水利计算表**

| 管段编号 | 热负荷 $Q$（W） | 流量 $G$（kg/h） | 管段长度 $L$（m） | 管径 $d$（mm） | 流速 $v$（m/s） | 比摩阻 $R$（Pa/m） | 沿程损失 $\Delta P_y$（Pa） | 局部阻力系数 $\sum \xi$ | 动压头 $\Delta P_d$（Pa） | 局部损失 $\Delta P_j$（Pa） | 计算管段压力损失 $\Delta p$（Pa） |
|---|---|---|---|---|---|---|---|---|---|---|---|
| 1 | 2 | 3 | 4 | 5 | 6 | 7 | 8 | 9 | 10 | 11 | 12 |
| 最不利环路 $L5$，1～14 | | | | | | | | | | | |
| 1 | 102400 | 3522.56 | 15 | 50 | 0.45 | 56.68 | 850.18 | 1.0 | 99.55 | 99.55 | 949.73 |
| 2 | 51200 | 1761.28 | 9.0 | 40 | 0.37 | 55.89 | 503.05 | 2.5 | 67.30 | 168.25 | 671.30 |

| 管段编号 | 热负荷 $Q$（W） | 流量 $G$（kg/h） | 管段长度 $L$（m） | 管径 $d$（mm） | 流速 $v$（m/s） | 比摩阻 $R$（Pa/m） | 沿程损失 $\Delta P_y$（Pa） | 局部阻力系数 $\sum\xi$ | 动压头 $\Delta P_d$（Pa） | 局部损失 $\Delta P_j$（Pa） | 计算管段压力损失 $\Delta p$（Pa） |
|---|---|---|---|---|---|---|---|---|---|---|---|
| 1 | 2 | 3 | 4 | 5 | 6 | 7 | 8 | 9 | 10 | 11 | 12 |
| | | | | | 最不利环路 $L5$，$1\sim14$ | | | | | | |
| 3 | 40600 | 1396.64 | 9.0 | 40 | 0.30 | 35.82 | 322.36 | 1.0 | 44.25 | 44.25 | 366.61 |
| 4 | 30600 | 1052.64 | 9.0 | 32 | 0.30 | 42.14 | 379.22 | 1.0 | 44.25 | 44.25 | 423.47 |
| 5 | 20600 | 708.64 | 9.0 | 25 | 0.35 | 83.76 | 753.80 | 1.0 | 60.22 | 60.22 | 814.02 |
| 6 | 10600 | 364.64 | 9.0 | 20 | 0.29 | 80.76 | 726.86 | 2.0 | 41.35 | 82.70 | 809.56 |
| 7 | 10600 | 364.64 | 9.5 | 20 | 0.29 | 80.76 | 767.25 | 6.5 | 41.35 | 268.78 | 1036.02 |
| 8 | 5300 | 182.32 | 6.0 | 15 | 0.26 | 101.04 | 606.21 | 45.0 | 33.23 | 1495.35 | 2101.56 |
| 9 | 10600 | 364.64 | 9.0 | 20 | 0.29 | 80.76 | 726.86 | 1.0 | 41.35 | 41.35 | 768.21 |
| 10 | 20600 | 708.64 | 9.0 | 25 | 0.35 | 83.76 | 753.80 | 1.0 | 60.22 | 60.22 | 814.02 |
| 11 | 30600 | 1052.64 | 9.0 | 32 | 0.30 | 42.14 | 379.22 | 1.0 | 44.25 | 44.25 | 423.47 |
| 12 | 40600 | 1396.64 | 9.0 | 40 | 0.30 | 35.82 | 322.36 | 1.0 | 44.25 | 44.25 | 366.61 |
| 13 | 51200 | 1761.28 | 9.0 | 40 | 0.37 | 55.89 | 503.05 | 4.0 | 67.30 | 269.20 | 772.25 |
| 14 | 102400 | 3522.56 | 3.0 | 50 | 0.45 | 56.681 | 170.04 | 0.5 | 99.55 | 49.78 | 219.81 |
| | | | | | $\sum(\Delta P_y+\Delta P_j)_{1\sim14}\approx10537$（Pa） | | | | | | |
| | | | | | 入口处的剩余循环作用压力，用阀门节流 | | | | | | |
| | | | | | 立管 $L4$ 环路 资用压差 $=\sum(\Delta P_y+\Delta P_j)_{6\sim9}\approx4715$（Pa） | | | | | | |
| 15 | 10000 | 344.00 | 9.5 | 20 | 0.27 | 72.27 | 686.60 | 9.0 | 122.9 | 250.88 | 937.48 |
| 16 | 5000 | 172.00 | 6.0 | 15 | 0.25 | 90.46 | 542.76 | 33.0 | 30.73 | 1014.09 | 1556.85 |
| | | | | | $\sum(\Delta P_y+\Delta P_j)_{15,16}\approx2494$（Pa） | | | | | | |
| | | | | | 不平衡率 $=(4715-2494)/4715\approx47\%$（用立管阀门节流） | | | | | | |
| | | | | | 立管 $L3$ 环路 资用压差 $=\sum(\Delta P_y+\Delta P_j)_{5\sim10}\approx6343$（Pa） | | | | | | |
| 17 | 10000 | 344.00 | 9.5 | 15 | 0.50 | 341.85 | 3247.61 | 9.0 | 122.9 | 1106.19 | 4353.80 |
| 18 | 5000 | 172.00 | 6.0 | 15 | 0.25 | 90.46 | 542.76 | 33.0 | 30.73 | 1014.09 | 1556.85 |
| | | | | | $\sum(\Delta P_y+\Delta P_j)_{17,18}\approx5911$（Pa） | | | | | | |
| | | | | | 不平衡率 $=(6343-5911)/6343\approx7\%$（符合要求） | | | | | | |
| | | | | | 立管 $L2$ 环路 资用压差 $=\sum(\Delta P_y+\Delta P_j)_{4\sim11}\approx7190$（Pa） | | | | | | |
| 19 | 10000 | 344.00 | 9.5 | 15 | 0.50 | 341.85 | 3247.61 | 9.0 | 122.91 | 1106.19 | 4353.80 |
| 20 | 5000 | 172.00 | 6.0 | 15 | 0.25 | 90.46 | 542.76 | 33.0 | 30.73 | 1014.09 | 1556.85 |
| | | | | | $\sum(\Delta P_y+\Delta P_j)_{19,20}\approx5911$（Pa） | | | | | | |
| | | | | | 不平衡率 $=(7190-5911)/7190\approx18\%$（用立管阀门节流） | | | | | | |
| | | | | | 立管 $L1$ 环路 资用压差 $=\sum(\Delta P_y+\Delta P_j)_{3\sim12}\approx7924$（Pa） | | | | | | |
| 21 | 10600 | 364.64 | 9.5 | 15 | 0.53 | 382.75 | 3636.09 | 9.0 | 138.10 | 1242.90 | 4878.99 |
| 22 | 5300 | 182.32 | 6.0 | 15 | 0.26 | 101.04 | 606.21 | 45.0 | 33.23 | 1495.35 | 2101.56 |
| | | | | | $\sum(\Delta P_y+\Delta P_j)_{21,22}\approx6981$（Pa） | | | | | | |
| | | | | | 不平衡率 $=(7924-6981)/7924\approx12\%$（符合要求） | | | | | | |

3. 立管 L3 环路的水力计算

立管 L3 与管段 5～10 并联。同理，资用压差 $\sum(\Delta p_y + \Delta p_j)_{5\sim10} \approx 6343(Pa)$。立管选用最小管径 DN15。由表 4-3 得出，立管 L3 总压力损失为 5911Pa。不平衡率为 7%，在允许范围内，符合要求。

4. 立管 L2 环路的水力计算

立管 L2 与管段 4～11 并联。同理，资用压差 $\sum(\Delta p_y + \Delta p_j)_{4\sim11} \approx 7190(Pa)$。立管选用最小管径 DN15。由表 4-3 得出，立管 L2 总压力损失为 5911Pa。不平衡率 18% 超过允许范围，剩余压力用立管阀门节流。

5. 立管 L1 环路的水力计算

立管 L1 与管段 3～12 并联。同理，资用压差 $\sum(\Delta p_y + \Delta p_j)_{3\sim12} \approx 7924(Pa)$。立管选用最小管径 DN15。由表 4-3 得出，立管总压力损失为 6635Pa。不平衡率为 12%，在允许范围内，符合要求。

通过机械循环单管异程式系统水力计算结果，可以看出：

①【例 4-1】和【例 4-2】的系统，立管数和热媒参数相同；热负荷和供热半径相差不甚大，机械循环系统的作用压力比自然循环系统大得多，所以系统的管径要小得多。

②机械循环异程式系统有的立管经调整管径仍不能与最不利环路平衡，仍有过多的剩余压力，只能在系统初调节和运行时，调节立管上的阀门解决这个问题。

这说明机械循环异程式系统单纯用调整管径的办法平衡阻力非常困难，所以当系统作用半径大时，可以考虑采用同程式系统。

为了避免采用上述水力计算方法而出现立管之间环路压力不易平衡的问题，在工程设计中，可采用下面的一些设计方法，来防止或减轻系统的水平失调现象。

①供、回水干管采用同程式布置；

②采用异程式系统，但采用"不等温降"方法进行水力计算；

③采用异程式系统，采用首先计算最近立管环路的方法，然后在不平衡率允许范围内，确定其他立管环路的管径。这样做虽然会增大各立管管径，特别是最不利环路各管段管径明显增大，增加了系统的造价，但其水力计算方法简单，运行可靠。可与同程式系统技术、经济比较后选用（表 4-4）。

**表 4-4  机械循环异程式热水采暖系统局部阻力系数计算表**

| 管段号 | 局部阻力 | 管径（mm） | 个数 | $\sum\xi$ | 管段号 | 局部阻力 | 管径（mm） | 个数 | $\sum\xi$ |
|---|---|---|---|---|---|---|---|---|---|
| 1 | 煨弯 90°<br>闸阀 | 50 | 1<br>1 | 0.5<br>0.5 | 3 | 直流三通 | 40 | 1 | 1.0 |
| | | $\sum\xi = 1.0$ | | | | | $\sum\xi = 1.0$ | | |
| 2 | 旁流三通<br>闸阀<br>煨弯 90° | 40 | 1<br>1<br>2 | 1.5<br>0.5<br>0.5×2 | 4，5 | 直流三通 | 32 | 1 | 1.0 |
| | | | | | | | $\sum\xi = 1.0$ | | |
| | | | | | 6 | 直流三通<br>集气罐入口 | 20 | 1<br>1 | 1.0<br>1.0 |
| | | $\sum\xi = 2.5$ | | | | | $\sum\xi = 2.0$ | | |

续表

| 管段号 | 局部阻力 | 管径（mm） | 个数 | $\Sigma\xi$ | 管段号 | 局部阻力 | 管径（mm） | 个数 | $\Sigma\xi$ |
|---|---|---|---|---|---|---|---|---|---|
| 7 | 弯头<br>闸阀<br>乙字弯<br>集气罐出口 | 20 | 1<br>2<br>2<br>1 | 2<br>0.5×2<br>1.5×2<br>0.5 | 13 | 合流三通<br>闸阀<br>煨弯90° | 40 | 1<br>1<br>1 | 3.0<br>0.5<br>0.5 |
| | | | $\Sigma\xi=6.5$ | | | | | $\Sigma\xi=4.0$ | |
| 8，22 | 分、合流三通 | 15 | 6<br>6<br>6<br>3 | 3.0×6<br>2.0×6<br>1.5×6<br>2.0×3 | 14 | 闸阀 | 50 | 1 | 0.5 |
| | | | | | | | | $\Sigma\xi=0.5$ | |
| | | | | | 15 | 旁流三通<br>闸阀<br>乙字弯 | 20 | 2<br>2<br>2 | 1.5×2<br>0.5×2<br>1.5×2 |
| | | | $\Sigma\xi=45.5$ | | | | | $\Sigma\xi=7.0$ | |
| 9 | 煨弯90° | 20 | | 0.5 | 17，19，21 | 旁流三通<br>闸阀 | 15 | 2<br>2<br>2 | 1.5×2<br>1.5×2<br>1.5×2 |
| | | | $\Sigma\xi=0.5$ | | | | | | |
| 10 | 直流三通 | 25 | 1 | 1.0 | | | | $\Sigma\xi=9.0$ | |
| | | | $\Sigma\xi=1.0$ | | | | | | |
| 11 | 直流三通 | 32 | 1 | 1.0 | 16，18，20 | 分、合流三通<br>乙字弯<br>散热器 | 15 | 6<br>6<br>3 | 3.0×6<br>1.5×6<br>2.0×3 |
| | | | $\Sigma\xi1.0$ | | | | | | |
| 12 | 直流三通 | 40 | 1 | 1.0 | | | | $\Sigma\xi=33.0$ | |
| | | | $\Sigma\xi=1.0$ | | | | | | |

# 第四节　机械循环同程式系统水力计算方法与实例

【例 4-3】　图 4-3 为机械循环单管同程式热水采暖系统两个支路中的一个支路。热媒参数：供水温度 $t'_g=95℃$。回水温度 $t'_h=70℃$。系统与外网连接。在入口处外网的供、回水压差为 30kPa。图中已标出立管号、管段长度。散热器内的数字表示散热器的热负荷，建筑物楼层高为 3m。试确定该系统管路的管径。

【解】　计算方法和步骤如下：

1. 最远立管环路 L5 的水力计算。最远立管 L5 环路包括 1 ~ 10 管段，仍采用推荐的经济比摩阻 60 ~ 120Pa/m，确定管径。具体计算结果见表 4-5。

最远立管 L5 环路的总压力损失为

$$\Sigma(\Delta p_y+\Delta p_j)_{1\sim10}\approx10806(Pa)$$

2. 最近立管环路 L1 的水力计算。具体计算结果见表 4-5。最近立管 L1 环路中 11 ~ 16 管段，与最远立管 L5 环路中的 3 ~ 8 管段并联。两并联环路之间的不平衡率为 -2% 符合要求。

应注意，同程式热水采暖系统最远和最近立管的不平衡率宜控制在 ±5% 的范围内。

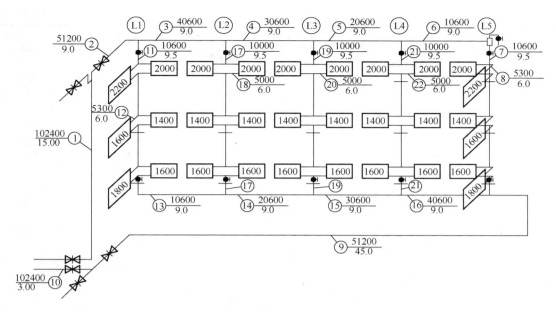

图 4-3　机械循环单管同程式热水采暖系统

**表 4-5　机械循环同程式热水采暖系统管路水利计算表**

| 管段编号 | 热负荷 $Q$ （W） | 流量 $G$ （kg/h） | 管段长度 $L$ （m） | 管径 $d$ （mm） | 流速 $v$ （m/s） | 比摩阻 $R$ （Pa/m） | 沿程损失 $\Delta P_y$ （Pa） | 局部阻力系数 $\Sigma\xi$ | 动压头 $\Delta P_d$ （Pa） | 局部损失 $\Delta P_j$ （Pa） | 计算管段压力损失 $\Delta P$ （Pa） | 累计压力损失 $\Sigma\Delta P$ （Pa） |
|---|---|---|---|---|---|---|---|---|---|---|---|---|
| 1 | 2 | 3 | 4 | 5 | 6 | 7 | 8 | 9 | 10 | 11 | 12 | 13 |
| 最远立管 L5 环路 | | | | | | | | | | | | |
| 1 | 102400 | 3522.56 | 15 | 50 | 0.45 | 56.68 | 850.18 | 1.0 | 99.55 | 99.55 | 949.73 | 949.73 |
| 2 | 51200 | 1761.28 | 9.0 | 40 | 0.37 | 55.89 | 503.05 | 2.5 | 67.30 | 168.25 | 671.30 | 1621.03 |
| 3 | 40600 | 1396.64 | 9.0 | 32 | 0.39 | 72.49 | 652.40 | 1.0 | 74.78 | 74.78 | 727.18 | 2348.21 |
| 4 | 30600 | 1052.64 | 9.0 | 32 | 0.30 | 42.14 | 379.22 | 1.0 | 44.25 | 44.25 | 423.47 | 2771.68 |
| 5 | 20600 | 708.64 | 9.0 | 25 | 0.35 | 83.76 | 753.80 | 1.0 | 60.22 | 60.22 | 814.02 | 3585.70 |
| 6 | 10600 | 364.64 | 9.0 | 20 | 0.29 | 80.76 | 726.86 | 2.0 | 41.35 | 82.70 | 809.56 | 4395.27 |
| 7 | 10600 | 364.64 | 9.5 | 20 | 0.29 | 80.76 | 767.25 | 6.5 | 41.35 | 268.78 | 1036.02 | 5431.29 |
| 8 | 5300 | 182.32 | 6.0 | 15 | 0.26 | 101.04 | 606.21 | 45.0 | 33.23 | 1495.35 | 2101.56 | 7532.85 |
| 9 | 51200 | 1761.28 | 45.0 | 40 | 0.37 | 55.89 | 2515.27 | 8.0 | 67.30 | 538.40 | 3053.67 | 10586.52 |
| 10 | 102400 | 3522.56 | 3.0 | 50 | 0.45 | 56.681 | 170.04 | 0.5 | 99.55 | 49.78 | 219.81 | 10806.33 |
| $\Sigma(\Delta P_y + \Delta P_j)_{1\sim10} \approx 10806 (\text{Pa})$ | | | | | | | | | | | | |
| 立管 L1 环路 | | | | | | | | | | | | |
| 11 | 10600 | 364.64 | 9.5 | 20 | 0.29 | 80.76 | 767.25 | 9.0 | 41.35 | 372.15 | 1139.40 | 2760.43 |
| 12 | 5300 | 182.32 | 6.0 | 15 | 0.26 | 101.04 | 606.21 | 45.0 | 33.23 | 1495.35 | 2101.56 | 4861.99 |
| 13 | 10600 | 364.64 | 9.0 | 20 | 0.29 | 80.76 | 726.86 | 1.0 | 41.35 | 41.35 | 768.21 | 5630.20 |
| 14 | 20600 | 708.64 | 9.0 | 25 | 0.35 | 83.76 | 753.80 | 1.0 | 60.22 | 60.22 | 814.02 | 6444.22 |

续表

| 管段编号 | 热负荷 Q (W) | 流量 G (kg/h) | 管段长度 L (m) | 管径 d (mm) | 流速 v (m/s) | 比摩阻 R (Pa/m) | 沿程损失 ΔP_y (Pa) | 局部阻力系数 Σξ | 动压头 ΔP_d (Pa) | 局部损失 ΔP_j (Pa) | 计算管段压力损失 ΔP (Pa) | 累计压力损失 ΣΔP (Pa) |
|---|---|---|---|---|---|---|---|---|---|---|---|---|
| 1 | 2 | 3 | 4 | 5 | 6 | 7 | 8 | 9 | 10 | 11 | 12 | 13 |
| | | | | | | 立管 L1 环路 | | | | | | |
| 15 | 30600 | 1052.64 | 9.0 | 32 | 0.30 | 42.14 | 379.22 | 1.0 | 44.25 | 44.25 | 423.47 | 6867.70 |
| 16 | 40600 | 1396.64 | 9.0 | 32 | 0.39 | 72.49 | 652.40 | 1.0 | 74.78 | 74.78 | 727.18 | 7594.87 |
| | | | | | | $\Sigma(\Delta P_y + \Delta P_j)_{11\sim16} \approx 5974(Pa)$ | | | | | | |
| | | | | | | 管段 3~8 与管段 11~16 并联 | | | | | | |
| | | | | | | $\Sigma(\Delta P_y + \Delta P_j)_{3\sim8} \approx 5912(Pa)$ | | | | | | |
| | | | | | | 不平衡率 = (5912 - 5974)/5912 ≈ -2%（符合要求） | | | | | | |
| | | | | | | 系统压力损失 $\Sigma(\Delta P_y + \Delta P_j)_{1,2,9,10,11\sim16} \approx 10868(Pa)$ | | | | | | |
| | | | | | | 立管 L2 环路 资用压差 = $\Sigma(\Delta P_y + \Delta P_j)_{11\sim13} - \Sigma(\Delta P_y + \Delta P_j)_3 \approx 3282(Pa)$ | | | | | | |
| 17 | 10000 | 344.00 | 8.0 | 20 | 0.27 | 72.27 | 578.19 | 4.5 | 35.84 | 161.28 | 739.47 | |
| 18 | 5000 | 172.00 | 6.0 | 15 | 0.25 | 90.46 | 542.76 | 33.0 | 30.73 | 1014.09 | 1556.85 | |
| 17′ | 10000 | 344.00 | 1.5 | 15 | 0.50 | 341.85 | 512.78 | 4.5 | 122.91 | 553.10 | 1065.88 | |
| | | | | | | $\Sigma(\Delta P_y + \Delta P_j)_{17,18} \approx 3362(Pa)$ | | | | | | |
| | | | | | | 不平衡率 = (3282 - 3362)/3282 ≈ -2%（符合要求） | | | | | | |
| | | | | | | 立管 L3 环路 资用压差 = $\Sigma(\Delta P_y + \Delta P_j)_{11\sim14} - \Sigma(\Delta P_y + \Delta P_j)_4 \approx 3672(Pa)$ | | | | | | |
| 19 | 10000 | 344.00 | 6.5 | 20 | 0.27 | 72.27 | 469.78 | 4.5 | 35.84 | 161.28 | 631.06 | |
| 20 | 5000 | 172.00 | 6.0 | 15 | 0.25 | 90.46 | 542.76 | 33.0 | 30.73 | 1014.09 | 1556.85 | |
| 19′ | 10000 | 344.00 | 3.0 | 15 | 0.50 | 341.85 | 1025.56 | 4.5 | 122.91 | 553.10 | 1578.66 | |
| | | | | | | $\Sigma(\Delta P_y + \Delta P_j)_{19,20} \approx 3767(Pa)$ | | | | | | |
| | | | | | | 不平衡率 = (3672 - 3767)/3672 ≈ -3%（符合要求） | | | | | | |
| | | | | | | 立管 L4 环路 资用压差 = $\Sigma(\Delta P_y + \Delta P_j)_{11\sim15} - \Sigma(\Delta P_y + \Delta P_j)_5 \approx 3282(Pa)$ | | | | | | |
| 21 | 10000 | 344.00 | 9.0 | 20 | 0.27 | 72.27 | 650.47 | 4.5 | 35.84 | 161.28 | 811.75 | |
| 22 | 5000 | 172.00 | 6.0 | 15 | 0.25 | 90.46 | 542.76 | 33.0 | 30.73 | 1014.09 | 1556.85 | |
| 21′ | 10000 | 344.00 | 0.5 | 15 | 0.50 | 341.85 | 170.93 | 4.5 | 122.91 | 553.10 | 724.02 | |
| | | | | | | $\Sigma(\Delta P_y + \Delta P_j)_{21,22} \approx 3093(Pa)$ | | | | | | |
| | | | | | | 不平衡率 = (3282 - 3093)/3282 ≈ %（符合要求） | | | | | | |

3. 根据水力计算结果，利用图示方法（图 4-4），表示出系统的总压力损失及各立管的供、回水节点之间的资用压差值。

根据本例题的水力计算表和图 4-4 可知，立管 L4 的资用压力应等于入口处供水管起点，通过最近立管环路到回水干管管段 15 末端的压力损失，减去供水管起点到供水干管管段 5 末端的压力损失的差值，亦即等于 6868 - 3586 = 3282Pa（见表 4-5 的第 13 栏数值）。其他立管的资用压力确定方法相同，数值见表 4-5。

应注意：如水力计算结果和图示表明个别立管供、回水节点的资用压力过小或过大，则会使下一步选用该立管的管径过粗或过细，设计很不合理。此时，应调整第一、第二步骤的

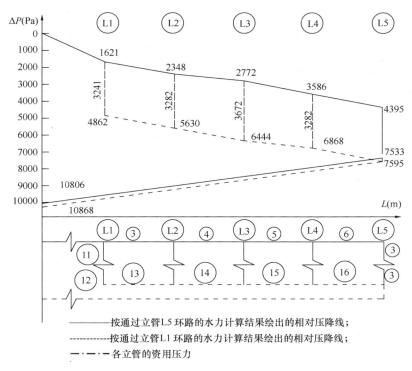

图 4-4 同程式热水采暖系统管路压力损失平衡分析图

水力计算，适当改变个别供、回水干管的管段直径，使易于选择各立管的管径并满足并联环路不平衡率的要求。

4. 确定其他立管的管径。根据各立管的资用压力和立管各管段的流量，选用合适的立管管径。计算方法与例题 4-2 的方法相同。

5. 求各立管的不平衡率。根据立管的资用压力和立管的计算压力损失，求各立管的不平衡率。不平衡率应在 ±10% 以内。

通过同程式系统水力计算例题可见，虽然同程式系统的管道金属耗量，多于异程式系统，但它可以通过调整供、回水干管的各管段的压力损失来满足立管间不平衡率的要求。

在上述的三个例题中，都是采用了立管或散热器的水温降相等的预先假定，由此也就预先确定了立管的流量。这样，通过各立管并联环路的计算压力损失就不可能相等而存在压降不平衡率。这种水力计算方法，通常称为等温降的水力计算方法。在较大的室内热水供暖系统中，如采用等温降方法进行异程式系统的水力计算（如例题 4-2），立管间的压降不平衡率往往难以满足要求，必然会出现系统的水平衡失调。对于同程式系统，如前所述，如在水力计算中一些立管的供、回水干管之间的资用压力很小或为零时，该立管的水流量很小，甚至出现停滞现象，同样也会出现系统的水平失调。

一个良好的同程式系统的水力计算，应使各立管的资用压力值不要变化太大，以便于选择各立管的合理管径。为此，在水力计算中，管路系统前半部供水干管的比摩阻 $R$ 值，宜选用稍小于回水干管的 $R$ 值，而管路系统后半部供水干管的 $R$ 值，宜选用稍大于回水干管的。

# 第五节　不等温降水力计算原理和方法

所谓不等温降法的水力计算，就是在单管系统中各立管的温降各不相等的前提下进行水力计算。它以并联环路节点压力平衡的基本原理进行水力计算。不等温降法需先选定立管温降和管径，在确定立管流量，根据流量计算立管的实际温降，再用当量阻力法确定立管的总压力损失，最后确定所需散热器的片数。这种计算方法对各立管间的流量分配，完全遵守并联环路节点压力平衡的水力学规律，能使设计工况与实际运行工况基本一致。

【例 4-4】　本章第三节图 4-2 是机械循环单管异程式系统，用不等温降法对其进行水力计算。已知用户入口处循环作相压力为 10kPa。

【解】　计算方法和步骤如下：

1. 最远立管 L5 环路的水力计算

①求平均比摩阻

$$R_{pj} = \frac{\alpha \Delta p}{\sum L} = \frac{0.5 \times 10000}{15.5} = 40.49\,(Pa/m)$$

②计算各管段的流量。一般按设计温降增加 $2 \sim 5℃$ 进行计算，假设立管 L5 的温降为 $\Delta t = 30℃$。

立管 L5 的流量

$$G = \frac{0.86Q}{\Delta t} = \frac{0.86 \times 10600}{30} = 303.87\,(kg/h)$$

散热器支管流量

$$G' = \frac{0.86Q}{\Delta t} = \frac{0.86 \times 5300}{30} = 151.93\,(kg/h)$$

③确定立管 L5 和支管管径。根据流量和平均比摩阻，查附表 4-1，确定立管 L5 和支管管径分别为 DN25、DN20。

④计算压力损失。不等温降法采用当量阻力法计算压力损失，由式（4-18）可知

$$\Delta p = \xi_{zh} \frac{\rho v^2}{2} = \xi_{zh} \Delta p_d$$

查附表 4-7，整根立管的折算阻力系数 $\xi_{sh} = 52.0$。根据流量 $G = 303.87kg/h$ 和管径 DN25，查附表 4-5 确定当 $\xi = 1$ 时，压力损失 $\Delta p_d = 11.06Pa$。因此立管 L5 的压力损失为

$$\Delta p_{L5} = \xi_{zh} \Delta p_d = 52.0 \times 11.06 = 575\,(Pa)$$

2. 计算供、回水干管 6、9 管段

①选择管径。管段流量与立管 L5 相等，为 303，87kg/h。因此，选定 6、9 管段的管径均为 DN25。

②折算阻力系数。管段的实际阻力系数 $\sum \xi = 1.0 \times 2 = 2.0$（直流三通 2 个）；查附表 4-4 确定当管径为 DN25 时，$\lambda/d = 1.3$；6 和 9 管段的总长度为 18m。得出 6 和 9 管段的折算阻力系数 $\xi_{zh} = 25.4$。

③计算压力损失。根据流量 $G = 303.87kg/h$ 和管径 DN25，确定 $\Delta P_d = 11.06Pa$。

管段 6 和 9 的总压力损失为

$$\Delta p_{6.9} = 25.4 \times 11.06 = 281(\text{Pa})$$

3. 计算立管 L4

①确定立管 L4 的资用压差。因为立管 L4 与立管 L5、管段 6 和 9 为并联环路，则立管 L4 的资用压差为

$$\Delta p_{L4} = \Delta p_{L5} + \Delta p_{6.9} = 281 + 575 = 856(\text{Pa})$$

②选择管径。管径选为 DN25。

③确定流量。查附表 4-7，当立管管径为 DN25 时，$\xi_{zh} = 52.0$，再确定当 $\xi_{zh} = 1$ 时，压力损失为

$$\Delta p_d = \frac{\Delta p_{L4}}{\xi_{zh}} = \frac{856}{52.0} = 16.46(\text{Pa})$$

根据 $\Delta p_d = 16.46\text{Pa}$，管径 DN25，查附表 4-5 得出流量为 370kg/h。

④确定立管温降、立管 L4 的热负荷为 10000W。立管温降为

$$\Delta t = \frac{0.86Q}{G} = \frac{0.86 \times 10000}{370} = 23.23(\text{℃})$$

4. 其他管段的计算

依照上述方法，对其他各供、回水干管和立管从远到近依次进行计算，具体计算结果列于表 4-6 中。最后得出，右侧环路的初步计算流量 $G_R = 1745\text{kg/h}$，初步计算压力损失 $\Delta p_R = 3574 + 1561 = 5135$（Pa）

表 4-6　不等温降法管路水力计算表

| 管段编号 | 热负荷 $Q$（W） | 管径 $d$（mm） | 管段长度 $L$（m） | $\lambda$（L/d） | $\Sigma\xi$ | 折算阻力系数 $\xi_{zh}$ | $\xi_{zh}=1$ 的压力损失 $\Delta p$（Pa） | 计算压力损失 $\Delta p_j$（Pa） | 计算流量 $G_j$（kg/h） | 计算温降 $\Delta t_j$（℃） | 调整流量 $G_t$（kg/h） | 调整温降 $\Delta t_t$（℃） |
|---|---|---|---|---|---|---|---|---|---|---|---|---|
| 1 | 2 | 3 | 4 | 5 | 6 | 7 | 8 | 9 | 10 | 11 | 12 | 13 |
| 最不利环路 | | | | | | | | | | | | |
| 立管 L5 | 10600 | 25×20 | | | | 52 | 11.06 | 575 | 304 | 30 | 318 | 28.68 |
| 6+9 | 10600 | 25 | 18 | 23.4 | 2 | 25.4 | 11.06 | 281 | 304 | | 318 | |
| 立管 L4 | 10000 | 25×20 | | | | 52 | 16.46 | 856 | 370 | 23.23 | 387 | 22.21 |
| 5+8 | 20600 | 25 | 18 | 23.4 | 2 | 25.4 | 54.53 | 1385 | 674 | | 705 | |
| 立管 L3 | 10000 | 20×15 | | | | 72.7 | 30.83 | 2241 | 314 | 27.35 | 329 | 26.14 |
| 4+11 | 30600 | 32 | 18 | 16.2 | 2 | 18.2 | 38.04 | 692 | 988 | | 1034 | |
| 立管 L2 | 10000 | 20×15 | | | | 72.7 | 40.35 | 2933 | 359 | 23.93 | 376 | 22.88 |
| 3+12 | 40600 | 40 | 18 | 13.7 | 2 | 15.7 | 40.86 | 641 | 1348 | | 1410 | |
| 立管 L1 | 10600 | 20×15 | | | | 72.7 | 49.16 | 3574 | 397 | 22.96 | 415 | 21.95 |
| 2+13 | 50600 | 40 | 18 | 13.7 | 9 | 22.7 | 68.85 | 1561 | 1745 | | 1825 | |

5. 按同样方法对左侧环路进行水力计算。

6. 调整计算

根据流体力学理论，各管段的压力损失 $\Delta p = SG^2$（$S$ 是各计算管段的特性阻力数）。在并联管路中，各管段的压力损失相等 $\Delta p = \Delta p_1 = \Delta p_2 = \Delta p_3$。管路总流量等于各管段流量之

和。即

$$G = G_1 + G_2 + G_3$$

则

$$\frac{1}{\sqrt{S}} = \frac{1}{\sqrt{S_1}} + \frac{1}{\sqrt{S_2}} + \frac{1}{\sqrt{S_3}} \tag{4-26}$$

式（4-26）说明并联管路中，管路总特性阻力数平方根的倒数等于各并联管段特性阻力数平方根的倒数之和。

各管段的流量关系也可用下式表示

$$G_1 : G_2 : G_3 = \frac{1}{\sqrt{S_1}} + \frac{1}{\sqrt{S_2}} + \frac{1}{\sqrt{S_3}} \tag{4-27}$$

系统左侧循环环路初步计算流量为 $G_L = 1600\,\text{kg/h}$，初步计算压力损失为 $\Delta p_L = 5000\,\text{Pa}$。

将左侧计算压力损失按与右侧相同考虑，则左侧流量变为 $1600 \times (5135/5000)^{0.5} = 1621$，故系统初步计算的总流量

$$G = G_R + G_L = 1745 + 1621 = 3366\,(\text{kg/h})$$

系统设计的总流量为

$$0.86 \times 102400/ (95 - 70) = 3523\,(\text{kg/h})$$

两者不相等，需进一步调整各循环环路的流量、压力损失和各立管的温降。

7. 调整各循环环路的流量、压力损失和各立管的温降

①求各并联环路的特性阻力数。

$$S_R = 5135/1745^2 = 1.6864 \times 10^{-3}$$

$$S_L = 5000/1600^2 = 1.9531 \times 10^{-3}$$

② 根据并联管路流量分配规律，确定各并联环路在设计总流量条件下的流量。

$$G_R : G_L = \frac{1}{\sqrt{S_R}} : \frac{1}{\sqrt{S_L}}$$

$$G = G_R + G_L = 3523\,(\text{kg/h})$$

因此，分配到左、右两侧并联环路的流量分别为

$$G_R = 1826\,\text{kg/h}$$

$$G_L = 1697\,\text{kg/h}$$

③确定各并联环路的流量、温降调整系数。

右侧环路

流量调整系数        $\alpha_G = 1826/1745 = 1.046$

温降调整系数        $\alpha_t = 1745/1826 = 0.956$

左侧环路

流量调整系数        $\alpha_G = 1697/1600 = 1.061$

温降调整系数        $\alpha_t = 1600/1697 = 0.943$

根据左右两侧并联环路的不同流量调整系数和温降调整系数，乘以各侧立管第一次算出的流量和压降，求得各立管最终的计算流量和温降。右侧环路调整后的计算结果见表4-6。

④各并联环路调整后的压力损失，压力调整系数

右侧　$\alpha_p = \alpha_G^2 = 1.046^2 = 1.094$

左侧　$\alpha_p = \alpha_G^2 = 1.061^2 = 1.126$

调整后各并联环路的压力损失为

$$\Delta p_R = 5135 \times 1.094 = 5618(Pa)$$

$$\Delta p_L = 5135 \times 1.126 = 5630(Pa) \neq 5618(Pa)（计算误差）$$

8. 确定系统供、回水总管管径及系统的总压力损失

供、回水总管 1 和 14 管投的流量 $G = 3523kg/h$，选用管径 DN50，根据表的水力计算结果 $\Delta p_1 = 950Pa$、$\Delta p_{14} = 220Pa$，可得系统的总压力损失为

$$\Delta p = 950 + 5618 + 220 = 6788(Pa)$$

至此，不等温降法水力计算全部结束。

水力计算结束后，最后进行散热器散热面积的计算。从上述计算可以看出，距供水总立管近的立管温降小、流量大；距供水总立管远的立管温降大、流最小，因此在同一楼层散热器热负荷相同时，近立管散热器内热媒平均温度高；所需散热面积少；远立管所需散热面积多。

异程式系统采用不等温降法进行水力计算，完全遵循了节点压力平衡的原则分配流量，并根据各立管的不同温降调整散热面积，从而在设计角度上解决系统的水平失调问题，但计算工作量过大；若采用软件计算，会使水力计算更为精确，且大大减小计算工作量。

# 第六节　分户计量采暖系统水力计算

为了实现室内温度控制和分户热计量，我国传统的集中供热采暖不仅需要在系统形式上有所改变，还要增加热量计量仪表等控制设备。

分户热计量系统仍可采用等温降法和不等温降法进行水力计算，两方法已在本章第一节中做过详细介绍，这里结合分户热计量系统的特点，仅给出分户热计量系统采用等温降法水力计算的主要步骤，如下所述。

1. 确定各管段的流量

根据各管段的设计热负荷，由式（4-24）计算各管段流量。

对于分户热计量采暖系统而言，散热器的设计热负荷包括常规房间热负荷和户间传热两部分。一种观点认为户内管道系统的计算应以常规房间热负荷计算。不应计入户间传热。采用这种方法进行水力计算时，选用的管径规格较小，当发生户间传热时，户内系统的供、回水温差，或某组散热器的进出水温差会有所加大；另一种观点认为应计入户间传热量，这种方法使得管径规格有所增加，但发生户间传热时，户内系统的供、回水温差不会超过设计温差。

对于水力计算是否考虑户间传热量的问题，各地方规程作了不同的规定。北京市"新

建集中采暖住宅分户热计量设计技术规程"规定：户间传热量仅作为确定户内采暖设备容量和计算户内管道的依据，不应计入户外采暖干管热负荷和建筑总热负荷内；天津市"集中供热住宅计量供热设计规程"中则规定，设有分户热计量的采暖系统，由于人为调节的影响，在热负荷计算时，与无计量采暖系统的不同之处在于存在户间传热的问题。此部分热负荷对某一房间的散热器面积选择影响较大，但对整个建筑物的热负荷在不同条件、不同时间段呈下降趋势，对每户热负荷的影响相对较小，因此在楼内采暖系统水力计算时，可不考虑户间传热对计算流量的影响。

2. 确定最不利环路及其平均比摩阻

最不利环路的平均比摩阻应根据热力入口处的资用压差来确定。在机械循环系统中，环路总的循环压力主要由入口处的资用压差提供，但同时也存在着重力循环作用压力。管道内水冷却产生的重力循环作用压力占机械循环总作用压力的比例较小，可忽略不计。但对于双管系统，考虑到水在各层散热器冷却所形成的重力循环作用压力不同造成了系统的垂直失调，因此，该作用压力不能忽略。

当平均比摩阻的计算值较大时，使各并联环路的压力损失难以平衡，所以常采用控制平均比摩阻的方法进行水力计算。对于分户热计量采暖系统，有的文献推荐，下分式共用立管的平均比摩阻宜为 30 ~60Pa/m。根据天津大学的研究成果：对于按户分环式的双管系统，各层水平支路平均比摩阻宜按小于 200Pa/m 取值。当各层水平支路同程式布置时，立管比摩阻宜为 30 ~90Pa/m；当各层水平支路异程式布置时，立管比摩阻宜为 30 ~60Pa/m。

3. 确定最不利环路各管段的管径

根据计算出的各管段流量和平均比摩阻，查附表4-1，确定各管段的管径、实际流速和实际比摩阻值。

应注意：分户热计量的户内系统常用塑料管，内壁比较光滑。管壁的当量绝对粗糙度一般为 $K=0.05$mm，因此必须查阅塑料类管材的水力计算表方可（见本教材第五章塑料管材的水力计算的相关内容）。

4. 计算最不利环路的总压力损失

总压力损失应由下列构成：

①户内损失——最不利户内系统的压力损失（主要包括散热器阻力、恒温阀阻力、室内水平管阻力、用户入口阻力）；

②管道损失——自建筑采暖入口至该用户入口的压力损失；

③富裕度——以上两项压力损失之和的10%。

5. 其他户内环路管径的确定

其他户内环路系统管径可按最不利户来确定，这样阻力肯定不平衡。但可用每一用户入口处设置的调节装置来解决。

## 思考题与习题

1. 热水采暖室内管道的流态一般处于什么区？

2. 为什么当量局部阻力法适应与室内热水管道的水力计算？

3. 室内热水网路水力计算中，管线的平均比摩阻是按什么原则选取的？

4. 为什么异程式系统的水平失调比较严重？

5. 规范规定同程式最远立管环路和最近立管环路之间的不平衡率值为多少？

6. 异程式系统和同程式系统各有什么优、缺点？

7. 室内热水采暖系统水力计算中将整条立管视为一个计算管段的条件是什么？

8. 不等温降水力计算法为什么更切合水暖系统的实际运行情况？

9. 不等温降水力计算法为什么能够有效解决水平失调的问题？

10. 规范规定室内采暖系统给水干管的末端、回水干管的起端管径不得小于多少？

11. 在系统选择、设计计算、运行管理三个方面如何来解决水力失调问题？

12. 通过室内采暖系统水力计算的结果，试说明热水供暖系统初调节的重要性。

# 第五章　低温热水辐射采暖系统

## 第一节　辐射采暖的基本概念

### 一、辐射采暖的定义

散热器采暖是多年来建筑物内常见的一种采暖形式。随着社会经济不断向前发展，人们生活水平的不断提高，新材料、新技术日益推广应用，这种传统采暖形式的弊端日益突出，如舒适性差、能耗大、耗钢材多、不便于热计量、不便于分户、分室控温等。而辐射采暖便是克服这些弊端的更好方式。散热器主要是靠对流方式向室内散热，对流散热量占总散热量的50%以上。而辐射采暖是利用建筑物内部顶棚、墙面、地面或其他表面进行供暖的系统。辐射采暖系统主要靠辐射散热方式向房间供应热量，其辐射散热量占总散热量的50%以上。散热设备主要依靠辐射传热方式向房间供热的采暖方式称为辐射采暖。这一定义对高、中温辐射采暖，非常确切；但对于低温地暖辐射采暖已不符合。因为低温地暖辐射板是以对流散热为主，以辐射散热为辅。因此，应对辐射采暖重新定义。根据辐射采暖的特征对其定义为：将采暖房间各围护结构表面（包括供热部件表面）平均温度高于室内空气温度的采暖方式称为辐射采暖。通常将辐射采暖的散热设备称为采暖辐射板。

各种辐射采暖方式的辐射散热量在其散热量中所占的比例大约是：顶棚式70%～75%；地板式30%～40%；墙壁式30%～60%（随辐射板在墙壁上的位置高度和墙壁温度的增加而增加）。可以看出只有在顶棚式辐射采暖时辐射放热占绝对优势。在地板式和墙壁式辐射采暖时对流换热还是占优势。然而房间的采暖方式不是用哪种换热方式占优势来定义的，而是用整个房间的温度环境来表征。

辐射采暖有局部辐射采暖和集中全面辐射采暖两种方式。在室内局部区域或局部工作地点保持一定温度而设置的辐射采暖称为局部辐射采暖；而集中全面辐射采暖是指使整个采暖房间保持一定温度的要求而设置的辐射采暖。

### 二、辐射采暖的特点

辐射采暖是一种卫生条件和舒适标准都比较高的供暖形式，和对流采暖相比，它具有以下特点：

（1）对流采暖系统中，人体的冷热感觉主要取决于室内空气温度的高低。而辐射采暖时，人或物体受到辐射照度和环境温度的综合作用，人体感受的实感温度可比室内实际环境温度高2～3℃左右，即在具有相同舒适感的前提下，辐射采暖的室内空气温度可比对流采暖时低2～3℃。

（2）从人体的舒适感方面看，在保持人体散热总量不变的情况下，适当地减少人体的辐射散热量，增加一些对流散热量，人会感到更舒适。辐射采暖时人体和物体直接接受辐射热，减少了人体向外界的辐射散热量。而辐射采暖的室内空气温度又比对流采暖时低，正好可以增加人体的对流散热量。因此辐射采暖对人体具有最佳的舒适感。

（3）辐射采暖时沿房间高度方向上温度分布均匀，温度梯度小，房间的无效损失减小了，而且室温降低的结果可以减少能源消耗。

（4）辐射采暖不需要在室内布置散热器，少占室内的有效空间，也便于布置家具。

（5）减少了对流散热量，室内空气的流动速度也降低了，避免室内尘土的飞扬，有利于改善卫生条件。

（6）辐射采暖比对流采暖的初投资高。

辐射采暖除用于住宅和公用建筑之外，还广泛用于空间高大的厂房和对洁净度有特殊要求的场合，如精密装配车间等。

### 三、辐射采暖的分类

辐射采暖根据其辐射板面温度、辐射板构造、辐射板位置、热媒种类、与建筑物的结合关系等情况，可分成多种形式，具体分类、特征见表5-1。本章主要介绍低温热水地暖辐射采暖。

**表5-1 集中供热辐射采暖的分类**

| 分类根据 | 名　称 | 特　征 |
|---|---|---|
| 板面温度 | 低温辐射<br>中温辐射<br>高温辐射 | 板面温度低于80℃<br>板面温度等于80~200℃<br>板面温度高于200℃ |
| 辐射板构造 | 埋管式<br>风道式<br>组合式 | 以直径15~32mm的管道埋置于建筑结构内构成辐射表面<br>利用建筑构件的空腔使热空气在其间循环流动构成辐射表面<br>利用金属板焊以金属管组成辐射板 |
| 辐射板位置 | 顶棚式<br>墙壁式<br>地板式 | 以顶棚作为辐射采暖面，加热元件镶嵌在顶棚内的低温辐射采暖<br>以墙壁作为辐射采暖面，加热元件镶嵌在墙壁内的低温辐射采暖<br>以地板作为辐射采暖面，加热元件镶嵌在地板内的低温辐射采暖 |
| 热媒种类 | 低温热水式<br>高温热水式<br>蒸汽式 | 热媒水温度低于100℃<br>热媒水温度等于或高于100℃<br>以蒸汽（高压或低压）为热媒 |
| 与建筑物的<br>结合关系 | 整体式<br>贴附式<br>悬挂式 | 辐射板与建筑物结合在一起<br>辐射板贴附于建筑物结构表面<br>辐射板悬挂于建筑物结构上 |

#### 1. 低温辐射采暖

低温辐射采暖的主要形式有金属顶棚式，顶棚、地面或墙面埋管式，其中低温热水地板辐射采暖近二十年在国内得到了广泛的应用。低温辐射采暖比较适合于民用建筑与公共建筑中考虑安装散热器会影响建筑物协调和美观的场合。

低温热水地板辐射采暖是指在冬季以温度不超过60℃（《暖通规范》规定：宜采用35~45℃）、系统工作压力不大于0.8MPa的低温热水为热媒，通过分水器与埋设在建筑物内楼板构造层的加热管进行不间断的热水循环，热量由地板辐射向室内空间散热，以达到取暖的目的。地板辐射采暖热源广泛，对集中供热热源采用二次水交换，也可单设独立热源（如燃油燃气锅炉、分户壁挂炉等），还可采用其他供回水、余热水、地热水等作为热源。

低温热水地板辐射采暖是辐射采暖形式中应用最广泛、设计安装技术最成熟的形式，它具有舒适、卫生、不占面积、高效节能、热稳定性能好、使用寿命低、远行费用低等优点，有逐渐取代散热器采暖的趋势。

2. 中温辐射采暖

中温辐射采暖通常利用钢制辐射板散热。根据钢制辐射板长度的不同，可分成块状辐射板和带状辐射板两种形式。带状辐射板是将单块的块状辐射板按长度方向串联而成，通常沿房屋长度方向布置，长度可达数十米，水平吊挂在屋顶或屋架下弦的下部。带状辐射板适用于大空间建筑，其排管较长，加工安装没有块状辐射板方便，而且其排管的膨胀性、排气及凝结水的排除问题等较难解决。如果在钢制辐射板的背面加保温层，可以减少背面的散热损失。让热量集中在板前辐射出去，这种辐射板称为单面辐射板。其背面方向的散热量大约只占板面总散热量的10%。如果钢制辐射板背面不加保温层，就成为双面辐射板。双面辐射板的散热量可比同样的单面辐射板增加30%左右。

钢制辐射板的特点是采用薄钢板，钢板厚度一般为0.5~1.0mm，加热管通常为水煤气钢管，管径有DN15mm、DN20mm、和DN25mm，主要应用在高大的生产厂房，也可用于公共建筑的局部区域或局部工作地点采暖。

# 第二节　低温热水地板辐射采暖系统

低温热水地板辐射供暖系统，顾名思义，是以低温热水为热源，以内部埋设管道的地板为散热设备的采暖系统。

低温热水地板辐射采暖系统在国外早在20世纪初就已投入使用。近二十年来，由于其具有环保节能以及有利于利用天然低品位热能的优势，开始在我国的建筑中得到越来越广泛的应用。虽然其直接造价和普通散热器供暖方式相比较高，但在建筑空间和装饰费用等方面，却能显出其独到的优势。

## 一、低温热水地板辐射采暖的加热管

典型的地板辐射供暖系统的结构如图5-1所示。隔热层可减少热量的向下传递，通常由导热系数较小的材料，如聚苯乙烯泡沫板材做成。热负荷分配层应选导热系数大，强度高的材料，以便提高地板供暖的热效率，节约能耗。

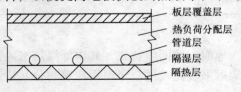

图5-1　地板辐射供暖结构示意图

板层覆盖层
热负荷分配层
管道层
隔湿层
隔热层

对于低温热水地板辐射采暖管材的要求有以下几个方面：

（1）加热管管材生产企业应向设计、安装和建设单位提交下列文件：

①国家授权机构提供的有效期内的符合相关标准要求的检验报告；

②产品合格证；

③有特殊要求的管材，厂家应提供相应说明书。

（2）低温热水系统的加热管应根据其工作温度、工作压力、使用寿命、施工和环保性能等因素，经综合考虑和技术经济比较后确定。

（3）塑料管或铝塑复合管的公称外径、壁厚与偏差见表5-2。加热管质量必须符合国家现行标准中的各项规定。

表 5-2　　塑料管或铝塑复合管的公称外径、壁厚与偏差

| 管　材 | 公称外径 | 内　　径 | 最小壁厚 |
|---|---|---|---|
| 交联铝塑管复合管（PAP） | 16 | 12.7 | 1.65 |
|  | 20 | 16.2 | 1.90 |
|  | 25 | 20.5 | 2.25 |
| 聚丁烯管（PB） | 16 | 13.4 | 1.3 |
|  | 20 | 17.4 | 1.3 |
|  | 25 | 22.4 | 1.3 |
| 交联聚乙烯管（PEX） | 16 | 13.4 | 1.3 |
|  | 20 | 17 | 1.5 |
|  | 25 | 21.2 | 1.9 |
| 无规则共聚聚丙烯管（PP-R） | 16 | 12.4 | 1.8 |
|  | 20 | 16.2 | 1.9 |
|  | 25 | 20.4 | 2.3 |

（4）加热管外壁标识应按相关管材标准执行，有阻氧层的加热管宜注明。与其他采暖系统共用同一集中热源的热水系统、且其他采暖系统采用钢制散热器等易腐蚀构件时，塑料管宜有阻氧层或在热水系统中添加除氧剂。

（5）加热管的内外表面应光滑、平整、干净，不应有可能影响产品性能的明显划痕、凹陷、气泡等缺陷。

（6）铜制金属连接件与管材之间的连接结构形式宜为卡套式或卡压式夹紧结构。连接件的物理力学性能测试应采用管道系统适用性试验的方法，管道系统适用性试验条件及要求应符合管材国家现行标准的规定。

总的来说，所有根据国家现行管材标准生产的合格产品，不仅都有完善的测试数据和质量控制标准，而且都已经过实践检验，可以放心地用做加热管。设计选材时，应结合工程的具体情况确定。同时，随着人们环保意识的增强，在选择管材时，应考虑管材是否能被回收利用的问题，以防止对环境造成新的污染。

铜管也是一种适用于低温热水地板辐射采暖系统的加热管材，具有导热系数高、阻氧性能好、易于弯曲且符合绿色环保要求等待点，正逐渐为人们所接受。

**二、低温热水地板辐射采暖系统加热管的铺设方式**

住宅建筑中按户划分系统，可以方便地实现按户热计量，各主要房间分环路布置加热管，便于实现分室控制温度。限制每个环路的加热管长度不超过120m和要求各环路加热管

的长度接近相等，以有利于水力平衡。对可自动控温的系统，各环路管长可有较大差异。对于壁挂炉系统，加热管长度应根据壁挂炉循环水泵的扬程经计算决定。

在工程实际中，应根据房间的具体情况适当选择系统形式，亦可混合使用。对于较小的房间，为了便于水力平衡，可以几个房间合并设置一个环路，而对于较大的房间，可以一个房间布置几个环路。

加热管采取不同布置形式时，导致的地面温度分布是不同的。布管时，应本着保证地面温度均匀的原则进行，宜将高温管段优先布置于外窗、外墙侧，使室内温度分布尽可能均匀。加热管的布置形式很多，通常有以下几种形式（图5-2）。

平行排管式　　蛇形排管式　　蛇形盘管式

图5-2　地板内塑料内管的铺设方式

平行排管式易于布置，板面温度变化较大，适合于各种结构的地面；蛇形排管式板面平均温度均匀，但在较小板面面积上温度波动范围大，有一半数目的弯头曲率半径小；蛇形盘管式板面温度也并不均匀，但只有两个小曲率半径弯头，施工方便。

地面散热量的计算建立在加热管间距均匀布置的基础上，实际上房间的热损失主要发生在与室外空气邻接的部位，如外墙、外窗、外门等处。为了使室内温度分布尽可能均匀，在靠近外窗、外墙等区域，管间距可以适当地缩小，而在其他区域则可以将管间距适当放大。但是，为了使地面温度分布不会有过大的差异，最大间距不宜超过300mm。

加热管的敷设是无坡度的。根据《暖通规范》规定，热水管道无坡度敷设时，管内的水流速度不得小于0.25m/s。地暖管中水流速度也应达到这个要求，其目的是使水流能把空气裹携带走，不让它浮升积聚。

### 三、低温热水地板辐射采暖系统的特点

低温热水地板辐射采暖系统，通常采用下供上回双管系统，如图5-3所示。这是因为加热管的阻力大，如果串联，造成系统阻力过大，运行不经济，且不便于分户热计量；下供上回便于排除系统以及加热管中的气体。

地板辐射采暖辐射板本身阻力大，是此类系统不易产生水力失调的基本原因之一。辐射板作为末端装置，其阻力损失比散热器大得多。由于房间大小差异很大，辐射板之间的阻力损失很难平衡。因此应设置可靠的调节措施以及调节性能好的阀门调节流量。

虽然低温热水地板辐射供暖系统具有一定的优势，但其进一步推广却有许多问题需进一步研究，如地板内埋设管道将使构造层厚度增加，从而降低了房间净高，且特殊的构造使得楼板荷载增加，系统的选材和构造等

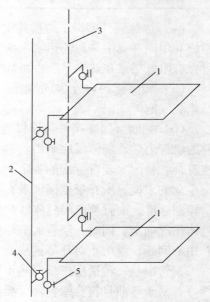

图5-3　下供上回双管系统中
的地面－顶面采暖辐射板

1—地面采暖辐射板；2—供水立管；3—回水立管；4—关闭调节阀；5—放水阀

问题至今还未得到专家们的统一。另外，室内设施对地板辐射量的遮挡因素也是需要一步研究的内容之一。

## 第三节 低温热水地板辐射采暖系统的设计计算

### 一、辐射板的表面温度及供回水温度

地板辐射采暖辐射板的表面温度与加热管的管径、管间距、管子埋设厚度、覆盖层混凝土的导热系数、热媒温度和房间采暖设计温度等有关。其中管径、混凝土导热系数、热媒温度和房间温度变化范围不大或可预先给定。一般采用铝塑管、复合管等热塑管，其管径规格为 12/16、16/20、20/25（内径/外径）等，由管径可知，在给定混凝土导热系数、热媒温度和房间温度，那么，辐射板表面温度只与管间距和埋设厚度有关。管间距越小，埋设厚度越大，板面温度越均匀，但造价越高。因此在确定管间距和埋设厚度时，必须作经济分析。工程上一般采用推荐值。

辐射板表面的平均温度是计算辐射采暖的基本数据，辐射板表面最高允许平均温度应根据卫生要求、人的热舒适性条件和房间的用途来确定。

《暖通规范》中规定，低温热水辐射采暖辐射体表面平均温度，应符合表5-3的要求。

**表5-3 辐射体表面平均温度（℃）**

| 设置位置 | 宜采用的温度 | 温度上限值 |
|---|---|---|
| 人员经常停留的地面 | 24 ~ 26 | 28 |
| 人员短期停留的地面 | 28 ~ 30 | 32 |
| 无人停留的地面 | 35 ~ 40 | 42 |
| 房间高度 2.5 ~ 3.0m 的顶棚 | 28 ~ 30 | |
| 房间高度 3.1 ~ 4.0m 顶棚 | 33 ~ 36 | |
| 距地面1m以下的墙面 | 35 | |
| 距地面1m以上3.5m以下的墙面 | 45 | |

从表5-3可看出，辐射板按表面最高允许平均温度的高低排序是：墙壁辐射板、顶棚辐射板、地板辐射板。顶棚辐射板温度过高，使人头部不适；地板辐射板温度过高，时间长了，人体也会不适。地板辐射板表面的平均温度还受地面面层最高允许温度限制。例如：镶木地板采用铝塑复合管辐射板时，最高允许温度为27℃。

低温热水地板辐射采暖的供、回应经计算确定。《暖通规范》规定，民用建筑的供水温度不应超过60℃，宜采用35 ~ 45℃供、回水温差宜小于或等于10℃，且不宜小于5℃。

### 二、塑料管材的水力计算原理

计算供热的室内系统常用塑料管材，其 $\lambda$ 值计算公式是由实验得到的，与使用钢管的传统采暖系统有所不同。利用相关理论可求得比摩阻 $R_0$ 有关资料。

为了简化计算，一般可直接查阅水力计算表。塑料类管材的水力计算表，见附表5-1。

由于采暖系统的水温相对较高，因此，对查出的比摩阻 $R_0$ 值要用下述公式进行修正：

$$R = R_0\alpha \tag{5-1}$$

式中　$R$——热媒在计算温度和流量下的比摩阻，Pa/m；

　　　$R_0$——计算流量下表中查得的比摩阻，Pa/m；

　　　$\alpha$——比摩阻的水温修正系数。

表5-4 给出了 10℃以上计算阻力对应的不同水温修正系数。

表5-4　10℃以上计算阻力的水温修正系数表

| 计算水温（℃） | 10 | 20 | 30 | 40 | 50 | 60 | ≥70 |
|---|---|---|---|---|---|---|---|
| 水温修正系数 | 1.00 | 0.96 | 0.91 | 0.88 | 0.84 | 0.81 | 0.8 |

　　根据水力计算表确定管径、实际比摩阻后，由 $\Delta p_y = R$ 即可确定管段的沿程阻力损失，再由 $\Delta p_j =$ 即可确定管段的局部阻力损失。

　　热媒通过三通、弯头、阀门等附件的局部阻力系数是由试验方法确定的，可查阅有关设计手册求得。附表5-2、附表5-3 为天津大学对天津市大通铝塑管厂生产的塑料管材和链接管件进行试验所得的铝塑复合管的沿程比摩阻和连接管件的局部阻力系数值，可供参考。另外，表5-5 还给出了不同水温下水的物性变化对阻力影响程度的水温修正系数。

表5-5　不同水温下计算阻力的水温修正系数

| 水温（℃） | 95 | 90 | 80 | 70 | 60 | 50 | 40 | 30 |
|---|---|---|---|---|---|---|---|---|
| 水温修正系数 | 0.9 | 0.93 | 0.96 | 0.98 | 1 | 1.03 | 1.08 | 1.12 |

### 三、盘管的水力计算

1. 辐射采暖系统热负荷的确定

辐射采暖的系统热负荷的常用的计算方法有二种：

（1）修正系数法

全面辐射采暖热负荷，按第一章常规采暖系统热负荷的有关计算方法计算，并对计算结果乘以修正系数。

$$Q_f = \varphi Q_d \tag{5-2}$$

式中　$Q_f$——辐射采暖热负荷，W；

　　　$Q_d$——对流采暖热负荷，W；

　　　$\varphi$——修正系数，低温辐射系统 $\varphi = 0.9 \sim 0.95$。

（2）降低室内温度法

该方法也同对流采暖热负荷计算方法一样，进行热负荷计算，只是将室内采暖设计温度降低 $2 \sim 6$℃，对于低温辐射采暖系统，一般可降低2℃。

　　局部地面辐射采暖系统的热负荷，可按整个房间全面辐射采暖所算得的热负荷乘以该区域面积与所在房间面积的比值和表5-6 中所规定的附加系数确定。进深大于6m 的房间，宜以距外墙6m 为界分区，分别计算热负荷和进行管线布置。敷设加热管的建筑地面，不应计算地面的传热损失。计算地面辐射采暖系统热负荷时，可不考虑高度附加。分户热计量的地面辐射采暖系统的热负荷计算，应考虑间歇采暖和户间传热等因素。

**表 5-6　局部辐射采暖系统热负荷的附加系数**

| 采暖区面积与房间总面积的比值 | 0.55 | 0.40 | 0.25 |
| --- | --- | --- | --- |
| 附加系数 | 1.30 | 1.35 | 1.50 |

2. 加热管水力计算

辐射采暖系统水力计算过程与对流采暖系统基本相同，所不同的是地板辐射采暖加热管多采用铝塑复合管等塑料管材。对于塑料管材的水力计算，可采用塑料管材的水力计算表，且要求每套分水器、集水器环路的总压力损失不宜大于 30kPa，需要加以校验。

**四、地板辐射板散热量的计算**

地板采暖辐射板的供热量与热媒的温度、流量，加热管的管径、材质、间距、盘管形式，混凝土的导热系数、厚度和采暖辐射板表面平均温度等许多因素有关。

经加热后的辐射板，其板面以辐射和对流两种形式与室内的其他表面和空气进行热量交换。热交换的综合传热量，可近似地将辐射和对流两部分传热量相加得出。

单位地面面积的散热量可按下列公式计算：

$$q = q_f + q_d \tag{5-3}$$

$$q_f = 5 \times 10^{-8} \left[ (t_{pj} + 273)^4 - (t_{jj} + 273)^4 \right] \tag{5-4}$$

$$q_d = 2.13 (t_{pj} - t_n)^{1.31} \tag{5-5}$$

式中　$q$——单位地面面积的散热量，$W/m^2$；

$q_f$——单位地面面积辐射传热量，$W/m^2$；

$q_d$——单位地面面积对流传热量，$W/m^2$；

$t_{pj}$——地表面平均温度，℃；

$t_{jj}$——室内非加热表面的面积加权平均温度，℃；

$t_n$——室内计算温度，℃。

应注意室内设备、家具等地面覆盖物对散热量有一定的影响，应按有关规定进行修正。

**五、地板辐射采暖设计时应注意的问题**

（1）和任何热水采暖系统一样，低温辐射采暖系统也要求有适宜的水温和足够的流量。管网设计时各并联环路应达到阻力平衡，推荐采用同程式布置。

（2）盘管可以由弯管、蛇形管或排管构成。为了确保流量分配均匀，支管的长度必须大于联箱的长度，否则应采用串 – 并联连接方式。

（3）应注意防止空气窜入系统，盘管中应保持一定的流速，一般不应低于 0.25 m/s，以防空气聚积，形成气塞。

（4）尽可能不要在平顶内装置排气设施。

（5）必须妥善处理管道和敷设板的膨胀问题，管道膨胀时产生的推力，绝对不允许传递给辐射板。

（6）埋置于混凝土或抹灰粉刷层中的排管，禁止使用丝扣和法兰连接。

（7）顶面辐射板应靠外墙布置，距外墙 1.5 m 范围内的供热量。一般不宜少于外墙热负荷的 50%。

（8）系统的供水温度和供回水温度差，一般可按表5-7采用。

表 5-7　常用地板辐射板供水温度和供回水温度

| 辐射板形式 | 供水温度（℃） | 供回水温度差（℃） |
|---|---|---|
| 地面（混凝土） | 38～55 | 6～8 |
| 地面（土地板覆面） | 65～82 | 15 |
| 顶棚（混凝土） | 49～55 | 6～8 |
| 墙面（混凝土） | 38～55 | 6～8 |
| 钢板 | 65～82 | |

# 第四节　低温热水地板辐射采暖施工安装要点

## 一、地面构造

根据目前国内外低温热水地板辐射采暖系统的现状，推荐一种目前普遍采用的地面构造形式。地面构造示意图如图5-4、图5-5所示。

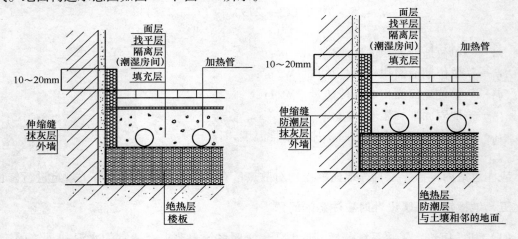

图 5-4　楼层地面构造示意图　　　　图 5-5　与土壤相邻的地面构造示意图

地面构造由楼板或与土壤相邻的地面、绝热层、加热管、填充层、找平层和面层组成，并应符合下列规定：

（1）当工程允许地面按双向散热进行设计时，各楼层间的楼板上部可不设绝热层。

（2）对卫生间、洗衣间、浴室和游泳馆等潮湿房间，在填充层上部应设置隔离层。

（3）与土壤相邻的地面，必须设绝热层，且绝热层下部必须设置防潮层。直接与室外空气相邻的楼板，必须设绝热层。

地面辐射采暖系统绝热层采用聚苯乙烯泡沫塑料板时，其厚度不应小于表5-8中的规定值；采用其他绝热材料时，可根据热阻相当的原则确定厚度。为了减少无效热损失和相邻用户之间的传热量，规定了绝热层的最小厚度，当工程条件允许时，宜在此基础上再增加10mm左右。

表 5-8　聚苯乙烯泡沫塑料板绝热层厚度（mm）

| | |
|---|---|
| 楼层之间或楼板上的绝热层 | 20 |
| 与土壤或不采暖房间相邻的地板上的绝热层 | 30 |
| 与室外空气相邻的地板上的绝热层 | 40 |

### 二、地板辐射采暖的施工安装

施工安装前应具备的工作条件：

（1）进行低温地板辐射采暖系统安装的施工队伍必须持有资质证书，施工人员必须经过培训，特别是机械接口施工人员必须经过专业操作培训，持合格证上岗。

（2）建筑工程主体已基本完成，且屋面已封顶，室内装修的吊顶、抹灰已完成，与地面施工同时进行。设于楼板上（装饰面下）的供回水干管地面凹槽，已配合土建预留。

（3）管道工程必须在入冬之前完成，冬季不宜施工。

（4）施工前已经过设计、施工技术人员、建设单位进行图纸会审，施工单位对施工人员进行过技术、质量、安全交底。

（5）材料已全进场，电源、水源可以保证连续施工，有排放下水的地点。

### 三、施工的工艺流程

（1）清理地面；

（2）铺设绝热板；

（3）铺设加热盘管（PAP、XPAP、PP-R 或 PP-C、PE-X）；

加热盘管铺设的顺序是从远到近逐个环圈铺设，凡是加热盘管穿过地面膨胀缝处，一律用膨胀条将分割成若干块地面隔开来，加热盘管在此处均须加伸缩节，伸缩节为加热盘管专用伸缩节，其接口连接以加热管品种确定。施工中须由土建工程事先划分好，相互配合和协调按图 5-6 自行选择。

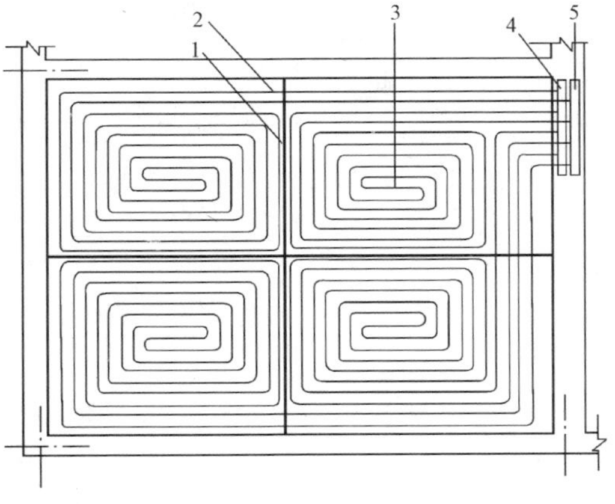

图 5-6　地热管路平面布置图
1—膨胀带；2—伸缩节；3—加热管；
4、5—分、集水器

（4）试压、冲洗；

（5）回填土石混凝土。

### 四、低温热水地板辐射采暖系统安装的质量检验与验收

加热管安装完毕后，在混凝土填充层施工前应按隐蔽工程要求，由施工单位会同监理单位进行中间验收。地板采暖系统中间验收时，下列项目应达到相应技术要求：

（1）绝热层的厚度、材料的物理性能及铺设应符合设计要求；

（2）加热管的材料、规格及敷设间距、弯曲半径等应符合设计要求，并应可靠固定；

（3）伸缩缝应按设计要求敷设完毕；

（4）加热管与分水器、集水器的连接处应无渗漏；

（5）填充层内加热管不应有接头；

（6）分水器、集水器及其连接件等安装后应有成品保护措施。

管道安装工程施工技术要求及允许偏差见表5-9，原始地面、填充层、面层施工技术要求及允许偏差见表5-10。

表 5-9　管道安装工程施工技术要求及允许偏差

| 序号 | 项　目 | 条　件 | 技术要求 | 允许偏差（mm） |
|---|---|---|---|---|
| 1 | 绝热层 | 接合 | 无缝隙 | — |
| | | 厚度 | — | +10 |
| 2 | 加热管安装 | 间距 | 不宜大于300mm | ±10 |
| 3 | 加热管弯曲半径 | 塑料管及铝塑管 | 不小于6倍管外径 | −5 |
| | | 铜管 | 不小于5倍管外径 | −5 |
| 4 | 加热管固定点间距 | 直管 | 不大于700mm | ±10 |
| | | 弯管 | 不大于300mm | |
| 5 | 分水器、集水器安装 | 垂直间距 | 200mm | ±10 |

表 5-10　原始地面、填充层、面层施工技术要求及允许偏差

| 序号 | 项　目 | 条　件 | 技术要求 | 允许偏差（mm） |
|---|---|---|---|---|
| 1 | 原始地面 | 铺绝热层前 | 平整 | — |
| 2 | 填充层 | 骨料 | $\phi \leqslant 12mm$ | −2 |
| | | 厚度 | 不宜大于50mm | ±4 |
| | | 当面积大于30㎡或长度大于6m | 留8mm伸缩缝 | +2 |
| | | 与内外墙、柱等垂直部件 | 留10mm伸缩缝 | +2 |
| 3 | 面层 | 与内外墙、柱等垂直部件 | 留10mm伸缩缝 | +2 |
| | | | 面层为木地板时，留大于或等于14mm伸缩缝 | +2 |

注：原始地面允许偏差应满足相应土建施工标准。

一般情况下，低温热水系统进行检查和验收的内容如下：

（1）管道、分水器、集水器、阀门、配件、绝热材料等的质量；

（2）原始地面、填充层、面层等施工质量；

（3）管道、阀门等安装质量；

（4）隐蔽前、后水压试验；

（5）管路冲洗；

（6）系统试运行。

# 思考题与习题

1. 什么是辐射采暖？辐射采暖的方式有哪些？

2. 辐射采暖有什么特点？

3. 辐射采暖的分类有哪些？

4. 采暖辐射板的加热管有哪些形式？

5. 常用的低温热水辐射采暖系统的形式是哪种？

6. 地暖加热管中水的流速为什么不应小于 0.25m/s？

7. 地暖供热系统的供水温度和温差有何规定？

8. 一般的地暖板表面的平均温度宜采用多少？

# 第六章　蒸汽采暖系统

本章主要讲述普通民用建筑室内蒸汽采暖系统的特点及水力计算方法。室内蒸汽采暖系统设计中的水力计算准确与否直接影响到系统管径的选取，从而影响到采暖系统的工程造价、运行管理及热用户的满意度。通过对本章的学习，应掌握蒸汽采暖系统的特点与形式、蒸汽采暖系统的水力计算等基本专业设计能力。

## 第一节　蒸汽采暖系统的特点

### 一、蒸汽采暖系统的工作原理

图 6-1 是蒸汽采暖系统的原理图。水在锅炉中被加热成具有一定压力和温度的蒸汽，蒸汽靠自身压力沿管道进入散热器，在散热器内，蒸汽散热后变成凝结水，凝结水经疏水器后沿凝结水管道返回凝结水箱内，再由锅炉给水泵送入锅炉重新加热。

通常，流出散热设备的凝结水温度稍低于凝结压力下的饱和温度，低于饱和温度的数值称为过冷却度。过冷却放出的热量很少，一般可忽略不计。当稍为过热的蒸汽进入散热设备，其过热度不大时，也可忽略。当进入散热设备的蒸汽是饱和蒸汽，流出的凝水是饱和凝水时，散热器内蒸汽凝结释放的热量就近似等于蒸汽在该压力下的汽化潜热 $r$。这样，所需通入散热设备的蒸汽量通常可按下式计算：

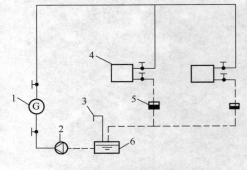

图 6-1　蒸汽采暖系统的原理图
1—锅炉；2—凝结水泵；3—空气管；
4—散热器；5—疏水器；6—凝结水泵

$$G = \frac{AQ}{r} = \frac{3600Q}{1000r} = 3.6\frac{Q}{R} \qquad (6\text{-}1)$$

式中　$Q$——散热设备热负荷，W；

　　　$G$——所需蒸汽量，kg/h；

　　　$r$——蒸汽在一定压力下的汽化潜热，kJ/kg；

　　　$A$——单位换算系数，1W = 1J/s = 36kJ/h。

### 二、蒸汽热媒特点

与热水作为采暖系统的热媒相比较，蒸汽具有以下一些特点。

①热水在系统中靠温度下降放出热量，蒸汽在系统散热中靠水蒸气凝结放出热量。

如采用高温水 130/70℃ 供暖，每 1kg 水放出的热量为

$$Q = c\Delta t_G = 4.1866 \times (130 - 70) \times 1 = 251.2(\text{kJ/kg})$$

采用蒸汽表压力 200kPa 供热，该压力下的饱和温度约为 130℃，相应的汽化潜热 $r =$

2164kJ/kg。

两者相差8.6倍。因此，相同的热负荷，蒸汽供热时所需的蒸汽质量流量要比热水流量少很多。

②热水在系统中的状态参数（主要指流量和比热容）变化很小，而蒸汽在系统中流动时其状态参数变化很大，还会有相态的变化。

③在热水采暖系统中，散热设备内热媒温度为热水流进和流出散热设备的平均温度。蒸汽采暖系统定压凝结放热，散热器温度为该压力下对应的饱和温度。

如高温水130/70℃采暖系统的散热器热媒平均温度为（130 + 70）/2 = 100℃；采用蒸汽表压力200kPa供热，散热器热媒平均温度为133.5℃。故在相同热负荷条件下，蒸汽采暖系统比热水采暖系统所需的热媒质量流量和散热设备面积都要小，使得蒸汽系统节省管道和散热设备的投资。

④由于蒸汽具有比热容大、密度小的特点，因而在高层建筑采暖时，不会像热水采暖那样，产生很大的水静压力。此外，蒸汽供热系统的热惰性小，供汽时热得快，停汽时冷得也快，很适宜用于间歇供热的用户。

⑤蒸汽采暖系统中的蒸汽比容，较热水比热容大得多。例如采用蒸汽表压力200kPa供暖时，饱和蒸汽的比热容是水的比热容的600多倍。因此，蒸汽管道中的流速，通常可采用比热水流速高得多的速度，可大大减轻前后加热滞后的现象。

⑥蒸汽流动的动力来自于自身压力。蒸汽压力与温度有关，而且压力变化时，温度变化不大。因此蒸汽采暖不能采用改变热媒温度的质调节，只能采用间歇调节，使得蒸汽采暖系统用户室内温度波动大，间歇工作时有噪声，易产生水击现象。

⑦用蒸汽作热媒时，散热器和管道的表面温度高于100℃。以水为热媒时，大部分时间散热器表面平均温度低于80℃。用蒸汽作为热媒时散热器表面灰尘积聚将会影响室内空气质量，卫生条件差、舒适感差，易烫伤人。

⑧蒸汽管道系统间歇工作。蒸汽管内时而流动，时而充斥空气；凝结水管时而充水，时而进入空气。管道（特别是凝结水管）易受到氧化腐蚀，使用寿命短。

⑨因系统泄漏等因素造成热损失较大，能源浪费大。

# 第二节　蒸汽采暖系统的形式

## 一、蒸汽采暖系统分类

按照供汽压力的大小，将蒸汽采暖分为三类：供汽的表压力高于70kPa时，称为高压蒸汽采暖；供汽的表压力等于或低于70kPa时，称为低压蒸汽采暖；当系统中的压力低于大气压力时，称为真空蒸汽采暖。

根据供汽汽源的压力、对散热器表面最高温度的限度和用热设备的承压能力来选择高压或低压蒸汽采暖系统。工业建筑及其辅助建筑常用高压蒸汽采暖系统。真空采暖系统因需要抽真空设备，同时运行管理复杂，在国内未见报道有使用的。

按照蒸汽干管布置的不同，蒸汽采暖系统可有上供式、中供式、下供式三种。其蒸汽干管分别位于各层散热器上部、中部和下部。为了保证蒸汽、凝结水同向流动，防止水击和噪声，上供下回式双管系统用得较多。

按照立管的布置特点，蒸汽采暖系统可分为单管式和双管式。单管系统易产生水击和汽水冲击噪声，所以目前国内绝大多数蒸汽采暖系统采用双管式。

按照凝结水回水动力不同，蒸汽采暖系统可分为重力回水、余压回水和机械回水三类。高压蒸气采暖系统一般采用余压回水或机械回水方式。当采暖范围小时，采用余压回水，余压回水是利用疏水器后剩余的压力将凝结水输送回至凝水箱的回水方式。当采暖范围大时，采用机械回水方式，机械回水就是系统中设置有凝结水泵。

根据凝结水系统是否通大气可分为：开式系统（通大气）和闭式系统（不通大气）。根据凝结水充满管道断面的程度可分为：干式回水和湿式回水。

## 二、低压蒸汽采暖系统的基本形式及特点

### （一）双管上供下回式低压蒸汽采暖系统

双管上供下回式系统如图6-2所示，从锅炉产生的低压蒸汽经分气缸分配到供汽管中，蒸汽在管道中依靠自压力，克服沿途阻力依次经过室外蒸汽管、室内蒸汽主立管、蒸汽干管、立管、散热器支管进入散热器。在散热器内放出汽化潜热变成凝结水，而后凝结水经凝结水支管、立管、疏水器、干管进入室外凝结水管网流回凝结水箱，后经凝结水泵注入锅炉，重新加热进入系统。

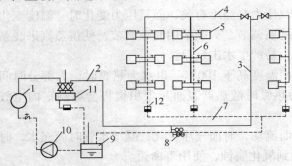

图6-2 双管上供下回式系统

1—锅炉；2—室外蒸汽管；3—蒸汽立管；4—蒸汽干管；5—散热器；6—凝结水立管；7—凝结水干管；8—室外凝水管；9—凝水箱；10—凝结水泵；11—分气缸；12—疏水器

的余热也可得到利用。

### （二）双管下供下回式低压蒸汽采暖系统

双管下供下回式系统如图6-3所示，在该系统中，汽水呈逆向流动，蒸汽立管要采用比较小的速度，以减轻水击现象。为防止蒸汽串流进入凝结水管，在蒸汽干管末端和散热器出口要加疏水器。室内蒸汽干管和凝结水干管均布置在地下室或特设的地沟里，室内顶层无供汽干管，美观。

### （三）双管中供式低压蒸汽采暖系统

双管中供式系统如图6-4所示，中供式系统总立管长度比上供式短，供汽干管

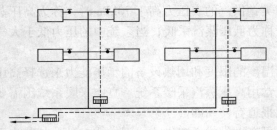

图6-3 双管下供下回式系统

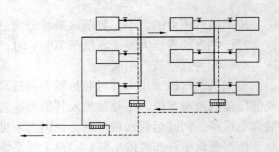

图6-4 双管中供式系统

（四）单管上供下回式低压蒸汽采暖系统

单管上供下回式系统如图 6-5 所示，采用单根立管，节省材料。但底层散热器易被凝结水充满，散热器内空气不易排出。

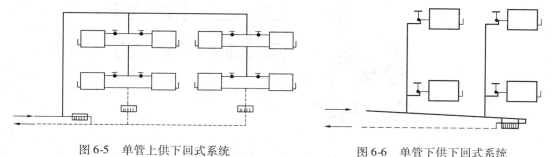

图 6-5　单管上供下回式系统　　　　　　图 6-6　单管下供下回式系统

（五）单管下供下回式低压蒸汽采暖系统

单管下供下回式系统如图 6-6 所示，在单根立管中，蒸汽向上流动，进入各散热器凝结散热，冷凝水沿管流回立管，为使凝结水顺利流回立管，散热器支管与立管的连接点要低于散热器出口水平面。因为汽水在同一管道逆向流动，故管径要粗一些，安装简便，造价低。同时在每个散热器 1/3 的高度处安装自动排气阀。目前主要是一些欧美国家在使用。

### 三、低压蒸汽采暖系统在设计中应注意的问题

1. 蒸汽水平干管汽、水同向流动坡度采用 0.003，不能小于 0.002，逆流时坡度应大于 0.005，进入散热器支管的坡度为 0.01~0.02。

2. 设计散热器的排气阀，应设置在散热器高度的 1/3 处。

3. 水平敷设的蒸汽干管每隔 30~40m 宜设置疏水装置。

4. 要使散热器正常工作，进入散热器的蒸汽压力必须符合设计要求，当散热器经干式凝水管与大气相通时，散热器内的蒸汽压力与大气压力接近稍高一点。设计时散热器入口阀门前的蒸汽剩余压力通常留有 1500~2000Pa，以克服阻力使蒸汽进入散热器。

5. 回水为重力干式回水方式时，回水干管敷设高度应高出锅炉供汽压力折算静水压力再加 200~300mm 安全高度，如系统作用半径较大时，则需用机械回水。

### 四、高压蒸汽采暖系统的基本形式及特点

在工厂中，生产工艺往往需要使用高压蒸汽，厂区间的车间及辅助建筑也需要利用高压蒸汽做热媒进行采暖，故高压蒸汽采暖是一种厂区内常用的采暖方式。

（一）双管上供下回高压蒸汽采暖系统

高压蒸汽采暖系统多采用上供下回双管系统，系统形式如图 6-7 所示。

高压蒸汽通过室外蒸汽管路输送到用户入口的高压分气缸，根据各用户的使用情况和压力要求，从分气缸上引出不同的蒸汽管路分送不同的用户，当蒸汽入口压力或生产工艺用热的使用压力高于采暖系统的工作压力时，应在分气缸之间设置减压装置，减压后蒸汽再进入低压分气缸分送不同的用户。送入室内各管路的蒸汽，在经散热设备冷凝放热后，凝结水经凝水管道汇集到凝水箱。凝水箱的水通过凝结水泵加压送回锅炉重新加热，循环使用。

和低压蒸汽不同的是，在高压蒸汽系统内不只在散热器前装截止阀，还在散热器后装截

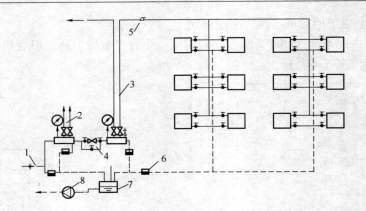

图 6-7　双管上供下回高压蒸汽采暖系统

1—室外蒸汽管网；2—室内高压蒸汽供热管；3—室内高压蒸汽采暖管；

4—减压装置；5—补偿器；6—疏水器；7—凝结水箱；8—凝结水泵

止阀，使散热器能够完全和管路隔开。各组散热器的凝水通过室内凝水管路进入集中的疏水器。高压蒸汽的疏水器仅安装在每只凝水干管的末端，不像低压蒸汽一样每组散热器的凝水支管上都装一个。

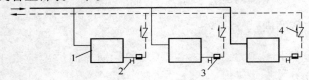

图 6-8　双管上供上回高压蒸汽采暖系统

1—散热器；2—泄水阀；3—疏水器；4—止回阀

**（二）双管上供上回高压蒸汽采暖系统**

当车间地面不宜布置凝水管时，采用上供上回系统如图 6-8 所示，把凝水管设在散热器上面，除节省地沟外，检修方便，但系统泄水不便。因此在每个散热设备的凝水排出管上安装疏水器和止回阀。通常只在散热量较大的暖风机系统采用该系统，在气温较低的地方有系统冻结的可能。

**（三）水平串联式高压蒸汽采暖系统**

水平串联系统如图 6-9 所示，构造简单，造价低；散热器接口处易漏水漏气。

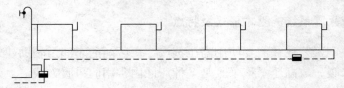

图 6-9　水平串联系统

高压蒸汽采暖和低压蒸汽采暖相比有以下特点：

①供汽压力高，热媒流速大，系统的作用半径较大，相同负荷时，系统所需管径和散热面积小。

②表面温度高，输送过程中无效损失大，易烫伤人或烧焦落在散热器上的灰尘，卫生和安全条件差。

③凝水温度高，回流时易产生二次蒸汽，若凝水回流不畅，易产生严重的水击。

④高压蒸汽和凝水温度高，管道热伸长量大，应设置固定支架和补偿器。

# 第三节　蒸汽采暖系统的附属设备

## 一、疏水器

疏水器是蒸汽采暖系统特有的设备，自动而迅速地排出用热设备及管道中的凝水，并阻止蒸汽溢漏，在排除凝水的同时，排出系统中积留的空气和其他非凝结性气体，简单来说就是"排水阻气"。其按照作用原理不同分为三类。

（1）机械型疏水器

利用蒸汽和凝水密度不同，形成凝水液位，以控制凝水排水孔自动启闭工作的疏水器。主要产品有浮筒式、钟形浮子式、倒置桶型、杠杆浮球式等。

（2）热静力型

利用蒸汽和凝水的温度不同引起恒温元件膨胀或变形来工作的疏水器。

主要产品有波纹管型、膜盒型、双金属片型、恒温型等。

（3）热动力型

利用蒸汽和凝水热动力特性的不同来工作的疏水器。如圆盘型、脉冲式、孔板式等。

（一）常用疏水器的构造、特点及工作原理

1. 浮筒式疏水器

浮筒式疏水器属机械型疏水器，构造如图6-10（a）所示。其动作原理如下：

凝结水流入疏水器外壳2内，当壳内水位升高时，浮筒1浮起，将阀孔4关闭。继续进水，凝水进入浮筒。当水即将充满浮筒时，浮筒下沉，阀孔打开，凝水借1蒸汽压力排到凝水管去。当凝水排出一定数量后，浮筒再度浮起，又将阀孔关闭。

图6-10（b）是浮筒式疏水器动作原理示意图，表示浮筒即将上浮，阀孔即将关闭，余留在浮筒内的一部分凝水起到水封作用，封住了蒸汽逸漏通路的情况。

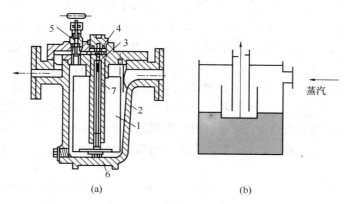

图6-10　浮筒式疏水器

（a）剖面图　（b）原理图

1—浮筒；2—外壳；3—顶针；4—阀孔；5—放气阀；

6—可换重块；7—水封套管上的排气孔

浮筒的容积、浮筒及阀杆等的重量、阀孔直径及阀孔前后凝水的压差决定着浮筒的正常沉浮工作。浮筒底附带的可换重块6，可用来调节它们之间的配合关系，适合不同凝水压力和差别等工作条件。

浮筒式疏水器在正常工作情况下，漏汽量只等于水封套筒排气孔的漏汽量，数量很小，它能排出具有饱和温度的凝水。凝水器前凝水的表压力 $P_1$ 在50kPa或更小时便能启动疏水，排水孔阻力较小，因而疏水器的背压较高。缺点是体积大、排水量小、活动部件多、筒内易沉积渣垢、阀孔易磨损、维修工作量较大。

2. 圆盘型疏水器

圆盘型疏水器属于热动力型疏水器，结构如图6-11所示，其工作压力为：

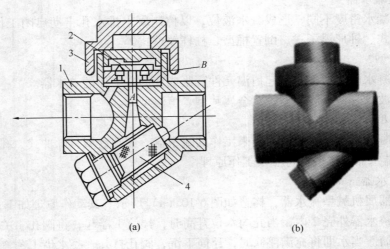

图 6-11　圆盘式疏水器

（a）制面图（b）实物图

1—阀体；2—阀门；3—阀盖；4—过滤器

当过冷的凝水流入孔A时，靠圆盘形阀片上下的压差顶开阀门，水经环形槽B，从向下开的小孔排出。由于凝水的比容几乎不变，凝水流动通畅，阀片常开，连续排水。

当凝水带有蒸汽时，蒸汽在阀片下面从A孔经B槽流向出口，在通过阀片和阀座之间的狭窄通道时，压力下降，蒸汽比容急聚增大，阀片下面蒸汽流速激增，造成阀片下面的静压下降。与此同时，蒸汽在B槽与出口孔受阻，被迫从阀片和阀盖之间的缝隙冲入阀片上部的控制室，动压转化为静压，在控制室内形成比阀片下更高的压力，迅速将阀片向下关闭阻汽。阀片关闭一段时间后，由于控制室内蒸汽凝结，压力下降，会使阀片瞬时开启，造成周期性漏汽。因此，新型的圆盘式疏水器先通过阀盖夹套再进入中心孔，以减缓控制室内蒸汽凝结。

圆盘型疏水器的优点是：体积小、重量轻、结构简单、安装维修方便。其缺点是：有周期漏汽现象，在凝水最小或疏水器前后压差过小 $\left[(P_1 - P_2) < 0.5P_1\right]$ 时，会发生连续漏汽；当周围环境气温较高，控制室内蒸汽凝结缓慢，阀片不易打开，会使排水量减少。

3. 温调式疏水器

温调式疏水器属热静力型疏水器，疏水器的动作部件是一个波纹管的温度敏感元件，如

图 6-12 所示。波纹管内部部分充以易蒸发的液体，当具有饱和温度的凝水到来时，由于凝水温度较高，使液体的饱和压力增高，波纹管轴向伸长，带动阀芯，关闭凝水阀通路，防止蒸汽溢漏。当疏水器中的凝水由于向四周散热而温度下降时，液体的饱和压力下降，波纹管收缩，打开阀孔，排放凝水。疏水器尾部带有调节螺钉，向前调节可减小疏水器的阀孔间隙，从而提高凝水过冷度。此种疏水器的凝水排放温度为 60～100℃. 为使疏水器前凝水温度降低，疏水器前 1～2m 管道不保温。

温调式疏水器加工工艺要求较高，适用于排除过冷凝水，安装位置不受水平限制，但不宜安装在周围环境温度高的场合。

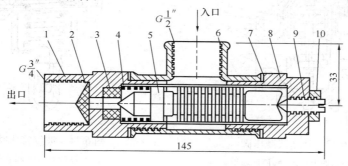

图 6-12　温调式疏水器

1—大管接头；2—过滤网；3—网座；4—弹簧；5—温度敏感元件；
6—三通；7—垫片；8—后盖；9—调节螺钉；10—锁紧螺母

无论是哪一种类型的疏水器，在性能方面，应能在单位压降下的排凝水量较大，漏汽量要小（标准为不应大于实际排水量的 3%），同时能顺利地排除空气，而且应对凝水的流量、压力和温度的波动适应性强。在结构方面，因结构简单，活动部件少，便于维修，体积小，金属耗量少，同时使用寿命长。

（二）疏水器的安装

安装疏水器一般遵循以下几点原则：

①疏水器应安装在便于检修的地方，并应尽量靠近用热设备凝结水排出口下，蒸汽管道疏水时，疏水器应安装在低于管道的位置。

②安装应按设计要求设置好旁通管、冲洗管、检查管、止回阀和除污器等。用汽设备应分别安装疏水器，几个用汽设备不能合用一个疏水器。

③疏水器的进出口位置要保持水平，不可倾斜安装，疏水器阀体上的箭头应与凝结水的方向一致，疏水器的排水管径不能小于进口管径。

④旁通管是安装疏水器的一个组成部分，在检修疏水器时，可暂时通过旁通管运行。

**二、减压阀**

减压阀可通过调节阀孔大小，对蒸汽进行节流而达到减压目的，并能自动将阀后压力维持在一定范围内。

目前国产的减压阀有活塞式（图 6-13）、波纹管式（图 6-14）和薄膜式等几种。下面就活塞式和波纹管式的工作压力作一说明。

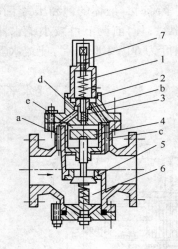

图 6-13　活塞式减压阀

a—阀体内通道；b—阀体内通道；

c—阀体内通道；d—室；e—室

1—上弹簧；2—薄膜片；3—针阀；4—活

塞；5—主阀；6—下弹簧；7—旋紧螺钉

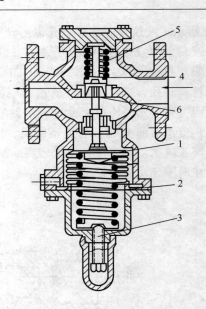

图 6-14　波纹管式减压阀

1—波纹箱；2—调节弹簧；

3—调节螺钉；4—阀瓣；

5—辅助弹簧；6—阀杆

　　图 6-13 是活塞式减压阀的工作原理示意图。图中主阀 5 由活塞 4 上面的阀前蒸汽压力与下面弹簧 6 的弹力相互平衡控制作用而上下移动，增大或减小阀孔的流通面积。针阀 3 由薄膜片 2 带动升降，开大或关小室 d 和室 e 的通道，薄膜片的弯曲度由上弹簧 1 和阀后蒸汽压力的相互作用来操纵。启动前，主阀关闭。启动时，旋紧螺钉 7 压下薄膜片 2 和针阀 3，阀前压力为 $P_1$ 的蒸汽便通过阀体内通道 a、室 e、室 d 和阀体内通道 b 到达活塞 4 上部空间，推下活塞，打开主阀。蒸汽流过主阀，压力下降为 $P_2$，经阀体内通道 c 进入薄膜片 2 下部空间，作用在薄膜片上的力与旋紧的弹簧力相平衡。调节旋紧螺钉使阀后压力达到设定值。当某种原因使阀后压力 $P_2$ 升高时，薄膜片 2 由于下面的作用力变大而上弯，针阀 3 关小，活塞 4 的推动力下降，主阀上升，阀孔通路变小，$P_2$ 下降。反之，动作相反。这样可以保持 $P_2$ 在一个较小的范围（一般在 ±0.05MPa）内波动，处于基本稳定状态。活塞式减压阀适用于工作温度低于 300℃、工作压力达 1.6 MPa 的蒸汽管道，阀前与阀后最小调节压差为 0.15 MPa。

　　活塞式减压阀工作可靠，工作温度和压力较高，使用范围广。

　　波纹管减压阀如图 6-14 所示。它的主阀开启大小靠通至波纹管箱的阀后蒸汽压力和阀杆下的调节弹簧的弹力相互平衡来调节。压力波动范围在 ±0.025MPa 以内。阀前与阀后的最小调压差为 0.025MPa。波纹管适用于工作温度低于 200℃、工作压力达 1.0MPa 的蒸汽管道上。

　　波纹管减压阀的调节范围大，压力波动范围较小，特别适用于减为低压的低压蒸汽采暖系统。

　　减压阀的安装应注意以下事项：

①为了操作和维护方便，该阀一般直立安装在水平管道上。

②减压阀安装必须严格按照阀体上的箭头方向保持和流体流动方向一致。如果水质不清洁，含有一些杂质，必须在减压阀的上游进水口安装过滤器（建议过滤精度不低于0.5mm）。

③为了防止阀后压力超压，应在离阀出口不小于4m处安装一个减压阀。

④减压阀在管进中起到一定的止回作用，为了防止水锤的危害，也可安装小的膨胀水箱，防止损坏管道和阀门，过滤器必须安装在减压阀的进水管前，而膨胀水箱必须安装在减压阀出水管后。

⑤如果需要将减压阀安装在热水系统时，必须在减压阀和膨胀水箱之间安装止回阀。这样既可以让膨胀水箱吸收由于热膨胀而增加的水的体积，又可以防止热水回流或压力波动对减压阀产生冲击。

# 第四节　低压蒸汽采暖系统管路的水力计算

蒸汽采暖系统的蒸汽管路和凝结水管路，需分别进行水力计算。散热器前蒸汽管水力计算与蒸汽压力有关，因为蒸汽密度是随压力变化的。散热器后的凝结水管水力计算与管内是否充满水有关。

## 一、计算原则及方法

（一）蒸汽管路

在低压蒸汽采暖系统中，靠锅炉出口处蒸汽本身的压力，使蒸汽沿管道流动，最后进入散热器凝结放热。

蒸汽在管道中流动时，同样有摩擦压力损失 $\Delta p_y$ 和局部阻力损失 $\Delta p_i$。

计算蒸汽管道内的单位长度摩擦压力损失时，用流体力学的达西·维斯巴赫公式进行计算：

$$R = \frac{\lambda}{d} \cdot \frac{\rho v^2}{2} \tag{6-2}$$

式中　$R$——单位长度摩擦压力损失，Pa/m；

　　　$\lambda$——管道的摩擦压力系数；

　　　$d$——管道的内径，m；

　　　$v$——热媒在管道中的流速，m/s；

　　　$\rho$——热媒的密度，kg/m³。

在计算低压蒸汽管路时，因为蒸汽的密度随蒸汽的压力沿管路变化，但变化不大，认为每个管段内的流量和整个系统的密度是不变的。在低压蒸汽采暖系统中，蒸汽的流动状态多处于湍流的过渡区，沿程阻力系数 $\lambda$ 的计算公式可采用过渡区公式计算：

$$\lambda = 0.11\left(\frac{K}{d} + \frac{68}{Re}\right)^{0.25} \tag{6-3}$$

式中　$K$——管壁的当量绝对粗糙度；室内低压蒸汽采暖系统管壁的当量绝对粗糙度 $K$ = 0.2mm；

$d$——管子内径，m；

$Re$——雷诺数，判别流体流动状态的准数。

附表 6-1 给出了低压蒸汽管路水力计算表，制表时蒸汽压力 $P = 5 \sim 20\text{kPa}$、密度值均为 $0.6\text{kg/m}^3$ 的计算值。

管段的沿程阻力损失按下式计算：

$$\Delta p_y = R \cdot L \tag{6-4}$$

式中  $L$——计算管道长度，m。

低压蒸汽采暖管路的局部压力损失的确定方法与热水采暖管路相同，按下式计算：

$$\Delta p_j = \sum \xi \frac{\rho v^2}{2} \tag{6-5}$$

式中  $\sum \xi$——管道中总的局部阻力系数，$\xi$ 值见附录 4-2；

$\dfrac{\rho v^2}{2}$——低压蒸汽水力计算的动压力，Pa，见附表 6-2 室内低压蒸汽采暖管路水力计

算用动压头表。

低压蒸汽管道的压力损失按下式计算：

$$\Delta p = \Delta p_y + \Delta p_j \tag{6-6}$$

式中  $\Delta p_y$——管道摩擦压力损失，Pa；

$\Delta p_j$——管道局部压力损失，Pa。

低压蒸汽采暖系统的蒸汽管路的水力计算，应从最不利环路开始，即从锅炉出口到最远的散热器的管路。

最不利环路的水力计算有控制比压降法和平均比摩阻两种。

（1）控制比压降法

该法是将最不利管路的每 1m 总压力损失控制在约 100Pa/m 来计算。

（2）平均比摩阻法

该法是已知锅炉出口压力或室内系统始端蒸汽压力下进行计算的。

平均比摩阻          $$R_{pj} = \frac{\alpha(p_g - 2000)}{\sum L} \tag{6-7}$$

式中  $R_{pj}$——低压蒸汽采暖系统最不利管路的平均比磨阻，Pa/m；

$\alpha$——沿程阻力损失占总损失的百分数，取 $\alpha = 60\%$；

$p_g$——锅炉出口压力或室内系统始端蒸汽压力，Pa；

2000——散热器入口要求的剩余压力，Pa；

$\sum L$——最不利蒸汽管道的总长度，m。

计算完最不利环路后，再进行其他并联管路的水力计算，可按平均比磨阻法来选择管径，但管内流速下列规定的最大允许流速，暖通设计规范规定：

汽水同向流动时 ≤30m/s；汽水逆向流动时 ≤20m/s。

并联支路压力损失的相对差额，即节点不平衡率一般控制在 25% 以内。此外，考虑蒸汽管内沿途凝水和空气的影响，末端管径应适当放大，当干管始端管径在 50mm 以上时，末端管径应不小于 32mm；当干管始端管径在 50mm 以下时，末端管径应不小于 25mm。

（二）凝水管路

低压蒸汽采暖系统的凝结水管分干式和湿式两类。干式即非满管流动，上部分是空气，下部分是凝水，可产生二次蒸汽；排气管之后的管路内全部被凝水充满，就是湿式。

低压蒸汽采暖系统的干式凝结水管和湿式凝结管的管径选择见附表 6-3 蒸汽采暖系统干式和湿式自流凝结水管管径选择表。根据凝结水管负担的供热量来确定。要求凝水干管的坡度不小于 0.005，且凝水干管始端管径一般不小于 25mm；个别始端负荷不大时，可不小于 20mm。散热器凝水支管一般用 15mm。湿式凝水管的空气管管径一般采用 15mm。

**二、计算实例**

**【例 6-1】**　图 6-15 为重力回水的低压蒸汽采暖管路系统的一个支路。锅炉房设在一侧，每个散热器的热负荷均为 3000W。每根立管及每个散热器的蒸汽支管上均装有截止阀。每个散热器凝水支管上装一个恒温式疏水器。总蒸汽立管保温。各管段编号、立管号已标于图上，各管段号旁边的数字上行表示热负荷 $Q$（W），下行表示管段长度 $L$（m），试进行蒸汽和凝结水管路的水力计算。

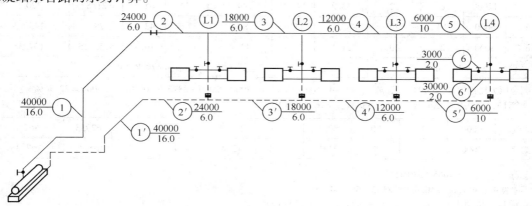

图 6-15　【例 6-1】的管路计算题图

**【解】**　1. 确定锅炉压力

根据已知条件，从锅炉出口到最远散热器的最不利支路的总长度

$$\sum L = 16 + 6 + 6 + 6 + 10 + 2 = 46 \ （m）$$

按控制每米总压力损失为 100Pa/m 设计，并考虑散热器前所需的蒸汽压力为 2000Pa，则锅炉的运行表压力为：$P_b = 46 \times 2000 = 6600$（kPa）

取锅炉压力为 7000kPa。

保证锅炉正常运行时，凝水总立管比锅炉蒸发面高出约 1m，下面的管段必须全部充满水。考虑锅工作压力的波动的因素，增加 200～250mm 的安全高度，所以重力回水的干式凝水干管的布置位置，至少要比锅炉蒸发面高出 $\dfrac{7000}{\rho g} + 0.25 = 0.95$（m）。

2. 最不利管路的水力计算

采用控制比压降法进行最不利管路的水力计算。

①低压蒸汽采暖系统沿程损失占总损失的百分数 $\alpha = 60\%$，所以推荐最不利环路的平均比摩阻为 $R_{pj} = 100 \times 0.6 = 60$（Pa/m）。

②根据 $R_{pj}$ 和各管段熟负荷 $Q$，查附表 6-1 确定各管段的管径 $d$，实际比摩阻 $R_{sh}$ 和实际流速 $v_{sh}$。（具体计算中，当计算流量在表中两个流量之间时，相应的流速值可用线性关系折算。比摩阻或热量关系，可按平方比关系折算）各管段的沿程压力损失 $p_y = R_{sh}L$，列于表6-1 中。

**表6-1　室内低压蒸汽采暖系统管路水力计算表**

| 管段编号 | 热量 Q（W） | 长度 L（m） | 管径 d（mm） | 比摩阻 R（Pa/m） | 流速 $v$（m/s） | 摩擦压力损失 $\Delta p_y = R \cdot L$（Pa） | 局部阻力系数 $\sum \xi$ | 动压头 $\Delta P_d$（Pa） | 局部阻力损失 $\Delta p_j = \sum \xi \cdot \Delta P_d$（Pa） | 总压力损失 $\Delta p = \Delta p_y + \Delta p_j$（Pa） |
|---|---|---|---|---|---|---|---|---|---|---|
| 1 | 2 | 3 | 4 | 5 | 6 | 7 | 8 | 9 | 10 | 11 |
| 1 | 40000 | 16 | 50 | 28.8 | 12.92 | 460.8 | 10 | 52.8 | 528 | 998.8 |
| 2 | 24000 | 6 | 40 | 39.4 | 12.60 | 236.4 | 9.5 | 50.3 | 477.85 | 714.25 |
| 3 | 18000 | 6 | 32 | 46.3 | 12.29 | 277.8 | 1 | 47.9 | 47.9 | 325.7 |
| 4 | 12000 | 6 | 32 | 33.2 | 14.69 | 199.2 | 1 | 68.4 | 21.3 | 220.5 |
| 5 | 6000 | 10 | 20 | 80.1 | 11.7 | 801 | 14.5 | 43.4 | 629.3 | 1430.3 |
| 6 | 3000 | 2 | 20 | 21.1 | 5.81 | 42.2 | 14.5 | 10.7 | 8155.15 | 197.35 |
| $\sum L = 46$（m） | | | | | $\sum (p_y + p_j)_{1 \to 6} = 3876.9$（Pa） | | | | | |

剩余压力比例 $[(p - 2000) - \sum(p_y - p_j)1 - 4]/(p - 2000) = (7000 - 2000 - 3876.9)/(7000 - 2000) = 22.46\%$
立管 L3　资用压力 $\Delta p_{资L3} = \sum(p_y + p_j)_{5-6} = 1627.65$（Pa）

| | | | | | | | | | | |
|---|---|---|---|---|---|---|---|---|---|---|
| 立管 | 6000 | 3 | 20 | 80.1 | 11.7 | 240.3 | 14.5 | 43.4 | 629.3 | 869.6 |
| 支管 | 3000 | 2 | 20 | 21.1 | 5.81 | 42.2 | 14.5 | 10.7 | 155.15 | 197.35 |

$\sum(p_y + p_j)_{5 \to 6} = 1065.95$（Pa）
不平衡率 $(1627.65 - 1066.95)/1627.65 = 34.45\%$
立管 L2　资用压力 $\Delta p_{资L2} = \sum(p_y + p_j)_{4-6} = 1848.15$（Pa）

| | | | | | | | | | | |
|---|---|---|---|---|---|---|---|---|---|---|
| 立管 | 6000 | 3 | 20 | 80.1 | 11.7 | 240.3 | 14.5 | 43.4 | 629.3 | 869.6 |
| 支管 | 3000 | 2 | 15 | 107 | 11.1 | 214 | 20.5 | 38.3 | 785.15 | 999.15 |

$\sum(p_y + p_j)_{4 \to 5} = 1868.75$（Pa）
不平衡率 $(1868.75 - 1848.15)/1848.15 = 1.1\%$
立管 L1　资用压力 $\Delta p_{资L1} = \sum(p_y + p_j)_{3-6} = 2173.85$（Pa）

| | | | | | | | | | | |
|---|---|---|---|---|---|---|---|---|---|---|
| 立管 | 6000 | 3 | 20 | 80.1 | 11.7 | 240.3 | 14.5 | 43.4 | 629.3 | 869.6 |
| 支管 | 3000 | 2 | 15 | 107 | 11.1 | 214 | 20.5 | 38.3 | 785.15 | 999.15 |

$\sum(p_y + p_j)3 - 6 = 1868.75$（Pa）
不平衡率 $(2173.85 - 1868.75)/2173.85 = 14.05\%$

③根据各管段的局部构件，查附表 4-2 确定热水及蒸汽采暖系统局部阻力系数 $\xi$ 值，确定各管件的局部阻力系数 $\sum \xi$，列于表6-2 中。

低压蒸汽采暖系统并联环路压力损失的相对差额，即所谓的不平衡率是较大的，有时选用较小的管径，流速很快但仍达不到平衡要求，只能靠运行时调节立管或支管上的阀门节流来解决。

表6-2　室内低压蒸汽采暖系统局部阻力系数计算表

| 管段号 | 局部阻力 | 管 径 | 个 数 | $\Sigma\xi$ |
|---|---|---|---|---|
| 1 | 截止阀<br>锅炉出口<br>煨弯90° | 50 | 1<br>1<br>4 | 7.0<br>1.0<br>0.5 |
| | | | $\Sigma\xi=10$ | |
| 2 | 煨弯90°<br>截止阀<br>直流三通 | 40 | 1<br>1<br>1 | 0.5<br>8.0<br>1.0 |
| | | | $\Sigma\xi=9.5$ | |
| 3 | 直流三通 | 32 | 1 | 1.0 |
| | | | $\Sigma\xi=1$ | |
| 4 | 直流三通 | 32 | 1 | 1.0 |
| | | | $\Sigma\xi=1$ | |
| 5 | 直流三通<br>截止阀<br>弯头<br>乙字弯 | 20 | 1<br>1<br>1<br>1 | 1.0<br>10.0<br>2.0<br>1.5 |
| | | | $\Sigma\xi=14.5$ | |
| 6 | 截出阀<br>分流三通<br>乙字弯 | 20 | 1<br>1<br>1 | 1.0<br>3.0<br>1.5 |
| | | | $\Sigma\xi=14.5$ | |
| 立管 | 旁流三通<br>截止阀<br>乙字弯 | 25 | 1<br>1<br>1 | 1.5<br>9.0<br>1.0 |
| | | | $\Sigma\xi=11.5$ | |
| 立管 | 分流三通<br>乙字弯<br>截止阀 | 20 | 1<br>1<br>1 | 3.0<br>1.5<br>10 |
| | | | $\Sigma\xi=14,5$ | |

3. 凝结水管管径的选择

表6-3 为凝结水管管径计算表，凝结水管路是干式凝结水管，可直接查附表6-3 蒸汽供暖系统干式和湿式自流凝结水管管径选择表确定管径。

表6-3　凝结水管管径计算表

| 管段号 | 6' | 5' | 4' | 3' | 2' | 1' | 凝结水立管段 |
|---|---|---|---|---|---|---|---|
| 热负荷 $Q$（W） | 3000 | 6000 | 12000 | 18000 | 24000 | 40000 | 6000 |
| 管径 $d$（mm） | 15 | 20 | 20 | 25 | 25 | 32 | 15 |

# 第五节　高压蒸汽采暖系统管路的水力计算

## 一、计算原则及方法

室内高压蒸汽采暖系统的蒸汽管路和凝结水管路也需要计算。

（一）蒸汽管路水力计算

高压蒸汽管路水力计算的任务同样是选择管径和计算压力损失。计算原理与低压蒸汽管路相同，沿途的蒸汽量和密度的变化可以忽略不计。管内蒸汽的流动状态属于紊流过渡区和阻力平方区，管壁的绝对粗糙度 $K = 0.2$ mm。为计算方便，一些采暖通风设计手册中有不同蒸汽压力下水力计算表。

选择管径和计算压力损失常采用平均比摩阻法和限制流速法。

1. 平均比摩阻法

为了使各并联管路之间的阻力平衡，增加流水器后的余压，使凝水顺利回流，在设计中，最不利管路的总压力损失不宜超过起始压力的四分之一（即 $0.25p$）。

平均比摩阻法按下式计算：

$$R_{pj} = \frac{0.25\alpha p}{\sum L}$$

式中　$\alpha$——摩擦压力损失占总压力损失的百分数，可见附表4-8，高压蒸汽系统为0.8；

　　　$p$——蒸汽采暖系统的起始表压力，Pa；

　　$\sum L$——最不利管路的总长度，m。

2. 限制流速法

室内高压蒸汽采暖系统的起始压力高，蒸汽管道可以使用较高的流速，仍能保证在用热设备处有足够的剩余压力。为避免管速太高造成水击和噪声，《暖通规范》规定：高压蒸汽采暖系统的最大允许流速为汽、水同向流动时不超过 80m/s，汽、水逆向流动时不超过 60m/s。

在工程设计中，采用常用的流速来确定管径并计算压力损失。为使系统节点压力不要相差太大，保证系统正常运行，最不利管路的推荐流速一般比最大允许流速低很多，推荐采用 $v$ 为 15～40m/s（小管径取低值）。但蒸汽干管末端的管径一般不小于20mm。

确定其他支路的立管管径时，可以采用较高的流速，但不得超过规定的最大允许流速。

（二）凝结水管路水力计算

室内高压蒸汽采暖系统的凝结水管路中，散热器到疏水器之间的凝结水管属于干式凝结水管，选择管径是根据凝结水管的供热量，查附表6-3 蒸汽采暖系统干式和湿式自流凝结水管管径选择表确定凝结水管的管径。要保证凝水管的向下坡度 $i = 0.005$ 和足够的凝水管管径，即使远近立管散热器的蒸汽压力不平衡，靠干式凝水管上部断面内的空气与蒸汽的连通作用和蒸汽系统本身流量的调节性，也能保证该管段内凝水的重力流动。

## 二、计算实例

【例6-2】　图6-16 为室内高压蒸汽采暖管路系统的一个支路。各散热器的热负荷均为

4000W，用户入口处设分汽缸，与室外蒸汽热网相接。在每一个凝水支路上设置疏水器。散热器的蒸汽工作表压力要求为200kPa。试选择高压蒸汽采暖管路的管径和用户入口的采暖蒸汽管路起始压力。

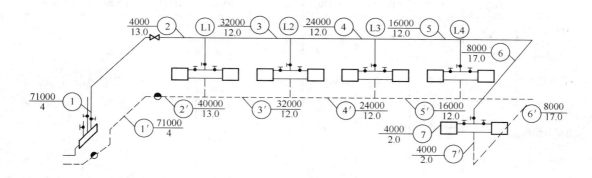

图6-16 【例6-2】的管路计算图

【解】 1.计算最不利管路

按推荐流速法确定最不利管路的各管段的管径。附表6-4为室内高压蒸汽采暖系统管径计算表，其为蒸汽表压力200kPa时的水力计算表，按此表选择管径。

室内高压蒸汽管路局部压力损失，通常按当量长度法计算。局部阻力当量长度值见附表6-5，本题局部阻力当量长度见表6-5。计算过程和计算结果列于表6-4。

表6-4 室内高压蒸汽采暖系统水力计算表

| 管段编号 | 热负荷 $Q$（W） | 管长 $L$（m） | 管径 $D$（mm） | 比摩阻 $R$（Pa/m） | 流速 $v$（m/s） | 当量长度 $L_d$（m） | 折算长度 $L_{zh}$（m） | 压力损失 $\Delta p = R \cdot L_{zh}$（Pa） |
|---|---|---|---|---|---|---|---|---|
| 1 | 2 | 3 | 4 | 5 | 6 | 7 | 8 | 9 |
| 1 | 71000 | 4.0 | 32 | 282 | 19.8 | 10.5 | 14.5 | 4089 |
| 2 | 40000 | 13.0 | 25 | 390 | 19.6 | 2.4 | 15.4 | 6006 |
| 3 | 32000 | 12.0 | 25 | 252 | 15.6 | 0.8 | 12.8 | 3226 |
| 4 | 24000 | 12.0 | 20 | 494 | 18.9 | 2.1 | 14.1 | 6965 |
| 5 | 16000 | 12.0 | 20 | 223 | 12.6 | 0.6 | 12.6 | 2810 |
| 6 | 8000 | 17.0 | 20 | 58 | 6.3 | 8.4 | 26.4 | 1473 |
| 7 | 4000 | 2.0 | 15 | 71 | 5.7 | 1.7 | 3.7 | 263 |
| | $\sum L = 72.0$（m） | | | | $\sum \Delta p \approx 25$（kPa） | | | |
| 其他立管 | 8000 | 4.5 | 20 | 58 | 6.3 | 7.9 | 12.4 | 719 |
| 其他支管 | 4000 | 2.0 | 15 | 71 | 5.7 | 1.7 | 3.7 | 263 |
| | $\sum \Delta p = 982$（Pa） | | | | | | | |

表 6-5　局部阻力系数当量长度表　　　　　　　　　　　单位：m

| 局部阻力名称 | 管 段 号 | | | | | | | | |
|---|---|---|---|---|---|---|---|---|---|
| | 1<br>DN32 | 2<br>DN25 | 3<br>DN25 | 4<br>DN20 | 5<br>DN20 | 6<br>DN20 | 7<br>DN15 | 其他立管<br>DN20 | 其他支管<br>DN15 |
| 分汽缸出口 | 0.6 | | | | | | | | |
| 截止阀 | 9.9 | | | | | 6.4 | | 6.4 | |
| 直流三通 | | 0.8 | 0.8 | 0.6 | 0.6 | 0.6 | | | |
| 90 煨弯 | | 2×0.8 | | | | 2×0.7 | | 0.7 | |
| 方形补偿器 | | | | 1.5 | | | | | |
| 分流三通 | | | | | | | | | 1.1 |
| 乙字弯 | | | | | | | 1.1 | | 0.6 |
| 旁流三通 | | | | | | | 0.6 | 0.8 | |
| 总计 | 10.5 | 2.4 | 0.8 | 2.1 | 0.6 | 8.4 | 1.7 | 7.9 | 1.7 |

最不利管路的总压力损失为 25kPa，考虑 10% 的安全裕度，则蒸汽入口处供暖蒸汽管路起始的表压力不得低于：$p_b = 200 + 1.1 \times 25 = 227.5$（kPa）

2. 其他立管的水力计算

由于室内高压蒸汽系统供汽干管各管段的压力损失较大，各分支立管的节点压力难以平衡，通常就按流速法选用立管管径。剩余过高压力，可通过关小散热器前的阀门方法来调节。

3. 凝水管段管径的确定

按附表 6-3，根据凝水管段所负担的热负荷，确定各干凝水管段的管径，见表 6-6。

表 6-6　凝水管段管径的确定

| 管段编号 | 2′ | 3′ | 4′ | 5′ | 6′ | 7′ | 其他立管的凝水立管段 |
|---|---|---|---|---|---|---|---|
| 热负荷 Q（W） | 40000 | 32000 | 24000 | 16000 | 8000 | 4000 | 8000 |
| 管径 DN（mm） | 25 | 25 | 20 | 20 | 20 | 15 | 20 |

# 思考题与习题

1. 热水采暖和蒸汽采暖相比较有什么优缺点？

2. 国内高压蒸汽采暖常用的系统形式是哪种？

3. 蒸汽采暖系统为什么要设置疏水器？

4. 疏水器的作用是什么？

5. 高压蒸汽采暖系统防止水击发生采用的措施都有哪几种？

6. 高压蒸汽采暖系统，由于蒸汽和凝水的温度较高，为了补偿管道的热伸长，都需要哪些设置？

7. 干式凝水管道设置的条件是什么？

8. 高压蒸汽采暖系统限制最大允许流速的作用是什么？

9. 选用疏水器时，选择倍率的作用是什么？

10. 如果高压蒸汽采暖范围不是很大，且无地形可用，选用哪种凝水回水方式最合适？

# 第七章 集中供热系统

集中供热减少城市污染，节约能源，改善了人民的生活水平，是供热事业发展的必然趋势。集中供热系统是由热源、热网和热用户三部分组成。本章介绍以热电厂、区域锅炉房等作为热源的供热系统。讲述集中供热系统热负荷的概算方法及热负荷图；热水、蒸汽供热系统的管路布置形式及热用户与热水、蒸汽供热管网的连接形式；集中供热的热力站及主要设备。通过对本章内容的学习，应掌握集中供热系统的基本知识。

## 第一节 集中供热系统热负荷的概算和特征

集中供热系统的热用户包括采暖、通风、热水供应、空气调节、生产工艺等用热系统。这些用热系统热负荷的大小和性质是供热规划和设计的重要依据，所以，为了合理地进行供热规划和设计，必须正确地确定供热系统的热负荷。

用热系统的热负荷，按其性质可以分为两大类：季节性热负荷和常年性热负荷。

1. 季节性热负荷包括采暖、通风、空气调节等系统的用热负荷，其特点是与室外温度、湿度、风向、风速和太阳辐射热等气候条件密切相关，其中对它的大小起决定性作用的是室外温度。北方地区气象条件全年变化很大，所以季节性热负荷全年的变化也很大。

2. 常年性热负荷包括生活用热（主要指热水供应）和生产工艺用热负荷，其特点是与气候条件关系不大，全年中变化幅度较小。但是，由于生产工艺的不同、生产班制的不同、生活用热人数的变化以及用热时间相对集中等因素，常年性热负荷在一天中将产生较大的波动。

对集中供热系统进行规划或初步设计时，往往尚未进行各类建筑物的具体设计工作，不可能提供较准确的建筑物热负荷的资料。因此，通常采用概算指标法来确定各类热用户的热负荷。

### 一、采暖热负荷

采暖热负荷是城市集中供热系统中最主要的热负荷，主要包括围护结构的耗热量和门窗缝隙渗透冷空气耗热量。采暖热负荷可采用体积热指标法或面积热指标法进行概算。通常，工业建筑多采用体积热指标法来确定热负荷，民用建筑多采用面积热指标法来确定热负荷。

（一）体积热指标法

建筑物的采暖设计热负荷可按下式进行概算：

$$Q'_n = q_v V_W (t_n - t'_w) \times 10^{-3} \tag{7-1}$$

式中 $Q'_n$——建筑物的采暖设计热负荷，kW；

$V_W$——建筑物的外围体积，$m^3$；

$t_n$——采暖室内设计温度，℃；

$t'_w$——采暖室外计算温度，℃；

$q_v$——建筑物的采暖体积热指标，W/m³·℃；它表示各类建筑物，在室内外温差1℃时，每立方米建筑物外围体积的采暖热负荷。

采暖体积热指标 $q_v$ 的大小主要与建筑物的围护结构及外形尺寸有关。建筑物围护结构传热系数越大、采光率越大、外部建筑体积越小或建筑物长宽比越大，单位体积的热损失，即 $q_v$ 也越大。因此，从建筑物的围护结构及其外形方面考虑降低 $q_v$ 值的各种措施是建筑节能的主要途径，也是降低集中供热系统的采暖设计热负荷的主要途径。

各类建筑物的采暖体积热指标 $q_v$ 值，可以通过对许多建筑物进行理论计算或对许多实测数据进行统计归纳整理得出，可参见有关设计手册或当地设计单位历年积累的资料数据。

（二）面积热指标法

建筑物的采暖设计热负荷可按下式进行概算：

$$Q'_n = q_f F \times 10^{-3} \tag{7-2}$$

式中　$Q'_n$——建筑物的采暖设计热负荷，kW；

$F$——建筑物的建筑面积，m²；

$Q_f$——建筑物的采暖面积热指标，W/m²；它表示 1m² 建筑物的采暖热负荷。

建筑物的采暖热负荷主要取决于通过垂直围护结构（墙、门、窗等）向外传递的热量，它与建筑物平面尺寸和层高有关，因而不是直接取决于建筑物的平面面积。用体积热指标法表示建筑物采暖热负荷的大小，物理概念清楚；但采用面积热指标法比体积热指标法更易计算，并且对于集中采暖系统地初步设计或规划设计来说已经足够准确，所以，在城市集中供热系统规划设计中，采暖面积热指标法应用得更多。

在总结我国许多单位进行建筑采暖热负荷的理论计算和实测数据的基础上，我国《城镇供热管网设计规范》（CJJ 34—2010）给出了采暖面积热指标的推荐值，见附表7-1。

## 二、通风空调热负荷

为了满足室内空气具有一定的温度、湿度、清洁度和空气流速的要求，要对生产厂房、公共建筑及居住建筑进行通风或空气调节。

（一）通风热负荷

在采暖季节中，加热从机械通风系统进入建筑物的室外空气的耗热量，称为通风热负荷。通风热负荷是一种季节性的热负荷，由于通风系统的使用和各班次工作情况的不同，一般公共建筑和工业厂房的通风热负荷昼夜波动也比较大。

建筑物的通风热负荷可采用体积热指标法或百分数法进行概算。

1. 体积热指标法

建筑物的通风设计热负荷可按下式进行概算：

$$Q'_t = q_t V_W (t_n - t_{w.t}) \times 10^{-3} \tag{7-3}$$

式中　$Q'_t$——建筑物的通风设计热负荷，kW；

$V_W$——建筑物的外围体积，m³；

$t_n$——采暖室内设计温度，℃；

$t_{w.t}$——通风室外计算温度，℃；

$q_t$——建筑物的通风体积热指标，W／（m³·℃）；它表示建筑物在室内外温差为1℃时，每立方米建筑物外围体积的通风热负荷。

通风体积热指标 $q_t$ 的值，取决于建筑物的性质和外围体积。工业厂房的 $q_v$ 和 $q_t$ 值，可参考有关设计手册选用。对于一般的民用建筑，室外空气无组织地从门窗缝隙进入，预热这些空气到室温所需的渗透和侵入耗热量，已计入采暖设计热负荷中，不必另行计算。

2. 百分数法

对于有通风设计热负荷的民用建筑，通风设计热负荷可按该建筑物的采暖设计热负荷的百分数进行概算，即：

$$Q'_t = K_V Q_n \tag{7-4}$$

式中　$Q'_t$——建筑物的通风设计热负荷，kW；

　　　$K_V$——建筑物的通风热负荷系数，可取 0.3 ~ 0.5；

　　　$Q_n$——建筑物的采暖设计热负荷，kW。

（二）空调热负荷

空调冬季热负荷主要包括围护结构的耗热量和加热新风耗热量。它与通风热负荷类似，是一种季节性的热负荷，昼夜波动较大。建筑物的空调热负荷可以按照面积热指标法进行概算。

1. 空调冬季热负荷

$$Q'_a = q_a A \times 10^{-3} \tag{7-5}$$

式中　$Q'_a$——建筑物的空调冬季设计热负荷，kW；

　　　$A$——建筑物的建筑面积，m²；

　　　$q_a$——建筑物的空调热指标，W/m²，见附表 7-2。

2. 空调夏季热负荷

$$Q'_c = q_c F \times 10^{-3}/\mathrm{COP} \tag{7-6}$$

式中　$Q'_c$——建筑物的空调夏季设计热负荷，kW；

　　　$F$——建筑物的建筑面积，m²；

　　　$q_c$——建筑物的空调冷指标，W/m²，按附表 7-2 取用；

　　　COP——吸收式制冷机的制冷系数，可取 0.7 ~ 1.2。

### 三、生活热水热负荷

生活热负荷可以分为生活热水热负荷和其他生活用热负荷。

生活热水热负荷是日常生活中用于洗脸、洗澡、洗衣服以及洗刷器具等所消耗的热量。生活热水热负荷取决于热水用量，它的大小与住宅内卫生设备的完善程度和人们的生活习惯密切相关，具体计算方法详见《建筑给水排水设计手册》。其特点是热水用量具有昼夜的周期性，每天的热水用量变化不大，但小时热水用量变化较大。对于一般居住区，生活热水热负荷可按照下式进行概算。

（一）居住区采暖期生活热水平均热负荷

$$Q'_{rp} = q_s F \times 10^{-3} \tag{7-7}$$

式中　$Q'_{rp}$——建筑物的生活热水平均热负荷，kW；

　　　$F$——建筑物的总建筑面积，m²；

　　　$q_s$——建筑物的生活热水热指标，W/m²，应根据建筑物类型，采用实际统计资料；当无实际统计资料时，按附表 7-2 取用。

（二）生活热水最大热负荷

建筑物或居住区热水供应最大热负荷取决于该建筑物或居住区的每天使用热水的规律，

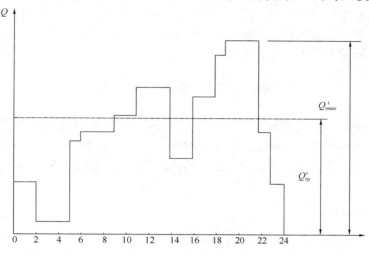

图 7-1　某居住区热水供应热负荷全日变化示意图

最大热水用量（热负荷）与平均热水用量（热负荷）的比值称为小时变化系数。如图 7-1 所示，一天内的总热水用热量，等于曲线所包围的面积。将全天总用热量除以每天热水供应小时数，即为平均热负荷 $Q'_{wrp}$。

$$K_h = Q'_{rmax} / Q'_{rp} \quad 或 \quad Q'_{rmax} = K_h Q'_{rp} \tag{7-8}$$

式中　$Q'_{rmax}$——建筑物的生活最大热负荷，kW；

　　　$K_h$——小时变化系数，即最大热水用量（热负荷）与平均热水用量（热负荷）的比值；根据用热水计算单位数按《建筑给水排水设计规范》［GB 50015—2003（2009 年版）］规定取用；

　　　$Q'_{rp}$——建筑物的生活热水平均热负荷，kW。

计算热力管网热负荷时，生活热水设计热负荷应按下列规定取用：

① 干线，应采用生活热水平均热负荷；

②支线，当用户有足够容积的储水箱时，应采用生活热水平均热负荷；当用户无足够容积的储水箱时，应采用生活热水最大热负荷，最大热负荷叠加时应考虑同时使用系数。

在工厂、学校、医院等地方除热水供应外，还可能有开水供应、蒸饭等用热，这些称为其他生活用热负荷。这些用热负荷的概算，可根据具体的指标，如开水供应用热量、开水加热温度、人均饮水标准、蒸饭锅的蒸汽消耗量参照上述方法确定。

**四、生产工艺热负荷**

生产工艺热负荷是为了满足生产过程中用于加热、烘干、蒸煮、清洗、熔化等过程的用热，或作为动力用于驱动机械设备工作的耗汽（如气锤、气泵等）。

生产工艺热负荷的大小以及需要的热媒种类和参数，主要取决于生产工艺过程的性质、用热设备的形式以及工厂的工作制度等因素。与生活热负荷一样，属于全年性热负荷。

由于生产工艺热用户或用热设备较多、不同工艺过程要求的热媒参数亦不同、工作制度也各不相同的情况，生产工艺热负荷很难用固定的公式来表达。因而在计算确定集中供热系统的热负荷时，应充分利用生产工艺系统提供的设计依据，大量参考类似企业的热负荷情况，采用经工艺热用户核实的最大热负荷之和乘以同时使用系数（同时使用系数是指实际运行的用热设备的最大热负荷与全部用热设备最大热负荷之和的比值，一般取0.7~0.9），最后确定较符合实际情况的生产工艺热负荷。

# 第二节 热 负 荷 图

热负荷图是用来表示整个热源或用户系统热负荷随室外温度或时间变化的图，其形象地反映了热负荷变化的规律。对集中供热系统设计，技术经济分析和运行管理，都很有用处。

在供热工程中，常用的热负荷图主要有热负荷时间图、热负荷随室外温度变化图和热负荷延续时间图。

### 一、热负荷时间图

热负荷时间图的特点是图中热负荷的大小按照它们出现的先后顺序排列。热负荷时间图中的时间期限可长可短，可以是一天、一个月或一年，相应称为全日热负荷图、月热负荷图和年热负荷图。

（一）全日热负荷时间图

全日热负荷时间图用以表示整个热源或用户的热负荷，在一昼夜中每小时的变化情况。该图以小时为横坐标，小时热负荷为纵坐标，从零时开始逐时绘制。第一节中图 7-1 为一个典型的热水供应全日热负荷图。

对全年性热负荷，受室外温度影响不大，但在全天中各小时的变化较大，因此，对生产工艺热负荷，必须绘制全日热负荷图为设计集中供热系统提供数据基础。一般来说，工厂生产不可能每天一致，冬夏期间总会有差别。因此，需要分别绘制出冬季和夏季典型工作日的全日生产工艺热负荷图，由此确定生产工艺的最大、最小热负荷和冬季、夏季平均热负荷值。

对季节性的采暖、通风等热负荷，它的大小主要取决于室外温度，而在全天中小时的变化不大。通常用热负荷随室外温度变化图来反映热负荷变化的规律。

（二）年热负荷图

年热负荷图是以一年中的月份为横坐标，以每月的热负荷为纵坐标绘制的负荷时间图。

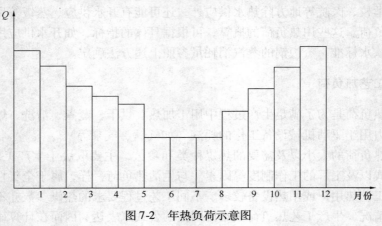

图 7-2 年热负荷示意图

图7-2为典型的全年热负荷的示意图，对季节性的采暖、通风热负荷，可根据该月份的室外平均温度确定，生产工艺热负荷可根据日平均热负荷确定。年热负荷图是规划供热系统全年运行的原始数据，也是用来制定设备维修计划和安排职工休假日等方面的基本参考资料。

## 二、热负荷随室外温度变化曲线图

季节性的供热、通风热负荷的大小，主要取决于当地的室外温度，利用热负荷随室外温度变化图能很好地反映季节性热负荷的变化规律。图7-3为一个居住区的热负荷随室外温度的变化图。图中横坐标为室外温度，纵坐标为热负荷。开始采暖的室外温度定为5℃。根据式（7-1），建筑物的采暖热负荷应与室内外温差成正比，因此，$Q_n = f(t_w)$ 为线性关系。图7-3中曲线1代表采暖热负荷随室外温度的变化曲线。同理，根据式（7-3），在室外温度5℃ $> t_w > t_{w.t}$ 期间内，$Q_t = f(t_w)$ 亦为线性关系。当室外温度低于冬季通风室外计算温度 $t_{w.t}$ 时，通风热负荷为最大值，不随室外温度改变。图7-3中的曲线2代表冬季通风热负荷随室外温度变化的曲线。

热水供应热负荷受室外温度影响较小，因而它呈一条水平线，但夏季热水供应热负荷比冬季低。图7-3中曲线3为热水供应随室外温度变化的曲线。

将这三条曲线所表示的热负荷在纵坐标的表示值相加，得到该居住区总热负荷随室外温度变化的曲线图，如图7-3中的曲线4所示。

## 三、热负荷延续时间图

在供热工程规划设计过程中，需要绘制热负荷延续时间图。热负荷延续时间图与热负荷时间图不同，热负荷不是按出现时间的先后来排序，而是按其数值的大小来排列。热负荷延续时间图需要有负荷随室外温度变化曲线和室外气温变化规律的资料才能绘出。在此，简单介绍采暖热负荷延续时间图。

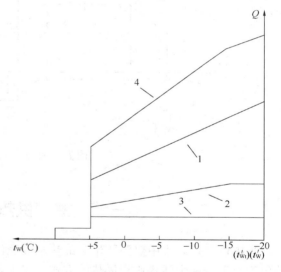

图7-3　热负荷随室外温度变化曲线图
1—采暖热负荷随室外温度变化曲线；2—冬季通风热负荷随室外温度变化曲线；3—热水供应热负荷变化曲线；4—总热负荷随室外温度变化曲线

在采暖热负荷延续时间图中，横坐标的左方为室外温度 $t_w$，横坐标的右方表示小时数（采暖期中室外温度低于采暖室外设计温度的总小时数），纵坐标为采暖热负荷 $Q_V$，如图7-4所示，如横坐标 $n_1$ 表示采暖期中室外温度 $t_w \leq t'_{w1}$ 出现的总小时数；$n_2$ 表示采暖期中室外温度 $t'_w \leq t'_{w2}$ 出现的总小时数；$n_{zh}$ 表示整个采暖期的采暖总小时数。

采暖热负荷延续时间图的绘制方法如下：图左方首先绘出随室外温度变化曲线图（以直线 $Q_n - Q_k$）表示。然后，通过 $t_w$ 时的热负荷 $Q_n$ 引一水平线，与相应出现的总小时数 $n$ 的横坐标上引的垂直线相交于 $a$ 点。通过 $t'_{w1}$ 时的热负荷 $Q_1$ 引一水平线，与相应出现的总小时数 $n_1$ 的横坐标上引的垂直线相交于 $a_1$ 点。依此类推，在图7-4的右侧得

到一系列点 $a_2$、$a_3$、$a_4$ 等，连接 $Q_n aa_1 a_2 a_3 \cdots a_k$ 等点形成的曲线，即为采暖热负荷延续时间图。图中曲线 $Q_n aa_1 a_2 a_3 \cdots A_k b_k O$ 所包围的面积就是采暖期间的采暖年总耗热量。

当一个供热系统或居民区具有采暖、通风和热水供应等多种热负荷时，也可根据整个热负荷随室外温度变化的曲线图（如图 7-3 曲线 4），按上述同样的绘制方法，绘制相应的总热负荷延续时间图。

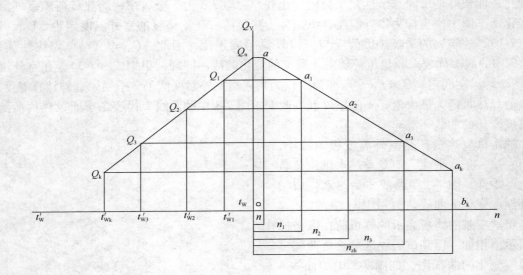

图 7-4　采暖热负荷延续时间图

## 第三节　集中供热系统及热网形式

集中供热是以集中热源所生产的热水或蒸汽作为热媒，通过热网向一个城镇或较大区域的生产、采暖和生活热用户供热的方式。集中供热系统可按下列方式分类：

①根据热媒不同，可分为热水供热系统和蒸汽供热系统；

②根据供热管道的不同，可分为单管制、双管制和多管制的供热系统；

③根据热源不同，主要有热电厂供热系统、区域锅炉房供热系统以及以工业余热、核能、太阳能、地热能等作为热源的供热系统。

**一、热电厂集中供热系统**

热电厂是联合生产电能和热能的发电厂，在热电厂中，大型的锅炉将水加热成为高温高压的过热蒸汽，蒸汽在汽轮机中做功带动发电机发电，失去做功能力的高温蒸汽，必须冷却为凝结水后，再回到锅炉中加热蒸发，循环利用。因此单纯的凝汽电厂效率不高，仅有不到 40% 的燃料热能被转化为电能，其余的能量被白白地消耗掉并被排到大气中，将其改造为热电厂后，电厂不能用于发电的高温蒸汽，既可以用于一般的生产工艺，又可通过热交换将其转化为建筑冬季的采暖用热，还可以通过溴化锂机组将其转化，为建筑夏季提供空调、制冷热源，以及为用户提供全年的生活热水负荷，从而可使热电厂能源转化率达到 85% 以上。

以热电厂作为热源，实现热电联产，热能利用效率高。它是发展城镇集中供热，节约能源的最有效措施。但建设热电厂的投资高，建设周期长；同时，还必须注意，应根据外部热负荷的大小和特征，合理地选择供热汽轮机的形式和容量。

热电厂供热汽轮机可分为背压式汽轮机和抽汽式汽轮机。

**二、区域锅炉房集中供热系统**

为集中供热系统直接生产和供给热能而设置的锅炉等供热设备称为区域锅炉房。以区域锅炉房为热源，经供热管网向热用户供应热能的供热系统称为区域锅炉房供热系统。虽然区域锅炉房的热效率（燃油、燃气锅炉房除外）低于热电厂的热能利用效率，但区域锅炉房中使用的大型燃煤锅炉的热效率也能达到 80% 以上，比分散的小型锅炉房的热效率（50%~60%）高得多。此外，区域锅炉房与热电厂相比，其投资低，建设周期短，厂址选择容易。因此，区域锅炉房是城镇集中供热的最主要热源形式之一。

区域锅炉房根据其制备热媒的种类不同，分为热水锅炉房和蒸汽锅炉房。

1. **区域热水锅炉房供热系统**

热水锅炉房的主要设备有热水锅炉、循环水泵、补给水泵及水处理装置。热水锅炉制备的热水通过供水管送给各热用户，放热后沿回水管返回锅炉重新加热，循环水泵给供热系统提供循环动力。系统在运行过程中的漏水量或被用户消耗的水量由补给水泵将经水处理装置处理后的水补到系统内，补充水量的多少可通过压力调节阀控制。除污器用来清除水中的污物、杂质等，防止污物、杂质等进入水泵及锅炉内。

2. **区域蒸汽锅炉房供热系统**

由蒸汽锅炉产生的蒸汽由蒸汽管道输送到采暖、通风、热水供应和生产工艺各热用户。蒸汽在各用热设备内放热后形成凝结水，经过疏水器后由凝结水干管返回锅炉房的凝结水箱，并由锅炉给水泵送进锅炉重新加热。

在集中供热系统中，除了最主要的热源形式——热电厂与区域锅炉房，采用燃煤、燃油和燃气作为能源外，还利用工业余热、核能和可再生能源等作为系统的供热能量的来源。这里不做详细介绍。

**三、热网系统形式**

热网是集中供热系统的主要组成部分，担负着热能输送的任务。热网系统形式取决于热媒、热源与热用户的相互位置和供热地区热用户的种类、热负荷大小及性质等。选择热网系统形式应遵循的基本原则是供热的安全性和经济性。

（一）蒸汽热网

蒸汽作为热媒主要用于工厂的生产工艺用热上，热用户主要是工厂的各生产设备，比较集中且数量不多，因此单根蒸汽管和凝结水管的热网系统形式是最普遍采用的方式，同时采用枝状管网布置。

在凝结水质量不符合回收要求或凝结水回收率很低，敷设凝水管道明显不经济时，可不设凝水管道，但应在用户处充分利用凝结水的热量。对工厂的生产工艺用热不允许中断时，可采用复线蒸汽管供热的热网系统形式，但复线敷设（两根50%热负荷的蒸汽管替代单管100%热负荷的供汽管）必然增加热网的基建费用。当工厂各用户所需的蒸汽压力相差较大，或季节性热负荷占总热负荷的比例较大，可考虑采用双根蒸汽管或多根蒸汽管的热网系统形式。

（二）热水热网

热水供热系统中，热水管网一般为双管制，既有供水管，又有回水管。热水由热源沿着热水供热管网的供水管道输送给各个热用户，在用户系统的用热设备内放出热量。冷却后的回水沿着供热管网的回水管道返回热源。

在大、中城市热水供热（暖）系统中，为数众多的建筑物的用户系统与热水网路相连接，且供热区域相当大。供暖建筑面积几百万平方米，甚至更多。因此，多采用多热源联合供热的方式。这样，热源分散布置，首先提供了供热的安全可靠性，其次降低了热网的造价，另外，合理地安排热效率高的锅炉先投入运行，还可以提高整个供热系统的热能利用率，降低供热成本。

1. 热水热网的分类

按热网的规模（供热的范围与面积）、热源性质、热媒的设计参数、供热的安全可靠性、与热用户的连接方式、网路系统形式和产权属性等因素综合来分，热网可分为一级热网和二级热网。

所谓的一级热网是指由热源到用户换热站入口处的热力管道。其网路规模相当可观；采用多热源联合供热的方式；热媒设计参数主要考虑输热的经济性，故热媒参数高，一般多为高温热水（135/70℃）；对供热安全可靠性要求高，因此，网路与用户的连接方式必须采用间接连接；供热管网系统的形式多采用环状管网；投资产权属于热力公司。

所谓的二级热网是指由用户换热站出口处到各栋建筑物的热力管道。其网路规模较小；采用单一热源供热的方式；热媒设计参数主要考虑用户的要求，故热媒参数低，一般多为低温热水（95/70℃）；对供热安全可靠性要求低，因此，网路与用户的连接大多采用最经济的连接方式直接连接；供热管网系统的形式多采用枝状管网；投资产权属于本单位或居住小区。

当然小城镇和落后的中等城市就没有热水网路分类之说，其多为单一热源供热的方式，符合二级网路的条件，故可将其视为二级热网。

2. 热水热网形式

供热管网的形式分成枝状管网和环状管网。

枝状管网如图7-5所示，供热管道的直径，随着距热源越远而逐渐减小，且金属耗量小，基建投资小，运行管理简便。但枝状管网不具后备供热的性能。当供热管网某处发生故障时，在故障点以后的热用户都将停止供热，由于建筑物具有一定的蓄热能力，通常可采用迅速消除热网故障的办法，以使建筑物室温不致大幅度地降低。因此，枝状管网是中、小热水管网最普遍采用的方式。

环状管网如图7-6所示，供热管网主干线首尾相接成环路，管道直径普遍较大，环状管网的最大优点是具有良好的后备供热性能，供热可靠性高。当输配干线某处出现事故时，切除故障管段后，通过环状管网由另一方向保证供热。环状管网通常设两个或两个以上的热源，环状管网与枝状管网相比建设投资大，控制难度大，运行管理复杂。

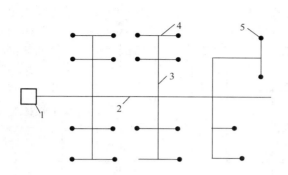
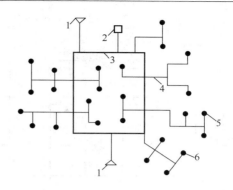

图 7-5　枝状管网
1—热源；2—主干线；3—分支干线；
4—用户支线；5—热用户的用户引入
注：双线管路以单线表示，阀门未标出

图 7-6　环状管网
1—热电厂；2—区域锅炉房；3—环状管网；
4—支干线；5—分支管线；6—热力站
注：双线管路以单线表示，阀门未表示

# 第四节　热水供热系统

热水供热系统主要采用两种形式：闭式系统和开式系统。在闭式系统中，热网的循环水仅作为热媒，供给热用户热量而不从热网中取出使用。在开式系统中，热网的循环水部分地或全部地从热网中取出，直接用于生产或热水供应热用户中。

**一、闭式热水供热系统**

如图 7-7 所示为双管制的闭式热水供热系统示意图。热水沿热网供水管输送到各个热用户，在热用户系统的用热设备放出热量后，沿热网回水管返回热源。双管闭式热水供热系统是我国目前最广泛应用的热水供热系统。

下面分别介绍闭式热水供热系统热阀与采暖、通风、热水供应等热用户的连接方式。

（一）采暖系统热用户与热水网路的连接方式

采暖系统热用户与热水网路的连接方式可分为直接连接和间接连接两种方式。直接连接是用户系统直接连接于热水网路上。热水网路的水力工况（压力和流量状况）和供热工况与采暖热用户有着密切的联系。间接连接方式是在采暖系统热用户设置水-水换热器（或在热力站处设置担负该区采暖热负荷的间壁式水-水换热器），用户系统与热水网路被水-水换热器隔离，形成两个独立的系统，用户与网路之间的水力工况互不影响。

采暖系统热用户与热水网路的连接方式，常见的有以下几种方式。

1. 直接连接（图 7-7a）

热水由热网供水管直接进入采暖系统热用户，在散热器内放热后，返回热网回水管。这种直接连接方式最简单，造价低。但这种直接连接方式，只能在网路的设计供水温度不超过《暖通规范》规定的散热器供暖系统的最高热媒温度时方可采用，且用户引入口处热网的供、回水管的资用压差大于采暖系统用户要求的压力损失时才能应用。

绝大多数低温热水供热系统是采用直接连接方式的。当集中供热系统采用高温水供热，

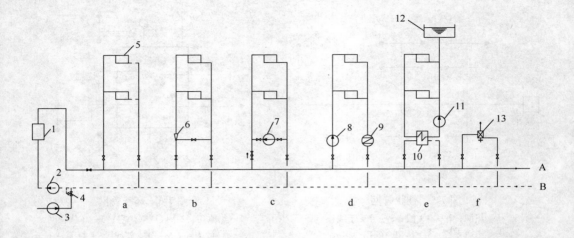

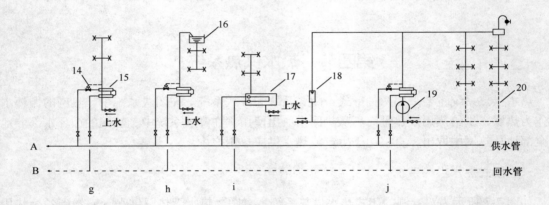

图 7-7　双管闭式热水供热系统示意图

a—直接连接；b—装水喷射器的直接连接；c—装混合水泵的直接连接；d—给水增压回水减压的直接连接；e—采暖热用户与热网的间接连接；f—通风热用户与热网的连接；g—无储水箱的连接方式；h—装设上部储水箱的连接方式；i—装设容积式换热器的连接方式；j—装设下部储水连接方式

1—热源的加热装置；2—网络循环水泵；3—补给水泵；4—补给水压力调节器；5—散热器；6—水喷射器；7—混合水泵；8—增压水泵；9—减压定压阀（阀前阀）；10—表面式水-水换热器；11—采暖热用户系统的循环水泵；12—膨胀水箱；13—空气加热器；14—温度调节器；15—水-水式换热器；16—储水箱；17—容积式换热器；18—下部储水箱；19—热水供应系统的循环水泵；20—热水供应系统的循环管路

网路设计供水温度超过上述采暖卫生标准时，如采用直接连接方式，就要采用装水喷射器或装混合水泵的形式。

2. 装水喷射器的直接连接（图 7-7b）

热网供水管的高温水进入水喷射器 6，在喷嘴处形成很高的流速，喷嘴出口处动压升高，静压降低到低于回水管的压力，回水管的低温水被抽引进入喷射器，并与供水混合，使进入用户采暖系统的供水温度低于热网供水温度，符合用户系统的要求。

水喷射器无活动部件、构造简单、运行可靠、网路系统的水力稳定性好。在苏联城市的高温水热水供热系统中，得到广泛的应用，但由于抽引回水需要消耗能量，热网供、回水之间需要足够的资用压差，才能保证水喷射器正常工作。如当用户采暖系统的压力损失 $\Delta p$ 为

10～15kPa，混合系数（单位供水管水量抽引回水管的水量）u 为 1.5～2.5 的情况下，热网供、回水管之间的压差需要达到 ΔP 为 80～120kPa 才能满足要求，因而装水喷射器直接连接方式，通常只用在单幢建筑物的采暖系统上，需要分散管理。因此，在国内很少使用。

3. 装混合水泵的直接连接（图 7-7c）

当建筑物用户引入口处，热水网路的供、回水压差较小，不能满足水喷射器正常工作所需的压差，或设集中泵站将高温水转为低温水，向多幢或街区建筑物供暖时，可采用装混合水泵的直接连接方式。

如图 7-7c 所示为混水泵跨接在供水管和回水管之间的混水泵连接方式。来自热网供水管的高温水，在建筑物用户入口或专设热力站处，与混合水泵 7 抽引的用户或街区网路回水相混合，降低温度后，再进入用户采暖系统。为防止混合水泵扬程高于热网供、回水管的压差，而将热网回水抽入热网供水管内，在热网供水管入口处应装设止回阀，通过调节混合水泵的阀门和热网供、回水管进出口处的阀门开启度，可以在较大范围内调节进入用户供热系统的供水温度和流量。

在热力站处设置混合水泵的连接方式，可以适当地集中管理。但混合水泵连接方式的造价比采用水喷射器的方式高，运行中需要经常维护并消耗电能。

因为我国目前城市高温水采暖系统中，大多城市不允许用户与网路采用直接连接，因此这种直接连接的方式在国内应用不多。

4. 给水增压回水减压的直接连接（图 7-7d）

当网路的水温工况满足用户的要求，但压力工况不能满足时（如高层建筑），可采用给水增压回水减压的直接连接方式。

网路给水通过增压泵 8 加压后，进入采暖系统热用户，在散热器内放热后，经减压定压阀（阀前阀）9 定压、减压后返回热网回水管。阀前阀有机械型，也有电磁型，现多用电磁型，并且和增压泵同步运行。

定压原理：利用增压泵出口处止回阀和电磁阀前阀，当用户系统运行时，即用户增压泵启动时，电磁阀前阀通电，当用户系统内压力超过定压压力（确保用户系统不倒空）后，电磁阀前阀自动开启，用户回水经阀前阀定压为用户系统的定压压力，并减压至和热网回水管压力相同；当用户增压泵停止运行时，电磁阀前阀断电自动关闭，这样用户系统内的水就被密闭起来，如果不漏水，可保证用户系统内压力在较长时间维持在定压压力左右。也就是说，不论增压泵运行还是不运行，用户系统内的压力都可维持在定压压力范围内。

和间接连接相比，这种直接连接方式设备简单、造价低、运行费用低，但需要分散管理，如果调节不当，可能影响下游用户的正常运行。给水增压回水减压的直接连接方式在国内广泛应用到二级热网的单栋高层建筑或多栋高层建筑中。

有些厂家将增压设备、减压定压设备及其他附属设备等组装在一起，称为直连器。故给水增压回水减压的直接连接方式也称为装有直连器的直连连接方式。

5. 间接连接（图 7-7e）

间接连接系统的工作方式如下：热网供水管的热水进入设置在建筑物用户引入口或热力站的水-水换热器 10 内，通过换热器的表面将热能传递给采暖系统热用户的循环水，冷却后的回水返回热网回水干管，采暖系统的循环水由热用户系统的循环水泵驱动循环流动。

间接连接方式需要在建筑物用户入口处或热力站内设置水-水换热器和采暖系统热用户

的循环水泵等设备，造价比上述直接连接高得多。循环水泵需经常维护，并消耗电能，运行费用增加。采用间接连接方式，虽造价增高，但热源的补水率大大减小，同时热网的压力工况和流量工况不受用户的影响，便于热网运行管理。

我国城市集中供热系统的热用户与热水网路的连接，20世纪八、九年代以前主要采用直接连接方式。但由于用户系统的漏损水量过大，严重的影响到供热系统的供热能力和经济性，不得不进行改造。北京市近年来将采暖系统热用户与热网的连接方式，逐步改为间接连接方式，收到了良好的效果。目前在一些城市（如沈阳、长春、太原、牡丹江等）的大型热水供热系统（一级热网）设计中主要采用了间接连接方式。

但是对小型的热水供热系统（二级热网），特别是低温水供热系统，直接连接仍是最佳的和主要的连接形式。

（二）通风系统热用户与热水网路的连接方式（图7-7f）

由于通风系统中加热空气的设备能承受较高压力，并对热媒参数无严格限制，因此通风用热设备13（如空气加热器等）与热网的连接，通常都采用最简单的连接形式。

（三）生活热水系统热用户与热网的连接方式

如前所述，在闭式热水网路供热系统中，热网的循环水仅作为热媒，供给热用户热量，而不从热网中取出使用，因此，生活热水热用户与热网的连接必须通过水-水换热器。根据用户热水供应系统中是否设置储水箱及其设置位置不同，连接方式有如下几种主要形式。

1. 无储水箱的连接方式（图7-7g）

热水网路供水通过水-水式换热器15将城市上水加热。冷却了的网路水全部返回热网回水管，在热水供应系统的供水管上宜装置温度调节器14，否则热水供应的供水温度将会随用水量的大小而剧烈地变化；同时系统的供水温度应控制在小于60℃范围内，以防止水垢的产生和烫伤人员。这种连接方式最为简单，常用于热水用量不大、且定时供热水的一般住宅或公用建筑中。

2. 装设上部储水箱的连接方式（图7-7h）

在水-水式换热器中被加热的城市上水，先送到设置在建筑物高处的储水箱16中，然后热水再沿配水管输送到各取水点使用。上部储水箱起着储存热水和稳定水压的作用。这种连接方式常用在浴室或用水量较大的工业企业中。

3. 装设容积式换热器的连接方式（图7-7i）

在建筑物用户引入口或热力站处装设容积式换热器17，换热器兼起换热和储存热水的功能，不必再设置上部储水箱。这种连接方式一般宜用于工业企业和公用建筑的小型热水供应系统上，也宜用于城市上水硬度较高、易结水垢的场合。

4. 装设下部储水箱的连接方式（图7-7j）

如图7-7j所示为一个装有下部储水箱同时还带有循环管的热水供应系统与热网的连接方式。装设循环管路20和热水供应循环水泵19的目的，是使热水能不断地循环流动，以避免开始用热水时，要先放出大量的冷水。

下部储水箱18与换热器用管道连接，形成一个封闭的循环环路。当热水供应系统用水量较小时，从换热器出来的一部分热水，流入储水箱蓄热，而当系统的用水量较大时，从换热器出来的热水量不足，储水箱内的热水就会被城市上水自下而上挤出，补充一部分热水量。为了使储水箱能自动地充水和放水，应将储水箱上部的连接管尽可能选粗一些。

这种连接方式较复杂，造价较高，但工作可靠，一般宜在对用热水要求较高的旅馆或住宅中使用。

**二、开式热水供热系统**

如前所述，开式热水供热系统是指用户的生活热水供应用水直接取自热水网路的热水供热系统。采暖和通风热用户系统与热水网路的连接方式，与闭式热水供热系统完全相同。开式热水系统的热水供应热用户与网路的连接，有下列几种形式（图7-8）：

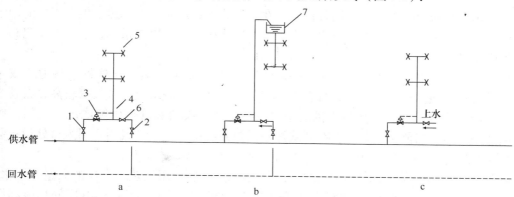

图7-8　开式热水供热系统中，热水供应热用户与网路的连接方式

1，2—进水阀门；3—温度调节器；4—混合三通；5—取水栓；6—止回阀；7—上部储水箱

1. 无储水箱的连接方式（图7-8a）

热水直接从网路的供、回水管取出，通过混合三通4后的水温可由温度调节器3来控制。为了防止网路供水管的热水直接流入回水管，回水管上应设止回阀6。

由于直接取水，因此网路供、回水管的压力都必须大于热水供应用户系统的水静压力、管路阻力损失以及取水栓5自由水头的总和。

这种连接方式最为简单，它可用于小型住宅和公用建筑中。

2. 装设上部储水箱的连接方式（图7-8b）

这种连接方式常用于浴室、洗衣房和用水量很大的工业厂房中。网路供水和回水先在混合三通中混合，然后送到上部储水箱7，热水再沿配水管送到各取水栓。

3. 与上水混合的连接方式（图7-8c）

当热水供应用户的用水量很大，建筑物中（如浴室、洗衣房等）来自采暖通风用户系统的回水量不足与供水管中的热水混合时，则可采用这种连接方式。

混合水的温度同样可用温度调节器控制，为了便于调节水温，网路供水管的压力应高于上水管的压力。在上水管上要安装止回阀，以防止网路水流入上水管路。如上水压力高于热网供水管压力时，在上水管上安装减压阀。

**三、闭式与开式热水供热系统的优缺点**

闭式与开式热水供热系统，各自具有如下的一些优缺点。

1. 闭式热水供热系统的网路补水量少。在正常运行情况下，其补充水量只是补充从网路系统不严密处漏失的水量，一般应为热水供热系统的循环水量的1%以下。开式热水供热系统的补充水量很大，其补充水量应为热水供热管网漏水量和生活热水供应用户的用水量之和。因此，开式热水供热系统热源处的水处理设备投资及其运行费用，远高于闭式热水供热系统。此外，在运行中，闭式热水供热系统容易监测网路系统的严密程度。补充水量大，则说明网路漏水量大，在开式热水供热系统中，由于热水供应用水量波动很大，热源补充水量的变化，无法用来判别热水网路的漏水状况。

2. 在闭式热水供热系统中，网路循环水通过间壁式热交换器将城市上水加热，热水供应用水的水质与城市上水水质相同且稳定。在开式热水供热系统中，热水供应用户的用水直接取自热网循环水，热网的循环水通过大量的直接连接的采暖用户系统，水质不稳定和不易符合卫生质量要求。

3. 在闭式热水供热系统中，在热力站或用户入口处，需安装热交换器。热力站或用户引入口处设备增多，投资增加，运行管理也较复杂。特别是城市上水含氧量较高，或碳酸盐硬度（暂时硬度）高时，易使热水供应用户系统的热交换器和管道腐蚀或沉积水垢，影响系统的使用寿命和热能利用效果。在开式热水供热系统中，热力站或用户引入口处设备装置简单，节省基建投资。

4. 在利用低位热能方面，开式系统比闭式系统要好些。用于热水供应的大量补充水量，可以通过热电厂汽轮机的冷凝器预热，减少热电厂的冷源损失，提高热电厂的热能利用效率；或可利用工厂企业的低温废水的热能。此外，对热电厂供热系统，采用闭式时，随着室外温度升高而进行集中质调节，供水温度不得低于 70 ~75℃（考虑到生活热水供应系统的热水温度不得低于 60℃）。而采用开式系统时，因直接从热网取水，供水温度可降低到 60℃。加热网路水的汽轮机抽汽压力可降低，也有利于提高热电厂的热能利用效率。

综上所述，闭式和开式热水供热系统各有其优缺点，在苏联城市供热系统中，闭式系统稍多于开式系统。应用范围主要取决于城市上水的水质，以双级串联闭式热水供热系统为主要选择方案，而当上水水质含氧量过大，或暂时硬度过高时，则多选择开式方案。

在我国，由于热水供应热负荷很小，城市供热系统主要是并联闭式热水供热系统，开式热水供热系统应用不多。

### 四、无压（或称常压）锅炉热水供热（采暖）系统

在我国北方采暖区，大部分小城镇、甚至比较落后的县城，都没有城市设置的集中供热系统。采暖全靠单位或居民小区自己设置的小型供热系统，在此系统中加热设备皆用无压锅炉。因此，本部分就无压锅炉热水供热系统与采暖热用户连接做以介绍，如图7-9所示。

无压锅炉热水采暖系统，常用的设计供回水温度为 95/70℃。工作原理如下：

无压锅炉 2 将水加热到设计的给水温度，用热水泵（R 型泵）3 将锅炉内

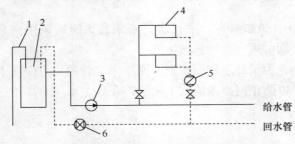

图 7-9　无压锅炉热水采暖系统

1—锅炉补水设备；2—无压锅炉；3—锅炉抽水泵；
4—散热器；5—用户定压减压装置（阀前阀）；
6—网路总定压减压装置（阀前阀）

的热水抽出并加压到设计的压力工况，经热网供水管进入用户系统，在散热器内放热后经热网回水管返回锅炉。这时分两种情况：

其一，当采暖建筑物高度相差比较大时，需要在每一个采暖用户出口处设置用户定压减压装置（阀前阀）5，且每个用户定压减压阀都要与锅炉抽水泵同步运行，而不需在热网回水管末端设置网路总定压减压装置（阀前阀）6。此时，回水经用户定压减压阀5定压为用户系统的定压压力（确保用户系统不倒空），并减压至回水能经热网回水管流到锅炉即可。

其二，当采暖建筑物高度相差不大时，需要在热网回水管末端设置网路总定压减压装置（阀前阀）6，且网路总定压减压阀要与锅炉抽水泵同步运行，而不需在每一个采暖用户出口处设置用户定压减压装置（阀前阀）5。此时，回水经网路总定压减压阀6定压为用户系统和热网系统的定压压力（确保用户系统不倒空），并减压至回水能流回到锅炉即可。

定压原理与闭式热水供热系统，采暖用户与网路采用给水增压回水减压的直接连接方式相同。

这种小型无压锅炉热水供热系统，广泛的应用在小范围的热水集中供热中，有的用它采暖，有的用它供应洗浴热水。

和大型热水集中供热系统相比，无压锅炉热水采暖系统投资极少、造价极小、运行费用很低、运行管理非常简单，不需要高技能的管理、操作人员。但能源利用率低，对环境造成的污染比较大，也是有待解决的实际问题。

# 第五节　蒸汽供热系统

以水蒸气为热媒的供热系统称为蒸汽供热系统。蒸汽供热系统广泛地应用于工业厂房或工业区域，它主要承担向生产工艺热用户供热；同时也向热水供应、通风和采暖热用户供热。

## 一、热用户与蒸汽供热管网的连接方式

各种热用户与蒸汽供热管网的连接方式如下所述。

如图7-10所示为各种热用户与蒸汽供热管网的连接方式。锅炉生产的高压蒸汽进入蒸汽管网，以直接或间接的方式向各用户提供热能，凝结水经凝结水管网返回热源凝结水箱，经锅炉给水泵加压后注入锅炉重新被加热成蒸汽。

如图7-10a所示为生产工艺热用户与蒸汽网路的直接连接示意图。蒸汽减压阀4减压后，送入生产工艺用热设备5，放热后生成凝结水，凝结水经疏水器6后流入用户凝结水箱7，再由用户凝结水泵8加压后返回凝结水管网。

如图7-10b所示为蒸汽采暖用户系统与蒸汽网路的直接连接。高压蒸汽减压阀减压后向采暖用户供暖。

如图7-10c所示为热水采暖用户系统与蒸汽网路的间接连接，高压蒸汽减压后，经蒸汽-水换热器10将用户循环水加热，用户内部采用热水采暖形式。

如图7-10d所示为采用蒸汽喷射器的直接连接。蒸汽在蒸汽喷射器13的喷嘴处，产生低于热水采暖系统回水的压力，回水被抽引进入喷射器，混合加热后送入用户采暖系统，用户系统中多余的水量通过水箱的溢流管14返回凝结水管网。

如图 7-10e 所示为通风系统与蒸汽网路的直接连接。如蒸汽压力过高，则在入口处装置减压阀调节。

如图 7-10f 所示为蒸汽直接加热热水的热水供热系统。

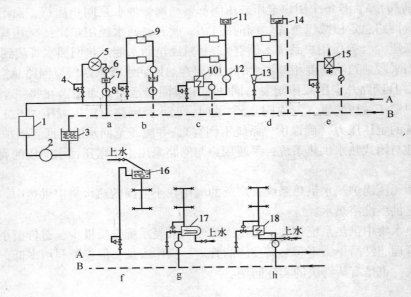

图 7-10　蒸汽供热系统示意图

a—生产工艺热用户与蒸汽网路连接图；b—蒸汽采暖用户系统与蒸汽网路连接图；c—采用蒸汽-水换热器的连接图；d—采用蒸汽喷射器的连接图；e—通风系统与蒸汽网路的连接图；f—蒸汽直接加热的热水供应图式；g—采用容积式加热器的热水供应图式；h—无储水箱的热水供应图式；

1—蒸汽锅炉；2—锅炉给水泵；3—凝结水箱；4—减压阀；5—生产工艺用热设备；6—疏水器；7—用户凝水箱；8—用户凝结水泵；9—散热器；10—采暖系统用的蒸汽-水换热器；11—膨胀水箱；12—循环水泵；13—蒸汽喷射器；15—空气加热装置；16—上部储水箱；17—容积式换热器；18—热水供应系统的蒸汽-水换热器

如图 7-10g 所示为采用容积式汽-水换热器的间接连接热水供热系统。

如图 7-10h 所示为无储水箱的间接连接热水供热系统。

## 二、凝结水回收系统

蒸汽在用热设备内放热凝结后，凝结水流出用热设备，经疏水器、凝结水管道返回热源的管路系统及其设备组成的整个系统，称为凝结水回收系统。

凝结水水温较高（一般为 80 ~100℃左右），同时又是良好的锅炉补水，应尽可能回收。凝结水回收率低，或回收的凝结水水质不符合要求，使锅炉的补给水量增大，增加水处理设备投资和运行费用，增加燃料消耗。因此，正确地设计凝结水回收系统，运行中提高凝结水回收率，保证凝结水的质量，是蒸汽供热系统设计与运行的关键性技术问题。

凝结水回收系统按其是否与大气相通，可分为开式凝结水回收系统和闭式凝结水回收系统。

如按凝水的流动方式不同，可分为单相流和两相流两大类；单相流又可分为满管流和非满管流两种流动方式。满管流是指凝水靠水泵动力或位能差，充满整个管道截面呈有压流动的流动方式；非满管流是指凝水并不充满整个管道断面，靠管路坡度流动的流动方式。

如按驱使凝水流动的动力不同，可分为重力回水、余压回水和机械回水。机械回水是利用水泵动力驱使凝水满管有压流动。余压回水是依靠疏水器后的背压直接驱使两相流凝水的流动方式。重力回水是利用凝水位能差或管线坡度，驱使凝水满管或非满管流动的方式。

一个凝结水回收系统往往包括多种流动状态的凝水管段。凝结水回收系统主要按用户通往锅炉房或分站凝水箱的凝水管段的流动方式和驱动力进行命名，有下列几种。

1. 非满管流的凝结水回收系统（低压自流式系统）

工厂内各车间的低压蒸汽经采暖设备放热后，流出疏水器 2（或不经疏水器）的凝结水压力接近为零。凝水依靠重力，沿着坡向锅炉房凝水箱的凝水管道 3，自流返回锅炉房凝结水箱 4，如图 7-11 所示。

低压自流式凝结水回收系统只适用于供热面积小，地形坡向凝水箱的场合，锅炉房应位于全厂的最低处，其应用范围受到很大限制。

2. 两相流的凝结水回收系统（余压回水系统）

工厂内各车间的高压蒸汽供热后的凝结水，经疏水器 2 后仍具有一定的背压。依靠疏水器后的背压将凝水直接接到室外凝结水管网 3，送回锅炉房或分站的凝结水箱 4 去，如图 7-12 所示。

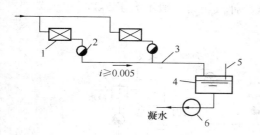

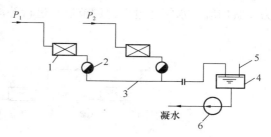

图 7-11 低压自流式凝结水回收系统

1—车间用热设备；2—疏水器；
3—室外直流凝结水水管；4—凝结水箱；
5—排汽管；6—凝结水泵

图 7-12 余压回收系统

1—用汽设备；2—疏水器；
3—两相流凝结水管道；4—凝结水箱；
5—排汽管；6—凝结水泵

余压回水系统是应用最广的一种凝结水回收方式，适用于全厂耗汽量较少、用汽点分散、用汽参数（压力）比较一致的蒸汽供热系统上。

3. 重力式满管流凝结水回收系统

工厂中各车间用汽设备排出的凝结水，经余压凝水管段 3，首先集中到一个承压的高位水箱 4（或二次蒸发箱），在箱中排出二次蒸汽后，纯凝水直接流入室外凝水管网 6，如图 7-13 所示。

重力式满管流凝结水回收系统工作可靠，适用于地势较平坦且坡向热源的蒸汽供热系统。

上面介绍的三种不同凝水流动状态的凝结水回收系统，均属于开式凝结水回收系统，系统中的凝结水箱或高位水箱与大气相通。在系统运行期间，二次蒸汽通过凝结水箱或高置水箱顶设置的排气管排出。凝水的水量和热量未能得到充分的利用或回收。在系统停止运行期间，空气通过凝结水箱或高置水箱进入系统内，使凝水含氧量增加，凝水管道易腐蚀。

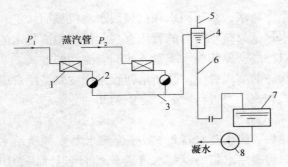

图 7-13　重力式满管流凝结水回收系统

1—车间用热设备；2—疏水器；3—余压凝结水道管；4—高位水箱（或二次蒸发箱）；5—排气管；6—室外凝水管道；7—凝结水箱；8—凝结水泵

采用闭式凝结水回收系统，可避免空气进入系统，同时，还可以有效利用凝结水热能和提高凝结水的回收率。回收二次蒸汽的方法，可采用集中利用或分散利用的方式。

**4. 闭式余压凝结水回收系统（图7-14）**

闭式余压凝结水回收系统的凝结水箱必需是承压水箱4和需设置一个安全水封5，安全水封的作用是使凝水系统与大气隔断。当二次汽压力过高时，二次汽从安全水封排出；在系统停止运行时，安全水封可防止空气进入。

如图7-14所示是一个集中利用二次汽，大量的二次汽和漏汽分离出来，可通过一个蒸汽-水加热器8，以利用二次汽和漏汽的热量。这些热量可用来加热锅炉房的软化水或加热上水用于热水供应或生产工艺用水。为使闭式凝结水箱在系统停止运行时，能保持一定的压力，宜向凝结水箱通过压力调节器9进行补汽，补汽压力一般不大于5kPa。

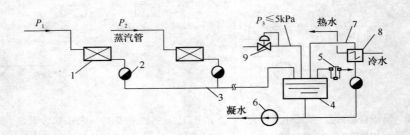

图 7-14　闭式余压凝结回收系统

1—车间用热设备；2—疏水器；3—余压凝结管；4—闭式凝结水箱；5—安全水封；6—凝结水泵；7—二次汽管道；8—利用二次汽的换热器；9—压力调节器

**5. 闭式满管流凝结水回收系统（图7-15）**

车间生产工艺用汽设备1的凝结水集中送到各车间的二次蒸发箱3，产生的二次汽可用于采暖。二次蒸发箱的安装高度一般为3.0~4.0m，设计压力一般为20~40kPa，在运行期间，二次蒸发箱的压力取决于二次汽利用的多少。当生成的二次汽少于所需时，可通过减压阀补汽，满足需要和维持箱内压力。

二次蒸发箱内的凝结水经多级水封7引入室外凝水管网，靠多级水封与凝结水箱顶的回形管的水位差，使凝水返回凝结水箱9，凝结水箱应设置安全水封10，以保证凝水系统不与大气相通。

闭式满管流凝结水回收系统适用于能分散利用二次汽、厂区地形起伏不大，地形坡向凝结水箱的场合。由于这种系统利用了二次汽，且热能利用好，回收率高，外网管径通常较余压系统小，但各季节的二次汽供求不易平衡，设备增加，目前在国内应用尚不普遍。

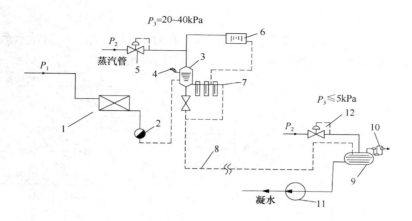

图 7-15　闭式满管流凝结水回收系统

1—用汽设备；2—疏水器；3—二次蒸发箱；4—安全阀；5—补汽压力调节阀；6—散热器；7—多级水封；
8—室外凝水管道；9—闭式凝结水箱；10—安全水封；11—凝结水泵；12—压力调节阀

# 第六节　热力站及换热器与热网的连接方式

集中供热系统的热力站是供热网路与用户的连接场所。它的作用是根据热网工况和不同的条件，采用不同的连接方式，将热网输送的热媒加以调节、转换，向热用户系统分配热量以满足用户需求；并根据需要，进行集中计量、检测供热热媒的参数和数量。

根据热网输送的热媒不同，热力站可分为热水供热热力站和蒸汽供热热力站。根据服务对象不同，热力站可分为民用热力站和工业热力站。根据热力站的位置、功能和供热规模的大小，可分为用户热力站、小区热力站和区域性热力站。本教材主要介绍民用小区热力站。

1. 用户热力站（点）也称用户引入口，它设置在单幢建筑用户的地沟入口或地下室或底层处，通过它向该用户或相邻几个用户分配热能。

2. 小区热力站（常简称热力站），供热网路通过小区热力站一个或几个街区的多幢建筑分配热能。这种热力站大多是单独的建筑物。

3. 区域性热力站，它用于特大型的供热网路，设置在供热主干线和分支干线的连接点处。

## 一、用户引入口

用户引入口需要安装的主要阀门和仪表有：在用户供、回水总管进出口处设置截断阀门、压力表和温度计，同时根据用户供热质量的要求，设置手动调节阀或流量调节器，以便对用户进行供热调节。热计量供热系统的用户引入口处应设置热量表。用户进水管上应安装除污器，以免污垢杂物进入局部采暖系统。如引入用户支线较长，宜在用户供、回水管总管的阀门前设置旁通管。当用户暂停采暖或检修而网路仍在运行时，关闭入管总阀门，将旁通管阀门打开使水循环，以避免外网的支线冻结。用户引入口的主要作用是为用户分配、调节供热量，监测并控制进入用户的热媒参数，以达到用户用热量的要求。

## 二、小区热力站

通常又叫集中热力站（常简称为热力站），如图 7-16 所示为小区热力站示意图。热水供应热用户、采暖热用户、通风热用户与热水网路均采用间接连接。

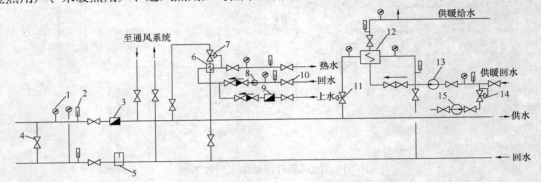

图 7-16　小区集中热力站示意图

1—压力表；2—温度计；3—热量计量表；4—旁通管；5—除污器；6—热水供应系统水-水换热器；
7—温度调节器；8—热水供应循环水泵；9—上水流量计；10—热水供应循环管路；11—手动调节阀；
12—采暖系统水-水换热器；13—采暖系统循环水泵；14—补给水调节阀；15—补给水泵

1. **热水供应热水换热**

城市上水和用户的循环回水进入水-水换热器 6 被外网高温热水加热，被加热的热水沿热水供应网路的供水管，输送到各用户。在加热的过程中，可调节温度调节器 7，以满足用户所需要的热水温度。热水供应系统中设置热水供应循环水泵 8 和循环管路 10，使热水能不断地循环流动，确保供应热水的质量。

当城市上水悬浮杂质较多、水质硬度或含氧量过高时，还应在上水管处设置过滤器或对上水进行必要的水处理。

2. **采暖热水换热**

采暖系统回水经循环水泵 13 增压进入采暖系统水-水换热器 12 被外网高温热水加热，加热到设计温度的采暖热水沿采暖网路的供水管，输送到各用户。

在加热的过程中，可调节手动调节阀 11，以满足采暖系统集中质调节需要。

采暖系统的补充水必须经过水质处理，以避免在采暖系统中结生水垢。

随着我国集中供热技术的发展，近十多年来，利用微机调控热力站流量和温度的方法已得到了广泛的应用。尤其在人性化的采暖系统中，可以根据室外温度的变化，自动调控采暖的供水温度，以满足在不同的气象条件下，建筑物不同的热负荷。不但确保了采暖质量，而且节能效果非常显著。

民用小区热力站的最佳供热规模，取决于热力站与网路总基建费用和运行费用，应通过技术经济比较确定。一般来说，对新建居住小区，每个小区设一座热力站，规模在 5 万～15 万 $m^2$ 建筑面积为宜。

## 三、换热器与热网的连接方式

1. **并联连接方式**

换热器与热网的连接大多数都采用并联连接的方式，为了保证供热的安全，一般的一座热力站至少有两台或两台以上的换热器并联安装在热网中。

采暖热用户与热水网路采用了间接连接，这种全部热用户（采暖、热水供应、通风空调等）与热水网路均采用间接连接的方式，使用户系统与热水网路的水力工况（流量与压力状况）完全隔开，便于进行管理，特别是大大地提高了供热的安全可靠性。这种全间接连接方式，近十多年来在我国得到了广泛的应用。

2. 双级串联连接方式

为了减少热水供应热负荷所需的网路循环水量，可采用采暖系统与热水供应系统串联的连接方式［图 7-17（a）］。

如图 7-17（a）所示是一个双级串联的连接方式。上水采用两级加热，加热方式为热水供应第Ⅱ级水-水换热器 2 的热网回水，与热水采暖系统的热网回水相混合。首先进入热水供应系统的第Ⅰ级水-水换热器 1 加热热水供应用水。如经过第Ⅰ级加热后，热水供应水温仍低于所要求的温度，则通过水温调节器 3 将阀门打开，进一步利用网路中的高温水通过第Ⅱ级水-水换热器 2，将水加热到所需温度。简单说，就是先用热网的回水进行Ⅰ级加热（或称预热），再用热网的供水进行Ⅱ级加热。

3 双级混联连接方式

为了减少热水供热系统网路的循环水量，可采用采暖系统与热水供应系统混联的连接方式［图 7-17（b）］。

如图 7-17（b）所示是双级混联连接方式。热网供水分别进入热水供应和采暖系统的水-水换热器 9 和 10 中（通常采用板式热交换器）。上水同样采用两级加热，加热方式为热水供应水-水换热器 9 的终热段 9b 的热网回水，与热水采暖系统的热网回水相混合，进入热水供应水-水换热器的预热段 9a［相当于图 7-17（a）的Ⅰ级加热器］，将上水预热，上水最后通过水-水换热器 9 的终热段 9b，被加热到热水供应所要求的水温。根据热水供应的供水温度和采暖系统保证的室温，调节各自热交换器的热网供水阀门的开启度，控制进入各热交换器的网路水流量。

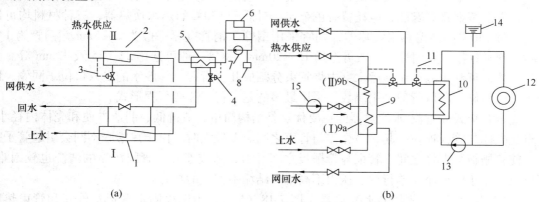

(a)　　　　　　　　　　　　　(b)

图 7-17　混联热水供热系统

(a) 闭式双级串联水加热器的连接图式；(b) 闭式混联连接

1—Ⅰ级热水供应水-水换热器；2—Ⅱ级热水供应水-水换热器；3—水温调节器；4—流量调节器；5—采暖系统水-水换热器；6—采暖用户；7-采暖系统循环水泵；8—采暖系统补水定压系统；9—热水供应水-水换热器；9a—换热器的预热段；9b—换热器的终热段；10—采暖系统水-水换热器；11—流量调节器；12—采暖用户系统；13—采暖系统循环水泵；14—热水供应系统的循环水泵；15—膨胀水箱

由于具有热水供应的采暖热用户系统与网路连接采用了串联式或混联连接的方式，利用了采暖系统回水的部分热量预热上水，可减少网路总的设计计算循环流量，适宜用在热水供应热负荷较大的城市热水供热系统上。

# 第七节  热力站的主要设备

## 一、换热器

换热器，特别是被加热介质是水的换热器，在供热系统中得到广泛应用。如它用在热电厂及锅炉房中加热热网水和锅炉给水，在热力站和用户热力站处，加热采暖和热水供应用户系统的循环水和上水。

热水换热器，按参与热交换的介质分类，分为汽-水（式）换热器和水-水（式）换热器，按换热器热交换（传热）的方式分类，分为表面式换热器和混合式换热器。表面式换热器是冷热两种流体被金属表面隔开，而通过金属壁面进行热交换的换热器，如管壳式、套管式、容积式、板式和螺旋板式换热器等。混合式换热器是冷热两种流体直接接触进行混合而实现热交换的换热器，如淋水式、喷管式换热器等。常用热水换热器的形式及构造特点如下所述。

1. 壳管式换热器

（1）壳管式汽-水换热器主要有下列几种形式。

①固定管板式汽-水换热器［图7-18（a）］。它主要由以下几部分组成：带有蒸汽进出口连接短管的圆形外壳1，由小直径管子组成的管束2，固定管束的管栅板3，带有被加热水进出口连接短管的前水室4及后水室5。蒸汽在管束的外表面流过，被加热水在管束的小管内流过，通过管束的壁曲进行热交换。

管束通常采用锅炉碳素钢钢管、不锈钢管、紫钢管或黄铜管。钢管承压能力高，但易腐蚀；铜管及黄铜管耐腐蚀，但耗费有色金属。对低于130℃的热水换热器，三种材料均可使用；超过140℃的高温热水换热器，则宜采用钢管。钢管壁厚一般为2～3mm，铜管为1～2mm。管子直径：对铜管，一般可选用15～20mm；钢管一般可选用22、25及32mm等。为强化传热，可利用隔板在前后水室中将管束分割成几个行程。一般水的出入口位于同侧，以便于拆卸检修，所以行程采用偶数。采用最多的是二行程和四行程形式。

固定管板式壳管汽-水换热器的主要优点是结构简单、造价低、制造方便和壳体内径小；缺点是壳体与管板连在一起，当壳体与管束之间温差较大时，由于热膨胀不同会引起管子扭弯，使管栅板与壳体之间、管束与管栅板之间开裂，造成泄漏；管间污垢的清洗也较困难。所以只适用于温差小、单行程、压力不高以及结垢不严重的场合。

②带膨胀节的壳管式汽-水换热器［图7-18（b）］。为解决固定管板式外壳和管束热膨胀不同的缺点，可在壳体中部加一膨胀节，其余结构形式与固定管板式完全相同，这种换热器克服了上述的缺点，但制造要复杂些。

③U形管壳管式汽-水换热器［图7-18（c）］。U形管束可以自由伸缩，以补偿其热伸长，结构简单。缺点是管内无法用机械方法清洗，管束中心附近的管子不便拆换，管栅板上布置管束的根数有限，单位容量及单位重量的传热量低。

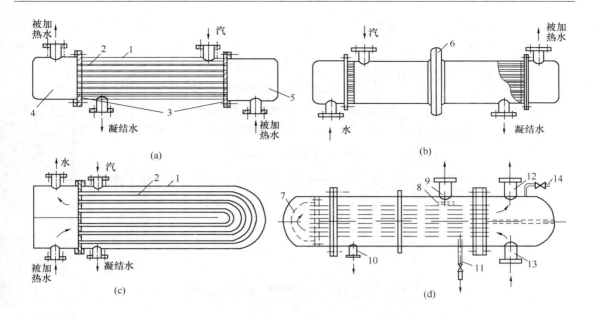

图 7-18　壳管式汽水换热器

（a）固定管板式汽-水换热器；（b）带膨胀节的壳管式汽-水换热器；

（c）U 形管壳管式汽-水换热器；（d）浮头式壳管式汽-水换热器

1—外壳；2—管束；3—固定管栅板；4—前水室；5—后水室；6—膨胀节；7—浮头；8—挡板；

9—蒸汽入口；10—凝水出口；11—汽侧排气管；12—被加热水出口；13—被加热水入口；14—水侧排气管

④浮头式壳管式汽-水换热器［图 7-18（d）］。其特点是浮头侧的管栅板不与外壳相连，该侧管栅板可在壳体内自由伸缩，以补偿其热伸长。清洗便利，且可将其管束从壳体中拔出。

对上述壳管式汽-水换热器，应注意防止蒸汽冲击管束而引起管子弯曲和振动。为此在蒸汽入口处应设置挡板，具有防冲和导流作用。当管束较长时，需要设支撑隔板以防管束挠曲。同时，壳内应有较大的空间，使蒸汽分布均匀，凝水顺利排除。在开始运行时，必须很好地排除空气及其他不凝气体。

⑤波节型壳管式换热器［图 7-19（a）］。该换热器的特点是采用薄壁不锈钢（1Cr18Ni19Ti）波节管束［图 7-19（b）］代替传统的等直径直管束，作为壳管式换热器的受热面。由于采用了波节管束，强化了传热，传热系数明显增高；波节管束内径较大些，水侧的流动压力损失降低；同时靠波节管束补偿热伸长，可以采用固定管板的简单结构形式。但应注意，由于波节管为奥氏体不锈钢，为防止应力腐蚀，换热器水质中的铝离子含量应不超过 $25\mu g/L$。

（2）壳管式水-水换热器

图 7-20（a）为分段式水-水换热器，图 7-20（b）为套管式水-水换热器。

分段式水-水换热器是由带有管束的几个分段组成。每个分段外壳设波形膨胀节，以补偿其热伸长。各段之间采用法兰连接。

套管式是最简单的一种壳管式，它是由钢管组成"管套管"的形式。套管之间用焊接连接。套管式换热器的组合换热面积小。

159

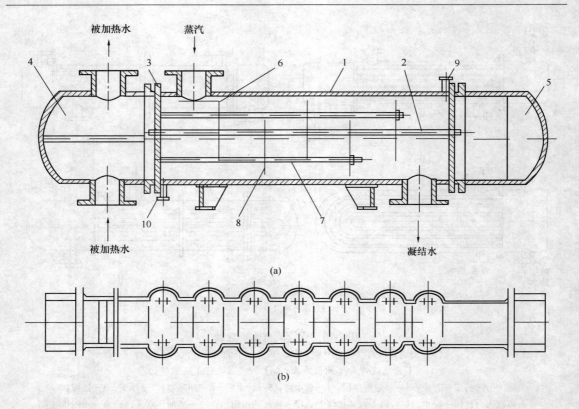

图 7-19　波节型壳管式换热器

（a）结构示意图；（b）波节管示意图

1—外壳；2—波节管；3—管板；4—前水室；5—后水室；6—挡板；7—拉杆；

8—折流板；9—排气口；10—排液口

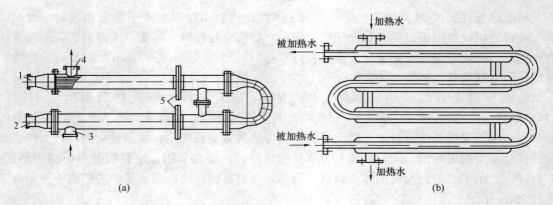

图 7-20　壳管式水-水换热器

（a）分段式水-水换热器；（b）套管式水-水换热器

1—被加热水入口；2—被加热水出口；3—加热水入口；4—加热水出口；5—膨胀节

水-水换热器两流体流动方向都采用逆向流动，以提高传热效果。上述两种水-水换热器，与后面阐述的板式和螺旋板式换热器相比具有如下优点：结构简单、造价低、流通截面较宽、易于清洗水垢；但其缺点是传热系数低，占地面积大。

## 2. 容积式换热器（图 7-21）与半容积式换热器

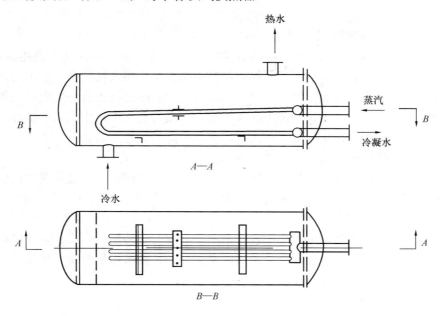

图 7-21　容积式换热器构造示意图

根据加热介质的不同，分为容积式汽-水换热器和容积式水-水换热器。这种换热器与储水箱结合在一起，其外壳大小根据储水箱的容量确定。换热器中用 U 形弯管管束并联在一起，蒸汽或加热水自管内流过。

根据加热的对流管束所占比例不同，可分为容积式换热器与半容积式换热器。容积式换热器的主要特点是兼起储水箱的作用，供水平稳、安全，易于清除水垢，主要用于热水供应系统。但其传热系数比壳管式换热器低得多。

半容积式换热器的主要特点是部分克服了容积式换热器缺点并结合了壳管式换热器的优点而开发的。壳管式换热器的加热管较多，加热速度较快，传热量大，是一种快速加热器，但压力损失大，水温与水压波动大。在半容积式换热器的壳体内部设置了隔板，实现将换热器内部冷、热水分区（换热与储热分开、减少了换热盲区），有效利用了换热器的容积；设置折流板加强管束的横向冲刷，加强换热。因此，半容积式换热器发挥了容积式换热器供水平稳与管壳式换热器加热迅速的优点，又部分克服了它们的缺点，是一种非常适于热水供应的换热器。

## 3. 浮动盘管式换热器

水平浮动盘管式热交换器由壳体和浮动盘管两大部分构成（图 7-22）。壳体由上封头、下封头及筒体构成，壳体采用碳素钢板或不锈钢板制造，上封头顶部装有安全阀、热水出口接管、感温管、感温原件及自力式温度调节器传感器接管等。下封头上装设了冷凝水排出管、排污管、被加热介质入口管、蒸汽入口接管及热交换器支架等。浮动盘管组由许多平行的水平浮动盘管组成，每一片浮动盘管都有一个进口联箱和中间联箱将多根水平弯管串联起来。进口联箱与垂直进口管连接，从而将多片平行浮动盘管组并联。而每一片水平浮动盘管的末端又与垂直出口管连接，且每一片盘管的中间联箱则是自由端。当热交换器处于工作状态时，水流自下而上流动，每片盘管则水平浮动在水中，因此称为水平浮动盘管。水平浮动盘管及其联箱、垂直进出口管均采用紫铜管制造。浮动盘管式换热器的工作原理（以蒸汽式浮动盘管式换热器为例）：蒸汽由下部进入热交换器，自下而上地均匀分配给各层水平浮动盘管，冷凝后自上而下进入凝结水排除管排出；被加热水由进水管进入换热器壳体下部，并由下向上流动，被加热后的热水，由热交换器顶部排出，接入管网送至热水用户。当水流自下向上流动时，对水平盘管产生一种向上运动的推力，而盘管因自身的重量及弹性会产生一种向下的作用力，在上、下这两种力的作用下，使盘管在水中产生浮动，这种浮动使水流产生较强的扰动，大大强化了传热，从而可以获得较高的传热系数。

浮动盘管式换热器的主要特点有以下两点：

①传热系数高。盘管采用的是紫钢管，故导热系数高，同时由于盘管在水流中的浮动作用，使水流产生较强的扰动，大大强化了传热，传热系数为 3000～4000W/（$m^2$·℃），较壳管式、容积式换热器均高。

②结构紧凑，并可自动除垢。由于盘管采用了悬臂的独特结构形式，加热过程中充分利用了蒸汽离心力的作用，盘管束产生一种高频率的浮动，使被加热介质产生扰动，碱性污垢不易沉浮于管臂，形成了一种自动脱垢的独有特性。

4. 板式换热器（图 7-23）

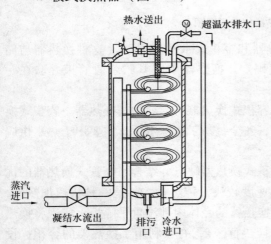

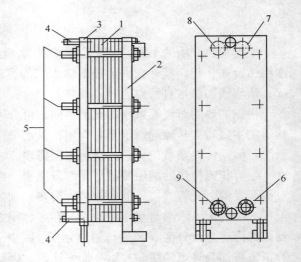

图 7-22　水平浮动盘管式汽-水换热器

图 7-23　板式换热器的构造示意图
1—加热板片；2—固定盖板；3—活动盖板；
4—定位螺栓；5—压紧螺栓；6—被加热水进口；
7—被加热水出口；8—加热水进口；9—加热水出口

它主要由传热板片 1、固定盖板 2、活动盖板 3、定位螺栓 4 及压紧螺栓 5 组成。板与板之间用垫片进行密封，盖板上设有冷、热媒进出口短管。

板片的结构形式很多，我国目前生产的主要是"人字形板片"（图 7-24）。它是一种典型的"网状流"板片。左侧上下两孔通加热流体，右侧上下两孔通被加热流体。

板片之间密封用的垫片形式如图 7-25 所示。密封垫的作用不仅把流体密封在换热器内，而且使加热与被加热流体分隔开，不使相互混合。通过改变垫片的左右位置，可以使加热与被加热流体在换热器中交替通过人字形板面，通过信号孔可检查内部是否密封。当密封不好而有渗漏时，信号孔就会有流体流出。

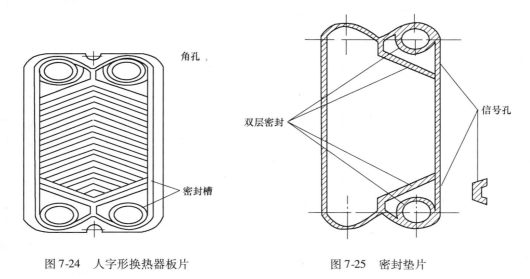

图 7-24　人字形换热器板片　　　　　　　　图 7-25　密封垫片

板式换热器两侧流体（加热侧与被加热侧）的流程配合很灵活。如图 7-26 所示，它是 2 对 2 流程。但也可实现 1 对 1、1 对 2、2 对 2 和 2 对 4 等两侧流体流程配合方式，而达到流速适当，以获得较大的传热系数。

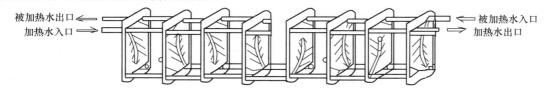

图 7-26　板式加热器流程示意图

板式换热器由于板片表面的特殊结构，能使流体在低流速下发生强烈湍动，从而大大强化了传热过程。因此，板式换热器是一种传热系数很高、结构紧凑、适应性大、拆洗方便、节省材料的换热器。近些年来，水-水式板式换热器在我国城市集中供热系统中，得到了广泛的应用。但板片间流通截面窄，水质不好形成水垢或污物沉积，都容易堵塞，密封垫片耐温性能差时，容易渗漏和影响使用寿命。

5. 螺旋扳式换热器（图 7-27）

它是由两张平行金属板卷制两个螺旋通道组成的表面式换热器。加热介质和被加热介质分别在螺旋板两侧流动。螺旋板式换热器有汽-水式和水-水式两种。螺旋板式换热器结构紧凑，其传热系数一般高于管壳式换热器。与板式换热器相比，流通截面较宽，不易堵塞，但其主要缺点是不能拆卸清洗。

6. 淋水式换热器（图 7-28）

它主要由管壳及淋水板组成。被加热水由上部进入，经淋水板上的筛孔分成细流流下；蒸汽由壳体上侧部或下部进入，与被加热水接触凝结放热，被加热后的热水从换热器下部送出。

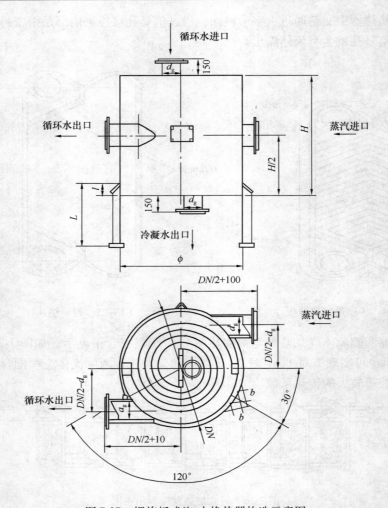

图 7-27　螺旋板式汽-水换热器构造示意图

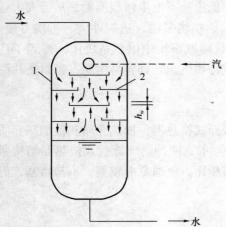

图 7-28　淋水式换热器示意图
1—壳体；2—淋水板

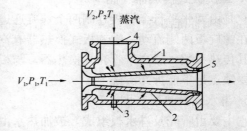

图 7-29　喷管式汽-水换热器构造示意图
1—外壳；2—喷嘴；3—泄水栓；4—网盖；5—填料

淋水式换热器是一种典型的混合式换热器。混合式换热器与上述表面式换热器相比,具有换热效率高,在相同设计热负荷条件下,换热面积小,设备紧凑;但由于直接接触换热,不能回收纯凝水,因此应用在集中供热系统上,还要考虑增加热源水处理设备的容量和如何利用系统多余的凝水量问题。

淋水式换热器应用在热水供热系统中,除了具有换热功能外,还兼起储水箱的作用(替代供热系统的膨胀水箱),同时还可以利用壳体内的蒸汽压力对系统进行定压。

7. 喷管式汽-水换热器(图 7-29)

它主要由外壳 1、喷嘴 2、泄水栓 3、网盖 4 和填料 5 组成。被加热水通过呈拉伐尔管形的喷管时,蒸汽从喷管外侧,通过管壁上许多斜向小孔喷入水中,两者在高速流动中很快地混合,将水加热,为了蒸汽正常通过斜孔与水混合,使用的蒸汽压力至少应比换热器入口水压高出 0.1MPa 上。

喷管式汽-水换热器具有体积小,制造简单,安装方便,调节灵敏,加热温差大以及运行平稳等特点;但换热量不大,一般只用于热水供应和小型热水采暖系统上。用于采暖系统时,喷管式汽-水换热器多设置在循环水泵的出水口侧。

## 二、水箱

热源中要用到的水箱种类很多,按材质可分为普通碳素钢板焊接水箱、不锈钢水箱与玻璃钢水箱。

工程上使用的较小型的钢板焊接水箱一般采用 4 ~6mm 的钢板焊接而成,施工简便、重量轻,但在使用时水箱的内外表面应做防腐处理,并且防腐涂料不应对水质产生影响。不锈钢水箱的加工方法与钢板焊接水箱相同,只是水箱内表面无须再做防腐处理。玻璃钢水箱是由玻璃钢加工预制而成,具有重量轻、强度高、耐腐蚀、造型美观、安装方便等优点,是目前广为使用的一种新型储水箱。

水箱按加工、安装方法不同可分为整体式水箱与装配式水箱。

整体式水箱由钢板采用焊接工艺加工而成,为加强水箱刚度,钢板内置加强肋板,该类较大型的水箱制作难度大、施工周期长、防腐效果差,已逐渐被装配式水箱所取代。装配式水箱采用不锈钢板、玻璃钢板或镀锌钢板等材料经机械冲压成 1000mm × 1000mm,1000mm × 500mm,500mm × 500mm 的标准块,周边钻孔,经防腐处理后,现场进行装配,组装时标准块之间垫衬无毒的橡胶条或硅胶条,螺栓紧固连接。组装时应根据水箱的容积,采用不同厚度、不同尺寸的标准块板。

按使用的用途可分为原(生)水箱、软化水箱、凝结水箱。水箱在加工制作时,可根据设计选用标准图集中的规格尺寸与结构进行预制或现场加工。水箱的基本配管应包括有进水管、出水管、溢流管、泄水管和信号管,为保证水质,开式水箱应加盖,并留有通气管。

## 三、分(集)汽(水)缸

在热源的供热热水管道分支多于两根时,一般需要在供水管道上设置分水缸,在回水管道上设置集水缸,相对于蒸汽管道则应设置分汽缸。具有稳定压力、平缓并均匀分配水流的作用,大样图如图 7-30 所示,其筒体直径一般按筒内流体的流速确定,热水流速按 0.1m/s 计算,蒸汽流速按 10m/s 计算,简单的方法是筒体的直径至少要比汽水连接总管直径大两

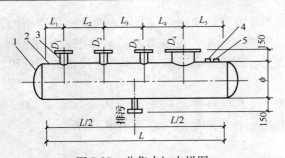

图 7-30　分集水缸大样图

1—封头；2—筒体；3—接管；4—温度计座；5—压力表座

号管径，具体设计可参考标准图集 05K232。

## 四、除污器

除污器是热力站中最为常用的附属设备之一，作用是滤除系统中的泥沙、焊渣等污物并定期将积存的污物清除。除污器一般安装于系统回水干管循环泵的吸入口前，用于集中除污。也可用于建筑的入口，分设于供回水干管上，用于分散除污。

除污器按其结构形式可分为立式与卧式两种类型（图 7-31）；按其安装形式可分为直通式与角通式两种类型（图 7-32）。除污器的断面大于管道的流通面积，流体在除污器中的流速变缓，使流体携带杂质污物的能力下降，并在滤网的联合作用下，污物沉降于除污器的底部，定期排出。一般除污器的前后设有阀门、压力表及旁通管，根据压力变化情况及时检修。除污器主要是去除系统中较大的固体颗粒，以保证系统的连续工作并提高除污效率，系统中常采用快速除污器或旋流除污（砂）器。

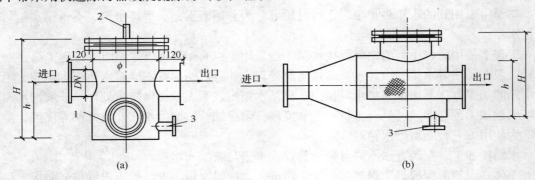

图 7-31　除污器的连接

（a）直通式连接（b）角通式连接

1—手孔；2—排气管；3—排水管

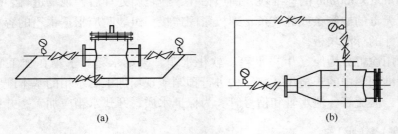

图 7-32　除污器安装形式

（a）直通式连接；（b）角通式连接

快速除污器如图 7-33 所示。运行时，蝶阀 1 处于全开状态，流体由进口进入，经过滤网过滤由出口排出，污物进入排出口的漏斗内沉积下来。排污时，打开排污口的阀门，再关

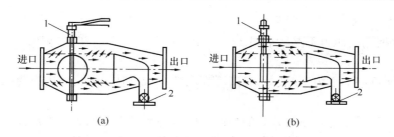

图 7-33　快速除污器
（a）运行；（b）排污

闭蝶阀 1，则蝶阀后面的流体由外侧流向内侧，反冲滤网，并将污物排出。比较于前述除污器，快速除污器具有在不停机的情况下，随时清污，滤网可定期清洗的优点，在管路设计时亦可不安装旁通管路。

旋流除污器是一个带有圆柱部分的锥形容器，利用离心分离的原理进行除污。锥体上面是一圆筒，筒体的外侧有一进液管，流体以切线方向进入筒体，筒体的顶部是溢流口，底部是排砂口。旋流器的尺寸由锥体的最大内径决定。其工作原理是根据离心沉降和密度差的原理，当水流在一定的压力从除污器进口以切向进入设备，会产生强烈的旋转运动，由于污物与水密度不同，在离心力的作用下，使密度小的清水上升，由溢流口排出，密度大的砂、焊渣、铁锈等重颗粒被甩向桶壁，沿桶壁下滑降到底部，并由排砂口排出，从而达到除污目的。在一定的范围和条件下，除污器进水压力越大，水流旋转越快，除污效率越高。为增加处理量，旋流除污器可多台并联使用。

旋流除污器可在系统运行时除污，除污时先流出的是污物，接着是浊水，虽后是清水——除污完毕。旋流除污器的阻力是恒定的，因其无过滤网，不会因为滤网的堵塞而产生阻力增大、影响系统正常运行的情况。

**五、Y 型过滤器**

Y 型过滤器的滤网要比除污器的滤网孔径小，用来过滤系统中更小的固体杂质。安装于板式换热器、管道配件阀门与仪表的入口处，保护设备，防止其被堵塞或磨损。

# 思考题与习题

1. 集中供热系统中季节性热负荷有什么特征？
2. 集中供热系统中常年性热负荷有什么特征？
3. 国内采暖热负荷概算习惯上常用哪种热指标法？
4. 居住区采暖综合面积热指标的取值范围是多少？
5. 随室外温度变化的热负荷图能反映出什么问题？
6. 开式、闭式热水集中供热系统各有什么优缺点？
7. 闭式热水集中供热系统网路与采暖热用户的连接方式可分为哪几种？各有什么优缺点？
8. 闭式热水集中供热系统网路与热水供应热用户的连接方式可分为哪几种？各有什么

优缺点？

9. 当热水网路的压力工况、水温工况都不能满足用户时，采暖热用户与网路采用什么连接方式？

10. 当热水网路的压力工况、水温工况都能满足用户时，采暖热用户与网路采用什么连接方式最好？

11. 对于高层建筑热水采暖系统的高区，网路的水温工况能满足用户要求，但压力工况不能满足用户要求，目前国内热水网路与高区最常用的连接方式是哪种？

12. 无压锅炉热水集中采暖系统一般常采用哪种定压方式？

13. 无压锅炉热水集中采暖系统循环水泵应安装在锅炉的哪根管道上？用什么类型的水泵？

14. 小型（二级）热水网路用户引入口的主要作用是什么？

15. 大型（一级）热水网路小区热力站的主要作用是什么？

16. 为了减少热水网路的循环流量，换热器与网路有哪几种连接方式？

17. 间接连接的小区热力站常用的水-水换热器有哪几种？

18. 壳管式水-水换热器和板式水-水换热器各有什么优缺点？

# 第八章　热水供热系统的供热调节

热水供热系统的热用户，主要有采暖、通风、热水供应和生产工艺用热系统等。这些用热系统的热负荷并不是恒定的，如采暖通风热负荷随室外气象条件（主要是室外气温）变化，热水供应和生产工艺随使用条件等因素不断地变化。为了保证供热质量，满足使用要求，并使热能制备和输送经济合理，就要对热水供热系统进行供热调节。

在城市集中供热系统中，采暖热负荷是系统的主要热负荷，甚至是唯一的热负荷。因此在供热系统中，通常按照采暖热负荷随室外温度的变化规律，作为供热调节的依据。供热（暖）调节的目的，在于使采暖用户的散热设备的放热量与用户热负荷的变化规律相适应，以防止采暖用户出现室温过高或过低。

根据供热调节地点不同，供热调节可分为集中调节、局部调节和个体调节三种调节方式。集中调节在热源处进行调节，局部调节在热力站或用户入口调节，而个体调节直接在散热设备（如散热器、暖风机、换热器等）处进行调节。

集中供热调节容易实施，运行管理方便，是最主要的供热调节方法。但即使对只有对单一采暖热负荷的供热系统，也往往需要对个别热力站或用户局部调节，调整用户的用热量。对有多种热负荷的供热系统，通常根据采暖热负荷进行集中供热调节，而对于其他的热负荷（如热水供应、通风等热负荷），由于其他变化规律不同于采暖热负荷，则需要在热力站或用户处配以局部调节，以满足要求。对多种用户的供热调节，通常也称为供热综合调节。

集中供热调节的方法，主要有以下几种：

1. 质调节——改变网路的供水温度。

2. 分阶段改变流量的质调节。由于质量-流量集中供热调节的广泛使用，分阶段改变流量的质调节在采暖期使用已越来越少。

3. 间歇调节——改变每天采暖小时数。

近十多年来，在热水供热系统中，由于采暖热用户与网路采用间接连接，以及采用变频调速水泵技术来改变网路循环水量，因此，质量－流量集中供热调节才得到了广泛的使用。质量－流量调节既改变网路供水温度又改变网路的流量。

## 第一节　采暖热负荷供热调节的基本公式

采暖热负荷供热调节的主要任务是维持采暖房屋的室内温度 $t_n$。

当热水网路在稳定状态下运行时，如不考虑管网沿途热损失，则网路的供热量应等于采暖用户系统散热设备的放热量，同时也等于采暖热用户的热负荷。

根据本教材第一章、第二章所述，在采暖室外计算温度为 $t'_w$，散热设备采用散热器时，则有如下的热平衡方程式：

$$Q'_1 = Q'_2 = Q'_3 \tag{8-1}$$

$$Q'_1 = q'V(t_n - t'_w) \tag{8-2}$$

$$Q'_2 = K'F(t_{pj} - t_n) \tag{8-3}$$

$$Q'_3 = G'c(t'_g - t'_h)/3600 = 4187G'(t'_g - t'_h)/3600$$

$$= 1.163G'(t'_g - t'_h) \tag{8-4}$$

式中　$Q'_1$——建筑物的采暖设计热负荷，W；

$Q'_2$——在采暖室外计算温度 $t'_w$ 下，散热器防除的热量，W；

$Q'_3$——在采暖室外计算温度 $t'_w$ 下，热水网路输送给采暖热用户的热量，W；

$q'$——建筑物的体积采暖热指标，即建筑物每立方米外部体积在室内外温差为 1℃ 时的耗热量，W/（m³·℃）；

$V$——建筑物的外部体积，m³；

$t'_w$——采暖室外计算温度，℃；

$t_n$——采暖室内计算温度，℃；

$t'_g$——进入采暖热用户供水温度，℃；如用户与热网采用无混水装置的直接连接方式，则热网的供水温度 $\tau'_1 = t'_g$；如用户与热网采用混水装置的直接连接方式，则 $\tau'_1 > t'_g$；

$t'_h$——采暖热用户的回水温度，℃；如供热用户与热网采用直接连接，则热网的回水温度与采暖系统的回水温度相等，即 $\tau'_2 = t'_h$；

$t'_{pj}$——散热器内的热媒平均温度，℃；

$G'$——采暖热用户的循环水量，kg/h；

$c$——热水的质量比热 $c = 4187$J/（kg·℃）；

$K'$——散热器在设计工况下的传热系数，W/（m²·℃）；

$F$——散热器的散热面积，m²。

散热器的放热方式属于自然对流放热，它的传热系数具有 $K = a (t_{pj} - t_n) b$ 的形式。如就整个采暖系统来说，可近似的认为：$t'_{pj} = (t'_g + t'_h)/2$，则式（8-3）可改写为

$$Q'_2 = aF\left[\frac{t'_g + t'_h}{2} - t_n\right]^{1+h} W \tag{8-5}$$

若以带 "′" 上标符号表示在采暖室外计算温度 $t'_w$ 下的各种参数，而不带上标符号表示在某一室外温度 $t_w$（$t > t'_w$）下的各种参数，在保证室内计算温度 $t_n$ 条件下，可列出与上面相对应的热平衡方程式。即

$$Q_1 = Q_2 = Q_3 \tag{8-6}$$

$$Q_1 = qV(t_n - t_w)W \tag{8-7}$$

$$Q_2 = aF\left(\frac{t_g + t_h}{2} - t_n\right)^{1+b} W \tag{8-8}$$

$$Q'_3 = 1.163G(t_g + t_h)W \tag{8-9}$$

若令在运行调节时，相应 $t_w$ 下的采暖热负荷与采暖设计热负荷之比，称为相对采暖热负荷比 $\bar{Q}$，而称其流量之比为相对流量比 $\bar{G}$，则

$$\bar{Q} = \frac{Q_1}{Q'_1} = \frac{Q_2}{Q'_2} = \frac{Q_3}{Q'_3} \tag{8-10}$$

$$\overline{G} = \frac{G}{G'} \tag{8-11}$$

式中　$\overline{Q}$——当室外温度为 $t_w$（$t_w > t'_w$）时采暖运行热负荷与设计热负荷之比；

　　　$\overline{G}$——采暖运行流量与设计流量之比。

同时为了便于分析计算，假设采暖热负荷与室内温差的变化成正比，即把采暖热指标视为常数（$q'_s = q$）。但实际上，由于室外的风速和风向，特别是太阳辐射热的变化与室内外温差无关，因此这个假设会有一定的误差。如不考这一误差影响，则

$$\overline{Q} = \frac{Q_1}{Q'_1} = \frac{t_n - t_w}{t_n - t'_w} \tag{8-12}$$

亦即相对采暖热负荷比 $\overline{Q}$ 等于相对的室内外温差比。

综合上述公式，可得

$$\overline{Q} = \frac{t_n - t_w}{t_n - t'_w} = \frac{(t_g + t_h - 2t_n)^{1+b}}{(t'_g + t'_h - 2t_n)^{1+b}} = \overline{G} \frac{t_g - t_h}{t'_g - t'_h} \tag{8-13}$$

式（8-13）是采暖热负荷供热调节的基本公式。式中分母的数值，均为设计工况下的已知参数。在某一室外温度 $t_w$ 的运行工况下，如要保持室内温度 $t_n$ 值不变，则要保证有相应的 $t_g$、$t_h$、$\overline{Q}$（$Q$）和 $\overline{G}$（$G$）的四个未知数值，只有三个联立方程，因此需要进行补充条件，才能求出四个未知解。所谓引进补充条件，就是我们需要选定某种调节方法。可能实现的调节方法主要有：改变网路的供水温度（质调节），改变网路流量（量调节），同时改变网路的供水温度和流量（质量-流量调节）及改变每天采暖小时数（间歇调节）。如采用质量调节，即增加了补充调节 $\overline{G} = 1$。此时即可确定相应的 $t_g$、$t_h$ 和 $\overline{Q}$（$Q$）的值了。

# 第二节　直接连接热水采暖系统的集中供热调节

## 一、质调节

在进行质调节时，只改变采暖系统的供水温度，而用户的循环水量保持不变，即 $\overline{G} = 1$。

（一）无混合装置的直接连接热水采暖系统调节，将此补充条件 $\overline{G} = 1$ 带入热水采暖系统供热调节的基本公式（8-13），可求出质调节的供、回水温度的计算公式。

$$\tau_g = t_g = t_n + 0.5(t'_g + t'_h - 2t_n)\overline{Q}^{1/(1+b)} + 0.5(t'_g - t'_h)\overline{Q} \quad ℃ \tag{8-14}$$

$$\tau_h = t_h = t_n + 0.5(t'_g + t'_h - 2t_n)\overline{Q}^{1/(1+b)} - 0.5(t'_g - t'_h)\overline{Q} \quad ℃ \tag{8-15}$$

或写成下式

$$\tau_g = t_g = t_n + \Delta t'_s \overline{Q}^{1/(1+b)} + 0.5\Delta t'_j i \overline{Q} \quad ℃ \tag{8-16}$$

$$\tau_h = t_h = t_n + \Delta t'_s \overline{Q}^{1/(1+b)} - 0.5\Delta t'_j i \overline{Q} \quad ℃ \tag{8-17}$$

式中　$\Delta t'_s = 0.5(t'_g + t'_h - 2t_n)$——用户散热器的平均计算温差，℃；

　　　$\Delta t'_j = t'_g - t'_h$——用户的设计供、回水温度差，℃。

（二）带混合装置的直接连接的热水采暖系统（如用户或热力站处设置水喷射器或混合水泵），则 $\tau_1 > t_g$，$\tau_2 = t_h$。式（8-16）所求的 $t_g$ 值是混水后进入采暖用户的供水温度，网路的供水温度 $\tau_1$，还应根据混合比再进一步求出。

混合比（或喷射系数）$u$，可用下式表示：

$$u = G_h/G_0 \tag{8-18}$$

式中　$G_0$——网路的循环水量，kg/h；

　　　$G_h$——从采暖系统抽引回水量，kg/h。

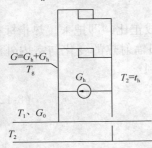

在设计工况下，根据热平衡方程式（图8-1）

$$c G'_0 \tau'_1 + c G'_h t'_h = (G'_0 + G'_h)t'_g$$

由此可得

$$u' = \frac{\tau'_1 - t'_g}{t'_g - t'_h} \tag{8-19}$$

式中　$\tau'_1$——热网的设计供水温度，℃。

在任意室外温度 $t_w$ 下只要没有改变采暖用户的总阻力数 $S$ 值，则混合比 $u$ 不会改变，仍与实际工况下的混合比 $u'$ 相同，即

图 8-1　带混水装置的直接
连接采暖系统与热水网路
连接示意图

$$u = u' = \frac{\tau_1 - t_g}{t_g - t_h} = \frac{\tau'_1 - t'_g}{t'_g - t'_h} \tag{8-20}$$

即　　　$\tau_1 = t_g + u(t_g - t_h) = t_g + u \overline{Q}(t'_g - t'_h)$　℃ $\tag{8-21}$

根据式（8-21），即可求出在热源处进行质调节时，网路的供水温度 $\tau_1$ 随室外温度 $t_w$（即 $\overline{Q}$）的变化关系式。

将式（8-16）的 $t_g$ 值和式（8-20）的 $u = \dfrac{\tau'_1 - t'_g}{t'_h}$ 带入式（8-21），由此可得出对带混合装置的直接连接热水采暖系统的网路供、回水温度。

$$\tau_g = t_n + \Delta t'_s \overline{Q}^{1/(1+b)} + (\Delta t'_w + 0.5\Delta t'i) \overline{Q}　℃ \tag{8-22}$$

$$\tau_h = t_h = t_n + \Delta t'_s \overline{Q}^{1/(1+b)} - 0.5\Delta t'i \overline{Q}　℃ \tag{8-23}$$

式中　$\Delta t'_w = \tau'_1 - t'_g$——网路与用户系统的设计供水温度差，℃。

根据式（8-16）、式（8-17）、式（8-22）、式（8-23），可绘制质调节的水温曲线。

散热器传热系数 $K$ 的公式中指数 $b$ 值，按用户选用的散热器形式确定。实际上整个供热系统中各用户的散热器形式不一，通常多选用柱形和 M-132 型散热器。根据暖通设计手册，以 $b = 0.3$ 计算为宜，即按 $1/(1 + b) = 0.77$ 计算。

【例题 8-1】　试计算设计水温为 95 /70℃和 130 /95 /70℃的热水采暖系统，当采用质调节时，$\tau_1 = f(\overline{Q})$ 的水温调节曲线。

如哈尔滨市，采暖室外计算温度为 $-26℃$，求在室外温度 $t_w = -15℃$ 的供、回水温度。

【解】　1. 对 95 /70℃热水采暖系统，根据式（8-16）、式（8-17）

$$\tau_1 = t_g = t_n + \Delta t'_s \overline{Q}^{1/(1+b)} + 0.5\Delta t'i \overline{Q}$$

$$\tau_2 = t_h = t_n + \Delta t'_s \overline{Q}^{1/(1+b)} - 0.5\Delta t'i \overline{Q}$$

其中　　　$\Delta t'_s = 0.5(t'_g + t'_h - 2t_n) = 0.5(95 + 70 - 2 \times 18) = 64.5℃$

$$\Delta t'i = t'_g - t'_h = 95 - 70 = 25℃$$

$$1/(1 + b) = 0.77;　t_n = 18℃$$

将上列数据代入上式，得

$$\tau_1 = t_g = 18 + 64.5 \overline{Q}^{0.77} + 12.5 \overline{Q}$$

$$\tau_2 = t_h = 18 + 64.5 \overline{Q}^{0.77} - 12.5 \overline{Q}$$

由上式可求出 $\tau_1 = f(\overline{Q})$ 和 $\tau_2 = f(\overline{Q})$ 的质调节水温曲线。计算结果见表8-1，水温曲线如图8-2所示。

又如在哈尔滨市（$t_w' = -26℃$）室外温度 $t_w = -15℃$ 时的相对采暖热负荷比 $\overline{Q}$ 为

$$\overline{Q} = \frac{t_n - t_w}{t_n - t_w'} = \frac{18 - (-15)}{18 - (-26)} = 0.75$$

将 $\overline{Q} = 0.75$ 代入上两式，可求得

$$\tau_1 = 79.1℃ ; \quad \tau_2 = 60.3℃$$

2. 对带混水装置的热水采暖系统（130/95/70℃），根据式（8-22）、式（8-23）

$$\tau_1 = t_g + \Delta t_s' \overline{Q}^{1/(1+b)} + (\Delta t_w' + 0.5\Delta t_j')\overline{Q}$$

$$\tau_2 = t_h = t_n + \Delta t_s'\overline{Q}^{1/(1+b)} - 0.5\Delta t_i'\overline{Q}$$

其中 $\Delta t_w' = \tau_g' - t_g' = 130 - 95 = 35℃$

将数据代入式中，得下式

$$\tau_1 = 18 + 64.5\overline{Q}^{0.77} + 47.5\overline{Q}$$

$$\tau_2 = 18 + 64.5\overline{Q}^{0.77} - 12.5\overline{Q}$$

计算结果见表8-1，水温曲线如图8-2所示。

对哈尔滨市，当室外温度 $t_w = -15℃$（$\overline{Q} = 0.75$）时，代入上两式，可求得

$$\tau_1 = 105.3℃ ; \quad \tau_2 = 60.3℃$$

从上述的供热质调节公式可见，热网的供、回水温

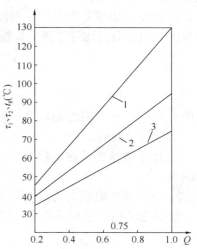

图8-2　按采暖热负荷进行供热质调节的水
温调节曲线图

1—130/95/70℃热水采暖系统，网路供水温度 $\tau_1$ 曲线；2—130/95/70℃的系统，混水后的供水温度 $t_g$ 曲线；或95/70℃的系统，网路和用户的供水温度 $\tau_1 = t_g$ 曲线；3—130/95/70℃和95/70℃的系统，网路和用户的回水温度 $\tau_2 = t_h$ 曲线。

度 $\tau_1$、$\tau_2$ 是相对采暖热负荷的单值函数。表8-1给出不同设计供、回水参数的系统的 $\tau_1 = f(\overline{Q})$ 和 $\tau_2 = f(\overline{Q})$ 值。

表8-1　直接连接热水采暖系统供热质调节的热网水温（℃）

| 系统形式与设计参数 | 带混水装置的采暖系统 | | | | 无混水装置的采暖系统 | | | | | |
|---|---|---|---|---|---|---|---|---|---|---|
| | 110/95/70℃ | 130/95/70℃ | 150/95/70℃ | $t_g'\tau_2'$ 95/70℃ | 95/70℃ | | 110/70℃ | | 130/80℃ | |
| $\overline{Q}$ | $\tau_1$ | $\tau_1$ | $\tau_1$ | $\tau_1$ | $\tau_1$ | $\tau_2$ | $\tau_1$ | $\tau_2$ | $\tau_1$ | $\tau_2$ |
| 0.2 | 42.2 | 46.2 | 50.2 | 34.2 | 39.2 | 34.2 | 42.9 | 34.9 | 48.2 | 38.2 |
| 0.3 | 51.8 | 57.8 | 63.8 | 39.8 | 47.3 | 39.8 | 52.5 | 40.9 | 59.9 | 44.9 |
| 0.4 | 60.9 | 38.9 | 76.9 | 44.9 | 54.9 | 44.9 | 61.6 | 45.6 | 71.0 | 51.0 |
| 0.5 | 69.6 | 79.6 | 89.6 | 49.6 | 62.1 | 49.6 | 70.2 | 50.2 | 81.5 | 58.5 |
| 0.6 | 78.0 | 90.0 | 102.0 | 54.0 | 69.0 | 54.0 | 78.6 | 54.6 | 91.7 | 61.7 |
| 0.7 | 86.3 | 100.3 | 114.3 | 58.3 | 75.8 | 58.3 | 86.7 | 58.7 | 101.6 | 66.6 |
| 0.8 | 94.3 | 110.3 | 126.3 | 62.3 | 82.3 | 62.3 | 94.6 | 62.6 | 111.3 | 71.3 |
| 0.9 | 102.2 | 120.2 | 138.2 | 66.2 | 88.7 | 66.2 | 102.4 | 66.4 | 120.7 | 75.7 |
| 1.0 | 110 | 130 | 150 | 70 | 95 | 70 | 110 | 70 | 130 | 80 |

注：$b = 0.3$，$t_n = 18℃$。

根据上述质调节基本公式、水温曲线以及例题分析，网路的供、回水温度随室外温度的变化有如下的规律：

1. 随室外温度 $t_w$ 的升高，网路和供回水温度随之降低，供、回水温差也随之减小；其相对供、回水温差比等于该室外温度下的相对热负荷比，亦即

$$\overline{Q} = \Delta \overline{t}_w = \Delta \overline{t}_i$$

$$\frac{t_n - t_w}{t_n - t'_w} = \frac{\tau_1 - \tau_2}{\tau'_1 - \tau'_2} = \frac{t_g - t_h}{t'_g - t'_h} \tag{8-24}$$

式中    $\Delta \overline{t}_w$——网路的相对供、回水温差。

其他符号同前。

2. 由于散热器传热系数 $K$ 值的变化规律为 $K = a \, (t_{pi} - t_n)^b$，供、回水温度呈一条向上凸的曲线。

3. 随着室外温度 $t_w$ 的升高，散热器的平均计算温度亦随之降低。在某一室外温度 $t_w$ 下，散热器的相对平均计算温差比与相对热负荷比，具有如下的关系式

$$\overline{Q}^{1/(1+b)} = \Delta \overline{t}_s$$

$$\left(\frac{t_n - t_w}{t_n - t'_w}\right)^{1/(1+b)} = \frac{t_g + t_h - 2t_n}{t'_g + t'_h - 2t_n} \tag{8-25}$$

式中    $\Delta \overline{t}_s = \Delta t_s / \Delta t'_s$——它表示在 $t_w$ 温度下，散热器的计算温差与设计工况下的计算温差的比值。

由此可见，在给定散热器面积 $F$ 的条件下，散热器的平均温差是散热器放热量的单值函数。因此，进行热水采暖系统的供热调节，实质上就是调节散热器的平均计算温差，或即调节供、回水的平均温度，来满足不同工况下的散热器的放热量，它与采用质或量的调节无关。

集中质调节只需在热源处改变网路的供水温度，运行管理简便，网路循环水量保持不变，网路的水力工况稳定。对热电厂的供热系统，由于网路供水温度随室外温度升高而降低，可以充分利用供热气轮机的低压抽汽，从而有利于提高热电厂的经济性，节约燃料。所以，集中质调节是目前最为广泛采用的供热调节方式。但由于整个采暖期中，网路循环水量总保持不变，消耗电能较多。同时，对于有多种负荷的热水供热系统，在室外温度较高时，如仍按质调节供热，往往难以满足其他的热负荷的要求。例如对连接有热水供应的用户的网路，供水温度不应低于70℃。热水网路中连接通风用户系统时，如网路供水温度过低，在实际运行中，通风系统的送风温度过低也会产生吹冷风的不舒适感。在这些情况下，就不能再按质调节方式，用过低的供水温度进行供热了，而是需要保持供水温度不降低，用减小供热小时数的调节方法，即采用间歇调节，或其他调节方式进行供热调节。

## 二、间歇调节

当室外温度升高时，不改变网路的循环水量和供水温度，而只减少每天采暖小时数，这种供热调节方式称为间歇调节。

间歇调节可以在室外温度较高的供暖初期和末期，作为一种辅助的调节措施。当采用间歇调节时，网路的流量和供水温度保持不变，网路每天工作总时数 $n$ 随室外温度升高而减少。它可按下式计算：

$$n = 24 \frac{t_n - t_w}{t_n - t''_w} \mathrm{h/d} \qquad (8\text{-}26)$$

式中 $t_w$——间歇运行时的某一室外温度,℃;

$\quad\quad t''_w$——开始间歇调节时的室外温度（相应于网路保持的最低供水温度）,℃。

**【例题 8-2】** 对例题 8-1 的哈尔滨市 130/95/70℃ 的热水网路,网路上并联连接有采暖和热水供应用户系统。采用集中质调节供热。试确定室外温度 $t_w = +5℃$ 时,网路的每日工作小时数。

**【解】** 对连接有热水供应用户的热水供热系统,网路的供水温度不得低于 70℃,以保证在换热器内,将生活热水加热到 60 ~ 65℃。

根据例题 8-1 的计算式

$$\tau_1 = 18 + 64.5 \, \overline{Q}^{0.77} + 47.5 \, \overline{Q}$$

由上式反算,当采用质调节时,室外温度 $t_w = 0℃$ ($\overline{Q} = 0.41$) 时,网路的供水温度 $\tau_1 = 69.9 \approx 70℃$。因此在室外温度 $t_w = 0℃$ 时,应开始进行间歇调节。

当室外温度 $t_w = +5℃$ 时,网路的每日工作小时数为

$$n = 24 \frac{t_n - t_w}{t_n - t''_w} = 24 \frac{(18 - 5)}{(18 - 0)} = 17.3 \mathrm{h/d}$$

当采用间歇调节时,为使网路远端和近端的热用户通过热媒的小时数接近,在区域锅炉房的锅炉压火后,网路循环水泵应继续运转一段时间。运转时间相当于热媒从离热源最近的热用户流到最远热用户的时间。因此,网路循环水泵的实际工作小时数,应比由式 (8-26) 的计算值大一些。

## 第三节 间接连接热水采暖系统的集中供热调节

采暖用户系统与热水网路采用间接连接时（图 8-3）,随室外温度 $t_w$ 的变化,需同时对热水网路和采暖用户进行供热调节,通常,对采暖用户按质调节方式进行供热调节,以保持采暖用户系统的水力工况稳定。采暖用户系统调节时的供、回水温度 $t_g / t_h$,可以按式 (8-16)、式 (8-17) 确定。

热水网路的供回水温度 $\tau_1$ 和 $\tau_2$,取决于一级网路采取的调节方式和水-水换热器的热力特征。通常可采用质调节或质量-流量调节方法。

### 一、热水网路采用质调节

热水网路同时也采用质调节,可引进补充条件 $\overline{G}_{yi} = 1$。

根据网路供给热量的热平衡方程式,得出

$$\overline{Q}_{yi} = \overline{G}_{yi} \frac{\tau_1 - \tau_2}{\tau'_1 - \tau'_2} = \frac{\tau_1 - \tau_2}{\tau'_1 - \tau'_2} \qquad (8\text{-}27)$$

根据用户系统入口-水换热器放热的热平衡方程式,可得

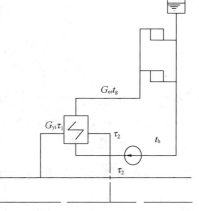

图 8-3 间接连接采暖系统与热水网路
连接的示意图

$$\overline{Q} = \overline{K} \frac{\Delta t}{\Delta t'} \tag{8-28}$$

式中 $\overline{Q}$——在室外温度 $t_w$ 时的相对采暖热负荷比；

$\tau'_1, \tau'_2$——网路的实际供回水温度，℃；

$\tau_1, \tau_2$——在室外温度 $t_w$ 时的网路供、回水温度，℃；

$\overline{K}$——水-水换热器的相对传热系数比，亦即在运行工况 $t_w$ 时水-水换热器传热系数 $K$ 值与设计工况时 $K'$ 的比值；

$\Delta t'$——在设计工况下，水-水换热器的对数平均温差，℃；

$$\Delta t' = \frac{(\tau'_1 - t'_g) - (\tau'_2 - t'_h)}{\ln \dfrac{\tau'_1 - t'_g}{\tau'_2 - t'_g}} \quad ℃ \tag{8-29}$$

$\Delta t$——在运行工况 $t_w$ 时，水-水换热器的对数平均温差，℃。

$$\Delta t = \frac{(\tau_1 - t_g) - (\tau_2 - t_h)}{\ln \dfrac{\tau_1 - t_g}{\tau_2 - t_g}} \quad ℃ \tag{8-30}$$

水-水换热器的相对传热系数 $\overline{K}$ 值，取决于选用的水-水换热器的传热特性，由实验数据整理得出。对壳管式水-水换热器，$\overline{K}$ 值可近似的由下列公式计算

$$\overline{K} = \overline{G}_{yi}^{0.5} \cdot \overline{G}_{er}^{0.5} \tag{8-31}$$

式中 $\overline{G}_{yi}$——水-水换热器中，加热介质的相对流量比，此处亦即热水网路的相对流量比；

$\overline{G}_{er}$——水-水换热器中，被加热介质的相对流量比，此处亦即采暖用户系统的相对流量比。

当热水网路和采暖系统均采用质调节，$\overline{G}_{yi} = 1$，$\overline{G}_{er} = 1$ 时，可近似的认为两工况下水-水换热器的传热系数相等，即

$$\overline{K} = 1 \tag{8-32}$$

根据式（8-27）、式（8-30）、式（8-32）的值代入式（8-28），可得出供热质调节的基本公式。

$$\overline{Q} = \frac{\tau_1 - \tau_2}{\tau'_1 - \tau'_2} = \frac{t_g - t_h}{t'_g - t'_h} \tag{8-33}$$

$$\overline{Q} = \frac{(\tau_1 - t_g) - (\tau_2 - t_h)}{\Delta t' \ln \dfrac{\tau_1 - t_g}{\tau_2 - t_g}} \tag{8-34}$$

在某一室外温度 $t_w$ 下，上两式中 $\overline{Q}$、$\Delta t'$、$\tau'_1$、$\tau'_2$ 为已知值，$t_g$ 及 $t_h$ 值可从采暖系统质调节计算公式确定。未知数仅为 $\tau_1$ 及 $\tau_2$。通过联立求解，即可确定热水网路采用质调节的相应供、回水温度 $\tau_1$ 及 $\tau_2$ 值。

### 二、热水网路采用质量-流量调节

采暖用户系统与热水网路间接连接，网路和用户的水力工况互不影响。热水网路可考虑采用质量-流量调节，即同时改变供水温度和流量的供热调节方法。随室外温度的变化，如何选用流量变化的规律是一个优化调节方法的问题。目前采用的一种方法是调节流量使之随

采暖热负荷的变化而变化，使热水网路的相对流量比等于采暖的相对热负荷比，亦即人为增加了一个补充条件，进行供热调节

$$\overline{G}_{yi} = \overline{Q} \tag{8-35}$$

同样，根据网路和水-水换热器的供热和放热的热平衡方程式，得出

$$\overline{Q} = \overline{G}_{yi} \frac{\tau_1 - \tau_2}{\tau'_1 - \tau'_2}$$

$$\overline{Q} = \overline{K} \frac{\Delta t}{\Delta t'}$$

根据式（8-31），在此调节方式下，相对热系数比 $\overline{K}$ 值为

$$\overline{K} = \overline{G}_{yi}^{0.5} \cdot \overline{G}_{er}^{0.5} = \overline{Q}^{0.5} \tag{8-36}$$

将式（8-35）、式（8-36）代入上述两个热平衡方程式中，可得

$$(\tau_1 - \tau_2) - (\tau'_1 - \tau'_2) = 常数 \tag{8-37}$$

$$\overline{Q}^{0.5} = \frac{(\tau_1 - t_g) - (\tau_2 - t_h)}{\Delta t' \ln \dfrac{\tau_1 - t_g}{\tau_2 - t_g}} \tag{8-38}$$

在某一室外温度 $t_w$ 下，上两式中，$\overline{Q}$、$\Delta t'$、$\tau'_1$、$\tau'_2$ 为已知值，$t_g$ 及 $t_h$ 值可从采暖系统质调节计算公式确定。通过联立求解，即可确定热水网路按 $\overline{G}_{yi} = \overline{Q}$ 规律进行质量-流量调节时的相应供、回水温度 $\tau_1$ 及 $\tau_2$ 值。

采用质量-流量调节方法，网路流量随采暖热负荷的减少而减小，可以大大节省网路和循环水泵的电能消耗。近十多年来变频调速技术的发展，在大型热水（一级）网路中质量-流量调节方式得到了广泛应用，并达到了满意的运行效果。

【例题 8-3】　在一热水供热系统中，采暖用户系统与热水网路采用间接连接。热水网路和采暖用户系统的设计水温参数为：$\tau'_1 = 120℃$、$\tau'_2 = 70℃$、$t'_g = 85℃$、$t'_h = 60℃$。试确定当采用质调节或质量-流量调节方式时，在不同的采暖相对热负荷比 $\overline{Q}$ 下的供、回水温度，并绘制水温调节曲线图。

【解】　1. 首先确定采暖用户系统的水温调节曲线。采用质调节。根据式（8-16）、式（8-17），可列出 $t_g = f(\overline{Q})$ 和 $t_h = f(\overline{Q})$ 的关系式。

$$t_g = 18 + 0.5(85 + 60 - 2 \times 18)\overline{Q}^{0.77} + 0.5(85 - 60)\overline{Q}$$

$$= 18 + 54.5\overline{Q}^{0.77} + 12.5\overline{Q}$$

$$t_h = 18 + 54.5\overline{Q}^{0.77} - 12.5\overline{Q}$$

$t_g$ 及 $t_h$ 值的计算结果列于表 8-2，水温调节曲线见图 8-4 中的短虚线。

2. 热水网路采用质调节

利用式（8-33）、式（8-34），联立求解。

从式（8-33），得

$$(\tau_1 - \tau_2) = (\tau'_1 - \tau'_2)\overline{Q}$$

$$t_g - t_h = (t'_g - t'_h)\overline{Q}$$

将上式代入式（8-34）经整理得出

$$\ln \frac{\tau_1 - t_g}{\tau_1 - (\tau_1' - \tau_2')\overline{Q} - t_h} = \frac{(\tau_1' - \tau_2') - (t_g' - t_h')}{\Delta t'}$$

设 $\dfrac{(\tau_1' - \tau_2') - (t_g' - t_h')}{\Delta t'} = D$，则 $\dfrac{\tau_1 - t_g}{\tau_1 - (\tau_1' - \tau_2')\overline{Q} - t_h} = e^D$

由此得出

$$\tau_1 = \frac{[(\tau_1' - \tau_2')\overline{Q} + t_h]e^D - t_h}{e^D - 1} \quad \text{℃} \tag{8-39}$$

$$\tau_2 = \tau_1 - \tau_1' - \tau_2'/\overline{Q} \quad \text{℃} \tag{8-40}$$

现举例说明，试求 $\overline{Q} = 0.8$ 时的 $\tau_1$ 和 $\tau_2$ 值。

首先计算在设计工况下的水-水换热器的对数平均温差。

$$\Delta t' = [(\tau_1' - t_g') - (\tau_2' - t_h')]/\ln[(\tau_1' - t_g') - (\tau_2' - t_h')]$$

$$= [(120 - 85) - (70 - 60)]/\ln[(120 - 85) - (70 - 60)] = 19.96\text{℃}$$

则常数 $D$，$D = \dfrac{(\tau_1' - \tau_2') - (t_g' - t_h')}{\Delta t'} = \dfrac{(120 - 70) - (85 - 60)}{19.96} = 1.2525$

根据式（8-39）、式（8-40），又当 $\overline{Q} = 0.8$ 时，计算得出 $t_g = 73.9\text{℃}$，$t_h = 53.9\text{℃}$。则

$$\tau_1 = \frac{[(120 - 70)0.8 + 53.9]e^{1.2525} - 73.9}{e^{1.2525} - 1} = 101.9\text{℃}$$

$$\tau_2 = 101.9 - (120 - 70)0.8 = 61.9\text{℃}$$

一些计算结果列于表8-2。水温曲线如图8-4中的实线。

表 8-2    分阶段改变流量质调节网路与用户水温计算表

| 相对热负荷 $\overline{Q}$ | 0.3 | 0.4 | 0.5 | 0.6 | 0.7 | 0.8 | 0.9 | 1.0 |
|---|---|---|---|---|---|---|---|---|
| 采暖用户系统 | | | | | | | | |
| $t_g$ | 43.3 | 49.9 | 56.2 | 62.3 | 68.2 | 73.9 | 79.5 | 85.0 |
| $t_h$ | 35.8 | 39.9 | 43.7 | 47.3 | 50.7 | 53.9 | 57.0 | 60.0 |
| 热水网路，质调节 | | | | | | | | |
| $\tau_1$ | 53.8 | 63.9 | 73.7 | 83.3 | 90.7 | 101.9 | 110.0 | 120.0 |
| $\tau_2$ | 38.8 | 43.9 | 48.7 | 53.3 | 57.7 | 61.9 | 60.0 | 70.0 |
| 热水网路，质量-流量调节 | | | | | | | | |
| $\tau_1$ | 86.7 | 91.7 | 96.5 | 101.4 | 106.1 | 110.8 | 115.4 | 120.0 |
| $\tau_2$ | 36.7 | 41.7 | 46.5 | 51.4 | 56.1 | 60.8 | 65.4 | 70.0 |
| 相对流量比 $\overline{G}_{yi}$ | 0.3 | 0.4 | 0.5 | 0.6 | 0.7 | 0.8 | 0.9 | 1.0 |

3. 热水网路采用质量-流量调节

利用式（8-33）、式（8-34）联合求解

因 $$\tau_1 - \tau_2 = \tau_1' - \tau_2' = 常数$$

$$t_g - t_h = (t'_g - t'_h)\,\overline{Q}$$

将上式代入式（8-38），经整理得出

$$\ln\frac{\tau_1 - t_g}{\tau_1 - (\tau'_1 - \tau'_2)\,\overline{Q} - t_h} = \frac{(\tau'_1 - \tau'_2) - (t'_g - t'_h)\,\overline{Q}}{\Delta t'\,\overline{Q}^{0.5}}$$

在给定 $t_w(\overline{Q})$ 值下，上式右边为一已知值。

设 $\dfrac{(\tau'_1 - \tau'_2) - (t'_g - t'_h)\,\overline{Q}}{\Delta t'\,\overline{Q}^{0.5}} = C$,

则 $\dfrac{\tau_1 - t_g}{\tau_1 - (\tau'_1 - \tau'_2)\,\overline{Q} - t_h} = e^{c}$

由此得出

$$\tau_1 = \frac{[(\tau'_1 - \tau'_2) + t_h]\,e^c - t_g}{e^c - 1} \quad ℃ \quad (8\text{-}41)$$

$$\tau_2 = \tau_1 - (\tau'_1 - \tau'_2) \quad ℃ \quad (8\text{-}42)$$

现举例计算。求当 $\overline{Q} = 0.8$ 时的 $\tau_1$ 和 $\tau_2$ 值

根据上式 $C = \dfrac{(120 - 70) - (85 - 60)\,0.8}{19.96 \times 0.8^{0.5}} = 1.6804$

根据式（8-41）、式（8-42），又当 $\overline{Q} = 0.8$ 时，$t_g = 73.9℃$，$t_h = 53.9℃$，得

$$\tau_1 = \frac{(120 - 70 + 53.9)\,e^{1.6804} - 73.9}{e^{1.6804} - 1} = 110.8℃$$

$$\tau_2 = 110.8 - (120 - 70) = 60.8℃$$

计算结果列于表8-2，相应的水温调节曲线见图8-4中的长虚线。

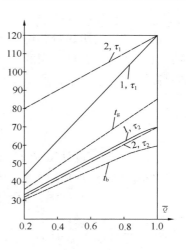

图8-4　【例题8-3】的水温
调节曲线图

曲线 1、$\tau_1$、1、$\tau_2$——一级网路
按质量调节的供、回水温曲线；
曲线 2、$\tau_1$、2、$\tau_2$——一级网路
按质量-流量调节的供、回水温曲
线

# 第四节　供热综合调节

如前所述，对于有多种热负荷的热水供热系统，通常是根据采暖热负荷进行集中供热调节，而对其他的热负荷则在热力站或用户处进行局部调节。这种调节称作供热综合调节。

本节主要阐述目前常用的闭式并联热水供热系统（图8-5）当采暖热负荷进行集中质调节时，对热水供应和通风热负荷进行局部调节的方法。

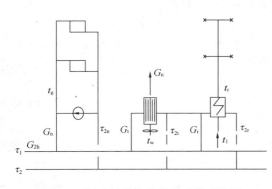

图8-5　闭式并联热水供热系统示意图

为便于分析，假设下面所讨论的热水供热系统，在整个采暖季节都采用集中质调节。在室外温度 $t_w = 5℃$ 开始供暖时，网路的供水温度 $\tau''$ 高于70℃，完全可以保证热水供应系统用热要求。网路可不必采用间歇调节。

如图8-6所示，网路根据采暖热负荷进行集中调节。网路供水温度曲线为曲线 $\tau'_1 - \tau'''_1 - \tau''_1$，流出采暖用户系统的回水温度曲线为曲线 $\tau'_2 - \tau'''_{2t} - \tau''_{2n}$。

研究对热水供应和通风热负荷进行供热

调节之前，首先需要确定热水供应和通风系统的设计工况。

热水供应的用热量和用水量，受室外温度影响较小。在设计热水供应用的水-水换热器及其管路系统时，最不利的工况应是在网路供水量温度 $\tau_1$ 最低时的工况。因为此时换热器的对数平均温差最小，所需换热面积和网路水流量最大。此时，

$$\Delta t''_r = \frac{(\tau''_1 - t_r) - (\tau''_{2r} - t_1)}{\ln \dfrac{\tau''_1 - t_r}{\tau''_{2r} - t_1}} \quad ℃ \tag{8-43}$$

式中　$\Delta t''_r$——在设计工况下，热水供应用的水-水换热器的对数平均温差，$℃$；

　　$t_r$、$t_1$——热水供应系统中热水和冷水的温度，$℃$；

　　$\tau''_1$——采暖季内，网路最低的供水温度，$℃$；

　　$\tau''_{2r}$——在设计工况下，流出水－水换热器的网路设计回水温度，$℃$。

网路设计回水温度 $\tau''_{2r}$ 可由设计者给定。给定较高的 $\tau''_{2r}$ 值，则换热器的对数平均温差增大，换热器的面积可小些；但网路进入换热器的水流量增大，管径较粗，因而是一个技术经济问题。通常可按 $\tau''_1 - \tau''_{2r} = 30 \sim 40℃$，来确定设计工况下的 $\Delta t''_r$ 值。

当室外温度 $t_w$ 下降时，热水供应用热量认为变化很小（$\bar{Q} = 1$），但此时网路供水温度 $\tau_1$ 升高。为保持换热器的供热能力不变，流出换热器的回水温度 $\tau_{2g}$ 应降低，因此就需要进行局部流量调节。

在某一室外温度 $t_w$ 下，可列出如下的供热调节的热平衡方程式

$$\bar{Q}_r = \bar{Q}_{yir} \cdot \frac{\tau_1 - \tau_{2r}}{\tau''_1 - \tau''_{2r}} = 1 \tag{8-44}$$

$$\bar{Q}_r = \bar{K} \frac{\Delta t_r}{\Delta t''_r} = 1 \tag{8-45}$$

又根据式（8-31），可得

$$\bar{K} = \bar{G}_{ylr}^{0.5} \tag{8-46}$$

式中　$\tau_1$、$\tau_{2r}$——在室外温度 $t_w$ 下，网路供水温度和流出换热器的网路回水温度，$℃$；

　　$\bar{G}_{ylr}$——网路供给热水供应用户系统的相对流量比；

　　$\bar{K}$——换热器的相对传热系数比；

　　$\Delta t_r$——在室外温度 $t_w$ 下，水-水换热器的对数平均温差，$℃$。

$$\Delta t_r = \frac{(\tau_1 - t_r) - (\tau_{2r} - t_1)}{\ln \dfrac{\tau_1 - t_r}{\tau_{2r} - t_1}} \quad ℃$$

其他符号代表意义同前。

将式（8-46）带入热平衡方程式，可得

$$\bar{G}_{ylr} \cdot \frac{\tau_1 - \tau_{2r}}{\tau''_1 - \tau''_{2r}} = 1 \tag{8-47}$$

$$\bar{G}_{ylr}^{0.8} \cdot \frac{(\tau_1 - t_r) - (\tau_{2r} - t_1)}{\Delta t''_r \ln \dfrac{\tau_1 - t_r}{\tau_{2r} - t_1}} = 1 \tag{8-48}$$

在上两式中，$\bar{G}_{ylr}$ 与 $\tau_{2r}$ 为未知数。通过试算或迭代方法，可确定在某一室外温度 $t_w$ 下，

对热水供应热负荷进行流量调节的相对流量比和相应的流出水-水换热器的网路回水温度。热水供应热用户的网路回水温度曲线为曲线 $\tau''_{2r} - \tau'_{2r}$，如图8-6（a）所示；相应的流量如图8-6（b）所示。

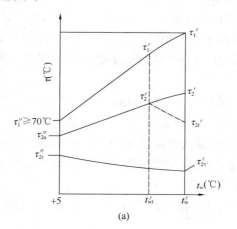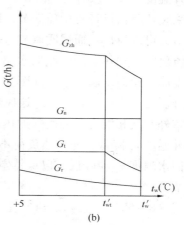

图8-6 综合调节水温曲线及网路总水流量示意图
（a）并联闭式热水供热系统综合调节水温曲线示意图；
（b）各热用户和网路总水流量图

$t'_w$—采暖室外计算温度℃；$t_{wt}$—冬季通风室外计算温度℃；$G_n$、$G_t$、$G_r$—网路向采暖、通风、热水供应用户系统供给的水流量，t/h；$G_{zh}$—网路的总循环水量，t/h。

在采暖期间，通风热负荷随室外温度变化。最大通风热负荷出现在通风室外计算温度 $t'_w$ 的时刻，当 $t_w$ 低于 $t'_w$ 时，通风热负荷保持不便，但网路供水温度升高，通风的网路水流量减小，故应以 $t'_w$ 作为设计工况。

在设计工况 $t'_w$ 下可列出下面的热平衡方程式

$$Q'_t = G'_t c (\tau'''_1 - \tau'''_{2t}) = K'''_t F (\tau'''_{pj} - t'''_{pj}) \tag{8-49}$$

式中 $Q'_t$——通风设计热负荷；

$\quad G'_t$——在设计工况 $t'_w$ 下，网路进入通风用户系统空气加热器的水流量；

$\quad \tau'''_1$、$\tau'''_{2t}$——在设计工况 $t'_w$ 下，空气加热器加热热媒（网路水）的进、出口水温，可由采暖热负荷进行集中质调节的水温曲线确定；

$\quad F$——空气加热器的加热面积；

$\quad \tau'''_{pj}$——在设计工况 $t'_w$ 下，空气加热器加热热媒（网路水）的平均温度，℃；$\tau'''_{pj} = (\tau'''_1 + \tau'''_{2t})/2$；

$\quad t'''_{pj}$——在设计工况 $t'_w$ 下，空气加热器被加热热媒（空气）的进、出口平均温度，℃；$t'''_{pj} = (t'_{wt} + t'_1)/2$；

$\quad K'''_t$——在设计工况 $t'_w$ 下，空气加热器的传热系数。

空气加热器的传热系数，在运行过程中，如通风风量不变，加热热媒温度和流量参数变化幅度不大时，可近似认为常数，即

$$\overline{K_t} = K_t / K'''_t = 1 \tag{8-50}$$

式中　$\overline{K}_t$——空气加热器的相对传热系数比，即任一工况下的传热系数与设计工况时的比值。

在室外温度 $t_w \geq t'_{wt}$ 的区域内，通风热负荷随着室外温度 $t_w$ 升高而减少。相应的，由于网路是按采暖热负荷进行集中质调节，网路的供水温度 $\tau_1$ 也相应下降。如对通风热负荷也采用质调节，可以得出：通风质调节与采暖质调节曲线中的回水水温差别很小。因此，在此区域内，流出空气加热器的网路回水温度 $\tau_{2t}$，认为与采暖的回水温度曲线接近，可按同一条回水温度曲线绘制水温调节曲线图。

在室外温度 $t'_{wt} > t_w \geq t'_w$ 时，通风热负荷保持不变，保持最大值 $Q'_t(\overline{Q}_t = 1)$。室内在循环空气与室外空气相混合，使空气加热器前的空气温度始终保持为 $t'_{wt}$ 值。

当室外温度 $t_w$ 降低，通风热负荷不变，但网路供水温度 $\tau_1$ 升高，因而流出的空气加热器的网路回水温度 $\tau_{2t}$ 应降低，以保持空气加热器的平均计算温差不变。为此需要进行局部的流量调节。

根据式（8-50），认为 $\overline{K}_t = 1$，在此区间内某一室外温度 $t_w$ 下，可列出下列两个热平衡方程式

$$\overline{Q}_t = \overline{G}_t \cdot \frac{\tau_1 - \tau_{2r}}{\tau'''_1 - \tau'''_2} = 1 \tag{8-51}$$

$$\overline{Q}_t = \frac{\tau_1 + \tau_{2r} - t'_{wt} - t'_f}{\tau'''_1 + \tau'''_{2r} - t'_{wt} - t'_f} = 1 \tag{8-52}$$

上两式联立求解，得出

$$\tau_{2t} = \tau'''_1 + \tau'''_{2r} - t'_1 \tag{8-53}$$

$$\overline{G}_t = \frac{\tau'''_1 - \tau'''_{2r}}{2\tau_1 - \tau'''_1 - \tau'''_{2t}} \tag{8-54}$$

在整个采暖季节中，流出空气加热器的网路回水温度曲线以曲线 $\tau''_{2n} - \tau'''_{2t} - \tau'_{2t}$ 表示 [图 8-6（a）]，相应的水流量曲线如图 8-6（b）所示。

通过上述分析和从图 8-6（b）可见，对具有多种热用户的热水供热系统，热水网路的设计（最大）流量，并不是在室外采暖计算温度 $t'_w$ 时出现，而是在网路供水温度 $\tau_1$ 最低的时刻出现。因此，制定供热调节方案，是进行具有多种热用户的热水供热系统网路水力计算重要的先决条件。

如前所述，前面分析的热水供热系统，假设是不需要采用间歇调节的情况。但在刚开始采暖的一段时间内和即将停止采暖的一段时间内（即采暖的初期和末期），由于室外温度高，需要的热负荷小，如果网路的供水温度 $\tau_1$，还按质调节供热，就会低于 70℃，因此不得不辅以间歇调节供热，以保证热水供应系统用水水温的要求。

对需要采用间歇调节的热水供热系统，在连续供热期间，供热综合调节的方法与上述例子完全相同。在间歇调节期间，对通风热用户，由于通风热负荷随室外温度升高而减少，但网路供水温度 $\tau_1$ 在间歇调节期间总保持不变，因而需要辅以局部的流量调节。对热水供应和采暖热用户的影响，视其采用间歇调节方式而定，或采用热源处集中间歇调节，或利用自控设施，在热力站处进行局部的间歇调节。

## 思考题与习题

1. 供热调节都分为哪几种调节方式？

2. 试从调节的方便性方面、水力工况稳定性方面、经济和节能方面说明热水集中供热系统中，质调节与量调节的优缺点。

3. 只有采暖热用户的小型（二级）热水网路，最佳的供热调节方式是哪种？

4. 用多种热用户的大型（一级）热水网路，最常用的供热集中调节方式是哪种？

5. 热水集中供热系统中常用集中质调节时，随着室外温度的变化，采用直接连接的网路与用户系统供回水水温如何变化？供回水温差如何变化？散热器中热媒的平均计算温度如何变化？

6. 热水集中供热系统中采用供热综合调节时，网路的设计流量处于什么工况之下？

7. 热水集中供热系统中循环水泵的选择与供热调节方式有何关系？

8. 热水集中供热系统中间歇调节方式一般作为质调节的一种什么调节手段？

9. 间接连接的热水网路，采用质量-流量调节时，网路的供回水温差如何变化？

10. 间接连接的二级热水网路，供回水温度主要取决于哪两方面的因素？

# 第九章 集中供热管网的水力计算

本章主要讲述集中供热系统供热管网水力计算的基本原理和方法。根据热水网路水力计算成果，不仅能确定各管段的管径，而且还可以进而确定网路循环水泵的流量和扬程。蒸汽管路水力计算是要确定各计算管段的管径，以保证各热用户对蒸汽流量、压力等参数的要求；凝水管路水力也是要确定各计算管段的管径，以确保凝水能够顺畅的排除。保证蒸汽供热系统的正常运行。通过对本章内容的学习，应掌握相关水力计算基本方法和步骤，并有一定的专业设计能力，对供热管网的细部构造有一定了解。

## 第一节 热水网路水力计算的基本原理

热水采暖系统依靠室外供热管道将热水输送到各个建筑，设计管网时，为使系统各管段的流量符合设计要求，满足用户热负荷需要，保证系统安全可靠运行，必须对热网各管段的直径和压力损失进行细致的计算和选择，这就需要对供热管网进行水力计算。

热水网路水力计算的主要任务是：

（1）按已知的热媒流量和压力损失，确定管道的直径。

（2）按已知热媒流量和管道直径，计算管道的压力损失。

（3）按已知管道直径和允许压力损失，计算或校核管道中的流量。

### 一、沿程压力损失的计算

室内热水采暖系统管路水力计算的基本原理，对热水网路是完全适用的。

热水网路的水流量通常以 t/h 作单位，表达每米管长的沿程损失（比摩阻）$R$、管径 $d$ 和水流量 $G$ 的关系式，可改写为

$$R = 6.25 \times 10^{-2} \frac{\lambda}{\rho} \frac{G_t^2}{d^5} \tag{9-1}$$

式中　$R$——每米管长的沿程压力损失（比摩阻），Pa/m

　　　$G_t$——管段的水流量，t/h；

　　　$d$——管子的内直径，m；

　　　$\lambda$——管道内壁的摩擦阻力系数；

　　　$\rho$——水的密度，kg/m³。

热水网路的水流速度常大于 0.5m/s，流动状态大多处于阻力平方区。对于管径等于或大于 40mm 的管边，也可按下式计算：

$$\lambda = 0.11 \left(\frac{k}{d}\right)^{0.25} \tag{9-2}$$

式中　$k$——管内壁面的绝对粗糙度，m；外网 $k = 0.5\,\mathrm{mm}$

将上式代入式（9-1），可得：

$$R = 6.88 \times 10^{-3} \frac{k^{0.25}}{\rho} \frac{G_t^2}{d^{5.25}} \tag{9-3}$$

在实际设计计算中，为了简化繁琐的计算，通常利用水力计算图表进行计算。

（1）如在水力计算中，遇到了与附表9-1中不同的当量绝对粗糙度 $K_{sh}$ 时，根据式（9-3）的关系，对比摩阻的修正式为：

$$R_{sh} = \left(\frac{K_{sh}}{K_b}\right)^{0.25} R_b = mR_b \tag{9-4}$$

式中　$R_b$、$K_b$——按附表9-1查出的比摩阻和规定的 $K_b$ 值；

　　　　$K_{sh}$——水力计算时采用的实际当量绝对粗糙度，mm；

　　　　$R_{sh}$——相应 $K_{sh}$ 情况下的实际比摩阻，Pa/m；

　　　　$m$——$k$ 值比摩组修正系数，可查表9-1；

表9-1　$k$ 值修正系数 $m$ 和 $\beta$ 值

| $k$（mm） | 0.1 | 0.2 | 0.5 | 1.0 |
|---|---|---|---|---|
| $m$ | 0.669 | 0.795 | 1.0 | 1.189 |
| $\beta$ | 1.495 | 1.26 | 1.0 | 0.84 |

（2）水力计算图表是在某一密度 $\rho$ 值下编制的。如热媒的密度不同，但质量流量相同，则应对表中查出的速度和比摩阻进行修正。

$$v_{sh} = \left(\frac{\rho_b}{\rho_{sh}}\right) \times v_b \tag{9-5}$$

$$R_{sh} = \left(\frac{\rho_b}{\rho_{sh}}\right) \times R_b \tag{9-6}$$

$$d_{sh} = \left(\frac{\rho_b}{\rho_{sh}}\right)^{0.19} \times d_b \tag{9-7}$$

式中　$\rho_b$、$R_b$、$v_b$——附表9-1中采用的热媒度和在表中查出的比摩阻和流速值；

　　　　$\rho_{sh}$——水力计算中热媒的实际密度，$\mathrm{kg/m^3}$；

　　　　$R_{sh}$、$v_{sh}$——相应于实际 $\rho_{sh}$ 条件下的实际比摩阻和流速值。

　　　　$d$——根据水力计算表的 $\rho_b$ 条件下查出的管径值；

　　　　$d_{sh}$——实际密度 $\rho_{sh}$ 条件下的管径值。

在水力计算中，不同密度 $\rho$ 的修正计算，对蒸汽管道来说，是非常重要的。在热水网路的水力计算中，由于水在不同温度下密度差别较小，所以在实际工程设计计算中，往往不必作修正计算。

**二、局部压力损失的计算**

在热水网路计算中，还经常采用当量长度法，即将管道的局部损失折合成相对的沿程损失。当量长度的计算式：

$$l_d = \Sigma \xi \frac{d}{\lambda} \tag{9-8}$$

式中 $l_d$——管段的局部阻力当量长度，m；

$\sum \xi$——管段的总局部阻力系数。

附表9-2 给出热水网路一些局部构件的局部阻力系数和 $K = 0.5mm$ 时局部阻力当量长度值。

如水力计算采用与附表9-2 不同的当量绝对粗糙度 $K$ 值时，应对 $R$ 进行修正。

$$R_{sh} = \left(\frac{\rho_b}{\rho_{sh}}\right)^{0.19} R_b = \beta R_b \tag{9-9}$$

式中 $\beta$——$K$ 值修正系数，其值可查表9-1。

### 三、室外热网的总压力损失

当采用当量长度法进行水力计算时，热水网路中管段的总压降就等于

$$\Delta P = \sum R(L + L_d) = RL_{zh} \tag{9-10}$$

式中 $L_{zh}$——管段的折算长度，m。

在进行压力损失的估算时，局部阻力的当量长度 $L_d$ 可按管道实际长度 $L$ 的百分数估算。

即

$$L_d = \alpha_j L \tag{9-11}$$

式中 $\alpha_j$——局部阻力当量长度百分数，%，查表9-2。

表9-2 局部阻力当量长度百分数（%）

| 补偿器类型 | 公称直径（mm） | 局部阻力与沿程阻力的比值 | |
|---|---|---|---|
| | | 蒸汽管道 | 热水及凝结水管道 |
| 输 送 干 线 | | | |
| 套筒或波纹管补偿器（带内衬筒） | ≤1200 | 0.2 | 0.2 |
| 方形补偿器 | 200~350 | 0.7 | 0.5 |
| 方形补偿器 | 400~500 | 0.9 | 0.7 |
| 方形补偿器 | 600~1200 | 1.2 | 1.0 |
| 输 配 管 线 | | | |
| 套筒或波纹管补偿器（带内衬筒） | ≤400 | 0.4 | 0.3 |
| 套筒或波纹管补偿器（带内衬筒） | 450~1200 | 0.5 | 0.4 |
| 方形补偿器 | 150~250 | 0.8 | 0.6 |
| 方形补偿器 | 300~350 | 1.0 | 0.8 |
| 方形补偿器 | 400~500 | 1.0 | 0.9 |
| 方形补偿器 | 600~1200 | 1.2 | 1.0 |

注：1. 输送干线是指自然源至主要负荷区且长度超过2km无分支管的干线；

2. 输配管线是指有分支管接出的干线。

# 第二节 热水热网的水力计算

## 一、热水热网水力计算的已知条件

热水热网水力计算时，需要的已知条件有：

（1）地形图；

（2）热网平面图，标注管道、所有的附件、补偿器及有关设备等；

（3）热用户和热源的位置和标高；

（4）热源近期和远期供热能力、供热范围、供热方式、供热介质参数；

（5）热用户近、远期热负荷及各管段长度。

**二、热水热网水力计算的方法和例题**

（一）热水热网水力计算的方法及步骤

1. 确定热水网路各管段的计算流量

管段的计算流量就是该管段所担负的各个用户的计算流量之和，以计算流量确定管段的流量和压力损失。

（1）对只有采暖热负荷的热水采暖系统，用户的计算流量可用下式确定

$$G'_n = \frac{Q'_n}{c(\tau'_1 - \tau'_2)} = A\frac{Q'_n}{(\tau'_1 - \tau'_2)} \tag{9-12}$$

式中　　$Q_n$——采暖用户系统的设计热负荷，通常可用 GJ/h、MW 或 Mkcal 表示；

$\tau'_1$、$\tau'_2$——网路的设计供、回水温度，℃；

$c$——水的比热容，$c = 4.1868 \text{kJ/kg} \cdot \text{℃} = 1 \text{kcal/kg} \cdot \text{℃}$；

$A$——采用不同计算单位的系数。

（2）对具有多种热用户的并联闭式热水供热系统，采用按采暖热负荷进行集中质调节时，网路计算管段的设计流量应按本教材第八章有关内容确定。

2. 确定热水网路的主干线及其沿程比摩阻

热水网路水力计算是从主干线开始计算。网路中平均比摩阻最小的一条管线称为主干线。在一般情况下，热水网路各用户要求预留的作用压差是基本相等的，所以通常从热源到最远用户的管线是主干线。

3. 根据网路主干线各管段的计算流量和初步选用的平均比摩阻 $R$ 值，利用附表 9-1 的水力计算表，确定主干线各管段的标准管径和相应的实际比摩阻。

4. 根据选用的标准管径和管段中局部阻力的形式，查附表 9-2，确定各管段局部阻力的当量长度 $l_d$ 的总和，以及管段的折算长度 $l_{zh}$。

5. 根据管段的折算长度 $l_{zh}$ 以及由附表 9-1 查到的比摩阻，利用式（9-10），计算主干线各管段的总压降。

6. 主干线水力计算完成后，便可进行热水网路分支干线、支线等水力计算。应按分支干线、支线的资用压力差确定其管径，但热水流速不应大于 3.5m/s，同时比摩阻不应大于 300Pa/m。

**【例题 9-1】**　某热水供热热网平面布置如图 9-1 所示。已知热网设计供回水温度为 $t_g = 130℃$，$t_h = 70℃$，各热用户内部要求的压力差均为 50kPa。试对该热网系统进行水力计算。

**【解】**　1. 主干线的计算

首先选择确定热网主干线，由于各热用户入口要求的压力差均为 50kPa，故从热源到最远热用户 D 的管线为主干线，对主干线及分支干线的各管段编号，求出各管段的计算流量，并将有关数据填入表 9-3 内。

根据主干线各管段的计算流量和比摩阻 $R_{pj} = 30 \sim 70 \text{Pa/m}$ 的范围，查附表 9-1 选择各管

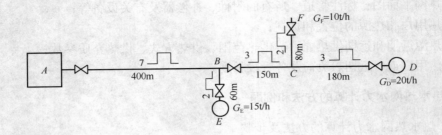

图 9-1  热水热网水力计算图

段管径和实际比摩阻，将所得数据列入表 9-3 内。

表 9-3  【例题 9-1】水力计算表

| 管段编号 | 计算流量 $G$ (t/h) | 管段长度 $L$ (m) | 当量长度 $L_d$ (m) | 折算长度 $L_{zh}$ (m) | 公称直径 $DN$ (mm) | 流速 $v$ (m/s) | 比摩阻 $R$ (Pa/m) | 实际压降 $\Delta P$ (kPa) |
|---|---|---|---|---|---|---|---|---|
| 1 | 2 | 3 | 4 | 5 | 6 | 7 | 8 | 9 |
| AB | 45 | 400 | 110.04 | 510.04 | 150 | 0.74 | 46.9 | 23.92 |
| BC | 30 | 150 | 44.1 | 194.1 | 125 | 0.71 | 54.6 | 10.60 |
| CD | 20 | 180 | 34.35 | 214.35 | 100 | 0.74 | 79.2 | 16.98 |
| | | | | | | | | 51.50 |
| BE | 15 | 60 | 17.6 | 77.6 | 70 | 1.16 | 319.7 | 24.81 |
| CF | 10 | 80 | 17.6 | 97.6 | 70 | 0.78 | 142.2 | 13.88 |

对管段 AB，$G = 15 + 10 + 20 = 45$t/h，当 $R_{pj} = 30 \sim 70$Pa/m 时，查附表 9-1 得管径 DN = 150mm，$v = 0.74$m/s，$R = 46.9$Pa/m。

查附表 9-2 得管段 AB 的局部阻力当量长度为：

闸阀（DN150）$1 \times 2.24 = 2.24$

方形补偿器（DN150）$7 \times 15.4 = 107.8$

AB 管段的当量长度 $L_d = 2.24 + 107.8 = 110.04$m

AB 段的实际压力损失为：

$$\Delta P_{AB} = R(L + L_d) = 46.9 \times (400 + 110.04) = 23.92\text{kPa}$$

用相同的方法计算 BC 段和 CD 段，计算结果见表 9-3。

由计算结果可见，主干线的压力损失为：

$$\Delta P_{AD} = 23.92 + 10.6 + 16.98 = 51.5\text{kPa}$$

2. 各分支线的计算

分支线 BE 与主干线 BD 并联，因而资用压差为：

$$\Delta P_{BE} = \Delta P_{BC} + \Delta P_{CD} = 10.6 + 16.98 = 27.58\text{kPa}$$

BE 段的平均比摩阻为：

$$R_{pj} = \frac{\Delta P_{BE}}{L_{BE}(1 + \alpha_j)}$$

表 9-2 得 $\alpha_j = 0.6$，又知 $L = 60$m，则：

$$R_{pj} = \frac{27.58 \times 10^3}{60(1 + 0.6)} = 287.3\text{Pa/m}$$

由 $BE$ 段流量和 $R_{pj}$ 查附表 9-1，选 $DN_{BE} = 70mm$，$v = 1.16m/s$，$R_{BE} = 319.7Pa/m$，均符合规定。

$BE$ 管段的当量长度为：

闸阀（DN70）$1 \times 1.0 = 1.0$

方形补偿器 $2 \times 6.8 = 13.6$

分流三通 $1 \times 3.0 = 3.0$

故当量长度为 $L_d = 1.0 + 13.6 + 3.0 = 17.6m$

$BE$ 段的压力损失为：

$$\Delta P_{BE} = (L + L_d) = 319.7 \times (60 + 17.6) = 24.81kPa$$

剩于压差 $\Delta P = 27.58 - 24.81 = 2.77kPa$，通过阀门调节消耗掉。

计算 $CF$ 管段的方法同上，计算结果见表 9-3。

# 第三节　蒸汽热网的水力计算

## 一、蒸汽热网水力计算的特点

蒸汽管道水力计算的特点是在计算压力损失时应考虑蒸汽密度的变化。在设计中，为了简化计算，蒸汽密度采用平均密度，即以管段起点和终点密度的平均值作为该管段的计算密度。

热水热网水力计算的基本公式，对蒸汽热网同样适用。

1. 沿程阻力计算

编制附表 9-3 室外蒸汽管道水力计算表时，取 $k = 0.2mm$，蒸汽密度 $\rho = 1kg/m^3$。当计算管段的平均密度不等于 $1kg/m^3$ 时，可用公式（9-5）、公式（9-6）对比摩阻及流速进行修正。

当蒸汽管道的当量绝对粗糙度 $k_{sh}$ 与 $k_b = 0.2mm$ 不符时，同样按式（9-4）进行修正。

2. 局部阻力损失计算

局部阻力损失按当量长度法计算，局部阻力当量长度查附表 9-2 进行计算。

3. 蒸汽热网供热介质的最大允许设计流速应采用下列数值

（1）过热蒸汽管道

① 公称直径大于 200mm 的管道　　　　　　80m/s；

② 公称直径小于或等于 200mm 的管道　　　50m/s。

（2）饱和蒸汽管道

① 公称直径大于 200mm 的管道　　　　　　60m/s；

② 公称直径小于或等于 200mm 的管道　　　35m/s。

## 二、蒸汽热网水力计算的方法和例题

蒸汽热网的水力计算方法如下：

（1）先确定各管段的流量：

式中 $G$——管段的计算流量，t/h；

$Q$——用户的计算热负荷，kW；

$r$——用汽压力下的汽化潜热，kJ/kg。

（2）绘制蒸汽热网平面图，并在图中标注所有补偿器、阀门的个数及型号、管道长度等。

（3）确定主干线的平均比摩阻：

$$R_{pj} = \frac{\Delta p}{\sum L(1 + \alpha_j)} \qquad (9\text{-}14)$$

式中 $\Delta P$——热网始端和终端的蒸汽压力之差，Pa；

$\sum L$——主干线总长，m；

$\alpha_j$——局部阻力当量长度百分比，查表9-2。

（4）按主干线上压力损失均匀分布来假定管段末端压力：

$$p_{mi} = p_{si} - \frac{\Delta p}{\sum L} L_i \qquad (9\text{-}15)$$

式中 $p_{mi}$、$p_{si}$——该管段的终端、始端蒸汽压力，Pa；

$L_i$——该计算管段的长度，m。

（5）计算管段中蒸汽的平均密度：

$$\rho_{pj} = \frac{\rho_{si} + \rho_{mi}}{2} \qquad (9\text{-}16)$$

式中 $\rho_{pj}$——管段中蒸汽的平均密度，kg/m³；

$\rho_{si}$、$\rho_{mi}$——管段中蒸汽的始端、末端密度，kg/m³。

（6）根据式（9-6）将平均比摩阻换算成查表用比摩阻。

（7）根据管段的流量和查表用比摩阻查附表9-3选定合适的管径，从而得出对应于选定管径情况下的比摩阻及流速。

（8）根据式（9-5）、式（9-6）将表中查出的比摩阻、流速再换算成实际条件下的比摩阻及流速。

（9）检查管内实际流速是否超过限定流速。

（10）根据已选定的管径，查附表9-2得出局部阻力当量长度 $L_d$。

（11）计算管段阻力损失及主干线总阻力损失。各管段阻力损失为 $\Delta P = \sum R(L + L_d)$，主干线总阻力损失应为各管段阻力损失之和。

（12）校验计算：求出管段实际的末端压力 $\rho_{mi} = \rho_{si} - \Delta P$ 与蒸汽的密度，与假定值对比。若误差允许，则计算下一管段，否则，用第一次计算的实际密度重新进行计算，直到符合要求。

（13）根据分支节点压力选择并联支管的管径，方法同前。

【例题9-2】 蒸汽热网如图9-2所示，锅炉出口饱和蒸汽压力为 $10 \times 10^5$ Pa，$P_D = 8 \times 10^5$ Pa，$P_E = 6 \times 10^5$ Pa，试确定热网管径。

【解】

主干线 $AD$ 段的平均比摩阻

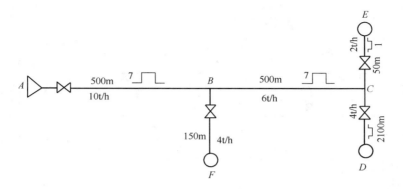

图 9-2　蒸汽热网水力计算图

$$R_{pj} = \frac{\Delta p}{\sum L(1 + \alpha_j)} = \frac{(10 - 8) \times 10^5}{(500 + 500 + 100)(1 + 0.7)} = 107 \quad \text{Pa/m}$$

1. 管段 $AB$ 末端压力 $p_{mi} = p_{si} - \frac{\Delta p}{\sum L} L_i = 10 \times 105 - \frac{(10 - 8) \times 10^5}{1100} \times 500$

$$= 9.09 \times 105\text{Pa}$$

计算管段 $AB$ 的蒸汽平均密度：查附表 9-4，始端蒸汽绝对压力 $P_A = (10 + 1) \times 105\text{Pa} = 11$ $\times 105\text{Pa}$，$\rho_A = 5.637\text{kg/m}^3$；末端蒸汽绝对压力 $P_B = (9.09 + 1) \times 10^5\text{Pa}$，$\rho_B = 5.191\text{kg/m}^3$，则

$$\rho_{pj} = (5.637 + 5.191) \times 0.5 = 5.414\text{kg/m}^3$$

换算为表中条件值，查表确定管径 $R_{pjb} = \frac{\rho_{pj} R_{pj}}{\rho_b} = \frac{107 \times 5.414}{1} = 539.3\text{Pa/m}$

用平均比摩阻和流量查附表 9-3，得管径 $DN = 175$，且 $R_b = 628.6\text{Pa/m}$，$v_b = 107\text{m/s}$。 换算成实际比摩阻和流速

$$R_{sh} = \left(\frac{\rho_b}{\rho_{sh}}\right) \cdot R_b = 628.6 \times \left(\frac{1}{5.414}\right) = 116.1\text{Pa/m}$$

$$v_{sh} = \left(\frac{\rho_b}{\rho_{sh}}\right) \cdot v_{sh} = 107 \times \left(\frac{1}{5.414}\right) = 19.78\text{m/s}$$

蒸汽流速没有超出极限流速。

查附表 9-2 局部阻力当量长度表，局部阻力当量长度为 $L_d = 217.35\text{m}$。

管段总压力损失为

$$\Delta P_{AB} = R_{sh}(L + L_d) = 116.1 \times (500 + 217.35) = 83284 \quad \text{Pa}$$

管段末端压力为 $P_B = (1 - 0.08328) = 0.9167\text{MPa}$

查得 $\rho_B = 5.229\text{kg/m}^3$

管段实际平均密度为

$$\rho_{pj} = (5.637 + 5.229) \times 0.5 = 5.433\text{kg/m}^3$$

假定值与实际值基本相符，可将计算结果列于水力计算表 9-4 中。

2. 管段 $BC$

将管段 $BC$ 的始端压力定为 0.917MPa，计算方法及步骤与管段 $AB$ 相同。

3. 其他管段

如同管段 $AB$ 方法逐段计算，列入蒸汽管道水力计算表 9-4 中。

表 9-4　室外高压蒸汽管道水力计算表

| 管段 | 蒸汽流量 $G$ (t/h) | 管段长度 $L$ (m) | 蒸汽始端压力 $P\times10^5$ (Pa) | 蒸汽末端压力 $P\times10^5$ (Pa) | 蒸汽平均密度 $\rho_{pj}$ (kg/m³) | 平均比摩阻 $R_{pj}$ (Pa/m) | 管径 $D\times s$ (mm) | 查表比摩阻 $R_b$ (Pa/m) | 查表流速 $v_b$ (m/s) | 实际比摩阻 $R_{sh}$ (Pa/m) | 流速 $v_{sh}$ (m/s) | 当量长度 $L_d$ (m) | 总计算长度 $L+L_d$ (m) | 管段压力损失 $\Delta p$ (Pa) | 蒸汽始端压力 $P\times10^5$ (Pa) | 蒸汽末段压力 $P\times10^5$ (Pa) | 蒸汽平均密度 $\rho_{pj}$ (kg/m³) |
|---|---|---|---|---|---|---|---|---|---|---|---|---|---|---|---|---|---|
| AB | 10 | 500 | 10 | 9.09 | 5.414<br>5.433 | 579.3 | 194×6 | 628.6 | 107 | 116.1<br>115.1 | 19.78<br>19.69 | 217.35 | 717.35 | 83284<br>82997 | 10<br>10 | 9.167<br>9.170 | 5.433<br>5.434 |
| BC | 6 | 500 | 9.170 | 8.261 | 5.007<br>5.155 | 537.7 | 194×6 | 226.4 | 64.1 | 45.22<br>43.92 | 12.80<br>12.43 | 176.70 | 676.70 | 30600<br>29721 | 8.170<br>8.170 | 8.864<br>8.873 | 5.155<br>5.175 |
| CD | 4 | 100 | 8.691 | 8.77 | 5.04<br>5.026 | 539.3 | 133×4 | 723.3 | 90.6 | 143.49<br>143.89 | 17.98<br>18.0 | 65.90 | 165.90 | 23805<br>23871 | 8.873<br>8.873 | 8.635<br>8.634 | 5.026<br>5.026 |
| CE | 2 | 50 | 8.873 | 6.00 | 4.376<br>4.863<br>4.885 | 6984 | 73×3.5 | 5214 | 164 | 1191.4<br>1072.1<br>1069.3 | 37.48<br>33.72<br>33.57 | 25.70 | 75.70 | 90189<br>81158<br>80795 | 8.873<br>8.873<br>8.873 | 7.791<br>8.061<br>8.065 | 4.863<br>4.885<br>4.886 |

注：管段局部阻力当量长度：

AB：7个方形补偿器，1个截止阀：$1.26\times(7\times19+39.5)=217.35$；

BC：7个方形补偿器，1个直流三通：$1.26\times(7\times19+7.24)=176.70$；

CD：2个方形补偿器，1个分流三通，1个截止阀：$1.26\times(2\times12.5+8.8+18.5)=65.90$；

CE：1个方形补偿器，1个分流三通，1个截止阀：$1.26\times(1\times6.8+4+9.6)=25.70$。

考虑15%的富裕度后，主干线的总压力损失为$A$至热用户$D$处的压力，为$1-0.8634=0.1136$MPa，高于要求值，富裕压力可在热用户$D$入口调节。

分支管线，只计算了$CE$段，从表中可见热用户处压力比要求值高，用阀门调节。

## 第四节　凝结水管网的水力计算

### 一、凝结水管管径确定的基本原则

高压蒸汽供热系统的凝结水管，根据凝结水回收系统的各部位管段内凝结水流动形式不同，管径确定方法也不同。

（1）单相凝结水满管流动的凝结水管路，其流动规律与热水管路相同，水力计算公式与热水管路相同。因此，管径可按热水管路的水力计算方法和图表进行计算。

（2）汽水两相乳状混合物满管流的凝结水管路，近似认为流体在管内的流动规律与热水管路相同。因此，在计算流动摩擦阻力和局部阻力时，采用与热水相同的公式，只需将乳状混合物的密度代入计算式即可。

（3）非满管流动的管路，流动复杂，较难准确计算，一般不进行水力计算，而是采用根据经验和实验结果制成的管道管径选用表，直接根据热负荷查表确定管径，见附表6-3蒸汽采暖系统干式和湿式自流凝结水管管径选择表。

### 二、凝结水管网水力计算例题

**【例题9-3】**　如图9-3所示为一闭式满管流凝结水回收系统示意图。用热设备的凝结水计算流量$G=2.0$t/h，疏水器前凝结水表压力$P_1=2.5$Pa，疏水器的表压力$P_2=1$Pa，二次蒸汽箱的最高蒸汽表压力$P_3=0.4$Pa，管段的计算长度$L_1=160$m，管壁$K=0.5$mm，疏水器后凝结水提升高度$h_i=4.0$m，二次蒸发箱下面减压水封出口与凝结水箱的回形管标高差$h_2=2.5$m，热网管段长度$L_2=200$m闭式凝结水箱的蒸汽表压力$P_4=5$kPa。试选择各管段的管径。

**【解】**　（一）从疏水器到二次蒸发箱的凝结水管段

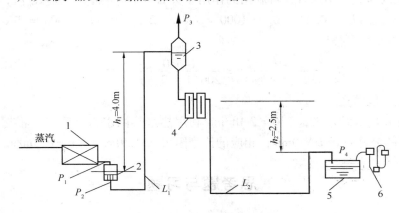

图9-3　凝结水管网水力计算图

1—用汽设备；2—疏水器；3—二次蒸发箱；4—多级水封；5—闭式凝结水箱；6—安全水封

1. 计算余压凝结水管段的资用压力及其允许平均比摩阻值

该管段资用压力

$$\Delta P_1 = (P_2 - P_3) - h_1\rho_n g = (1 - 0.4) \times 10^5 - 4 \times 10^3 \times 9.8 = 20800\text{Pa}$$

其中，$\rho_n$ 为凝结水管中凝结水的密度，从安全角度出发，取 $\rho_n = 1000\text{kg/m}^3$。

该管段的允许平均比摩阻

$$R_{pj} = \frac{\Delta P(1 - a_j)}{\sum L} = \frac{20800(1 - 0.2)}{160} = 104\text{Pa/m}$$

2. 求余压凝结水管中汽水混合物的密度 $\rho_\gamma$ 值

设疏水器漏汽量 $x_1 = 0$，查二次蒸发数量表（附表9-5）得出由于压降产生的含汽量 $x_2 = 0.056\text{kg/kg}$，则在该余压凝结水管的二次含汽量为

$$x = x_1 + x_2 = 0 + 0.56 = 0.56\text{kg/kg}$$

由饱和水及饱和水蒸汽性质表查得，二次蒸发箱表压力 $0.4 \times 10^5\text{Pa}$ 下饱和水比容 $v_s = 0.001\text{m}^3/\text{kg}$，饱和蒸汽比容 $v_q = 1.258\text{m}^3/\text{kg}$，则汽水混合物密度为 $\rho_\gamma$ 为

$$\rho_r = \frac{1}{v_r} = \frac{1}{v_s + x(v_q + v_s)} = \frac{1}{0.001 + 0.056 \times 1.257} = 13.996\text{kg/m}^3$$

3. 确定凝结水管管径

利用附表9-6闭式余压回水凝结水管径计算表（$P = 30\text{kPa}$），漏汽加二次蒸发汽量按15%计算，该表 $K = 0.5\text{mm}$，$P = 30\text{kPa}$，$\rho = 5.26\text{kg/m}^3$，则

$$R_{pj} = \frac{104 \times 13.996}{5.26} = 276.8\text{Pa/m}$$

查表时的流量 $G = 2\text{t/h}$，换算成蒸汽放热量为

$$Q = G_r = \frac{2000 \times 2164.1}{3600} = 1202.3\text{kW}$$

查附表9-6闭式余压回水凝结水管径计算表（$P = 30\text{kPa}$），漏汽加二次蒸发汽量按15%计算得，管径 $d = 100\text{mm}$。

（二）从二次蒸发箱到凝结水箱的热网凝结水管

1. 该管段内为纯凝结水管，可利用的作用压头 $\Delta P$ 及其允许比摩阻 $R_{pj}$ 值，按下式计算

$$\Delta P_2 = \rho_n g(h_2 - 0.5) - p_4 = 1000 \times 9.8 \times (2.5 - 0.5) - 5000 = 14620\text{Pa}$$

式中的 0.5m 为预留富裕值。

$$R_{pj} = \frac{\Delta P_2}{L_2(1 + \alpha_j)} = \frac{14620}{200(1 + 0.6)} = 45.7\text{Pa/m}$$

2. 确定该管段管径

按流过最大量凝结水考虑，$G = 2.0\text{t/h}$。利用热水热网水力计算表，根据 $R_{pj}$ 值选择管径，选用管子的公称直径 $DN50\text{mm}$，相应的比摩阻 $R = 31.9\text{Pa/m}$，$v = 0.3\text{m/s}$。

## 思考题与习题

1. 供热热网水力计算的任务有哪些？

2. 供热热网水力计算的基本公式与室内采暖系统有什么不同？

3. 当所采用的管道当量绝对粗糙度系数与水力计算表中不同时，设计计算中应对哪几个参数做以修正计算？

4. 热水网路水力计算中有多种热负荷时，设计流量如何确定？

5. 热水网路水力计算时，从经济方面考虑主干线的设计流量如何确定？支线的设计流量如何确定？

6. 什么是热网主干线？水力计算为什么要从主干线开始计算？

7. 室外高压蒸汽管路的水力计算方法与室内蒸汽管路有什么不同？为什么？

8. 室外高压凝结水管路按流动动力分为哪几类？各类管径如何确定？

9. 室外蒸汽热网与凝结水热网在水力计算中分别要进行哪些换算？

10. 为什么要规定允许流速？选管径时流速过大会发生什么问题？

11. 试对图 9-4 所示某闭式双管热水热网进行水力计算。已知 $t_g = 130℃$，$t_h = 70℃$，热网每隔一定距离设有方形补偿器。每一个热用户入口要求作用压力不低于 $4 \times 10^4 Pa$，其余条件见图示。

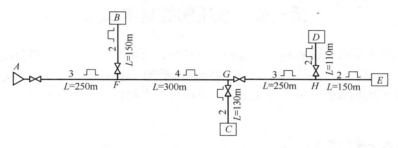

图 9-4

12. 试求厂区蒸汽供热热网的管径。热网平面布置如图 9-5 所示，已知条件均标入图中。锅炉房供给的饱和蒸汽压力为 $10 \times 10^5 Pa$。

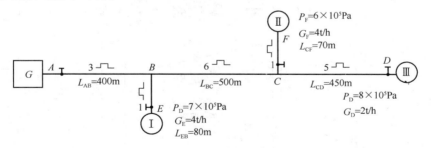

图 9-5

195

# 第十章　热水网路的水压图与水力工况

本章主要讲述热水网路水压图的绘制和应用，热水网路水压图对于热水网路的设计和实际运行具有至关重要的指导意义。还讲述了热水网路水力工况分析，热水网路水力工况对于热水网路的设计和实际运行调节也具有重要的指导意义。热水网路的设计和运行，关系到集中供热系统的安全可靠性、系统造价、运行管理费用以及热用户的满意度。通过对本章内容的学习，同学们应掌握热水网路基本的专业设计能力和基本的专业运行管理能力。

## 第一节　水压图的基本概念

通过室内热水采暖系统和热水网路的水力计算，可以看出：水力计算只能确定热水管道中各管段的压力损失（压差）值，不能确定热水管道上各点的压力值。而绘制的水压图，可以清楚地表示出热水管路中各点的压力。流体力学中的伯努利能量方程式是绘制水压图的理论基础。

### 一、绘制水压图的基本原理

如图 10-1 所示，设热水流过某一管段，根据伯努利能量方程式，可列出断面 1 和 2 之间的能量方程式为：

$$P_1 + \rho g Z_1 + \frac{\rho v_1^2}{2} = P_2 + \rho g Z_2 + \frac{\rho v_2^2}{2} + \Delta p_{1\text{-}2} \tag{10-1}$$

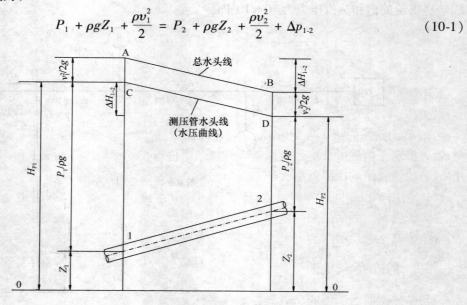

图 10-1　总水头线与测压管水头线

伯努利方程也可以用水头高度的形式表示：

$$\frac{P_1}{\rho g} + Z_1 + \frac{v_1^2}{2g} = \frac{P_2}{\rho g} + Z_2 + \frac{v_2^2}{2g} + \Delta H_{1\text{-}2} \qquad (10\text{-}2)$$

式中　$P_1$、$P_2$——断面 1、2 的压力，Pa；

$\quad\quad Z_1$、$Z_2$——断面 1、2 的管中心线离某一基准面 O-O 的位置高度，m；

$\quad\quad v_1$、$v_2$——断面 1、2 的水流平均速度，m/s；

$\quad\quad\quad \rho$——水的密度，kg/m$^3$；

$\quad\quad\quad g$——自由落体的重力加速度，为 9.81m/s$^2$；

$\quad\quad \Delta P_{1\text{-}2}$——水流经管段 1-2 的压力损失，Pa；

$\quad\quad \Delta H_{1\text{-}2}$——水流经管段 1-2 的水头损失，mH$_2$O。

位置水头 $Z$，压力水头 $P/\rho g$ 和流速水头 $v^2/2g$ 三项之和表示断面 1、2 之间任意一点的总水头值。线段 AB 称为总水头线，断面 1 与 2 的总水头的差值，就是代表水流过管段 1-2 的水头损失 $\Delta H_{1\text{-}2}$。线段 CD 称为测压管水头线。管道中任意一点的测压管水头高度，就是该点离基准面 O-O 的位置高度 $Z$ 与该点的测压管水柱高度 $P/\rho g$ 之和。在热水管路中，将管路各节点的测压管水头高度顺次连接起来的曲线，称为热水管路的水压曲线。

### 二、利用水压图分析热水供热（暖）系统中管路的水力工况

1. 利用水压曲线，可以确定管道中任何一点的压力（压头）值

管道中任意点的压头就等于该点测压管水头高度和该点所处的位置高度之间的高差，也就是该点的测压管水柱高度。如点 1 的压头就等于 $(H_{p1} - Z_1)$ mH$_2$O

2. 利用水压曲线，可表示出各管段的压力损失值

由于热水网路管道中各处的流速差别不大，因而上式中 $\dfrac{v_1^2}{2g} - \dfrac{v_2^2}{2g}$ 的差值与管段 1-2 的 $\Delta H_{1\text{-}2}$ 相比可以忽略不计，则上式可以改写为：

$$\left(\frac{P_1}{\rho g} + Z_1\right) - \left(\frac{P_2}{\rho g} + Z_2\right) = \Delta H_{1\text{-}2} \qquad (10\text{-}3)$$

由此可知：管道中任意两点的测压管水头高度之差就等于水流过该两点之间的管道的压力损失值。

3. 利用水压曲线，确定管段的单位管长平均压降（亦称比压降）

根据水压曲线的坡度，可以确定管段的单位管长的平均压降的大小。水压曲线越陡，管段的单位管长平均压降就越大。

4. 利用水压曲线，推算其他各点的压力值

由于热水管路系统是一个水力连通器，因此，只要已知或固定管路上任意一点的压力，则管路中其他各点的压力也就已知或固定了。

### 三、水压图的组成

热水热网的水压图应由以下各部分组成：

1. 坐标系统

纵坐标表示地面标高、热用户高度及各点水头（测压管水头）；横坐标（基准面）表示管道的展开长度，基准面一般取在热水热网循环水泵的轴线高度处。

水压图的纵横坐标可采用不同的比例，纵坐标和横坐标的名称和单位（一般为 m）应分别注明。

2. 管道的平面展开图

在坐标系的下方应有单线（对应的供水管线）绘制的有关管道平面展开简图。

3. 地形剖面、各热用户系统的充水高度和汽化水头线

在坐标系中应绘制沿管线的地形剖面，并宜绘出典型热用户系统（一般为最高热用户系统、中间高度的热用户系统和最低热用户系统）的充水高度及供水温度汽化压力值对应的水柱高度。

4. 静水压线和供回水管动水压曲线

在水压图中应绘制静水压线和主干线的动水压曲线，必要时还应绘制支干线的动水压曲线。

静水压线是热网循环水泵停止工作时，热网上各点测压管水头的连接线。由于热网热用户是相互连通的，系统静止时热网上各点的测压管水压均相等。因此，静止压线应是一条平行于横坐标的直线。

动水压曲线是当热网循环水泵运转时，热网供回水管各点测压管水压的连接线。由于各管段的压力损失不同，因此，供、回水管的动水压曲线应各是一条折线。

绘制水压图时，管线各重要部位在供、回水管水压曲线上所对应的点应编号，并标注水头的数值，各点的编号应与管道平面展开简图相对应。

静水压线、动水压曲线应用粗线绘制；管道应采用粗实线绘制；热用户系统的充水高度应用中实线绘制；热用户汽化压力的水柱高度应采用中虚线绘制；地形纵剖面应采用细实线绘制。

**四、热水网路水压图的作用**

热水网路上连接着许多热用户。它们对供水温度和压力的要求，可能各有不同，且所处的地势高低不一。在设计阶段必须对整个网路的压力状况有个整体的考虑。通过绘制热水网路的设计水压图，用以全面地反映热网和各热用户的压力状况，并确定保证使设计出来的热水网路能满足最大数用户的要求。在运行中，往往运行工况与设计工况有差别，通过绘制热水网路的实际运行水压图，可以全面地了解整个系统在调节过程中或出现故障时的压力状况，以便找出关键性的矛盾和采取有效的技术措施，保证系统安全运行。

各个用户的连接方式以及整个供热系统的自控调节装置，都要根据网路的压力工况及其波动情况来选定，即需要以水压图作为这些工作的决策依据。

由此可见，水压图是热水网路设计和运行的重要依据，因此，应掌握绘制水压图的基本要求、步骤和方法，以及会利用水压图分析系统压力状况。

# 第二节　热水网路水压图的绘制及应用

**一、水压图绘制的基本技术要求**

热水集中供热系统不论在运行时还是停止运行时，系统内热媒的压力都必须满足下列基

本技术要求。

1. 与热水网路直接连接的用户系统，网路的压力不应超过该用户系统用热设备及其管道、附件的承压能力。例如采暖热用户系统一般常用的柱形铸铁散热器，其承压能力为 $4 \times 10^5 Pa$。因此，作用在该用户系统最底层散热器的表压力，无论在网路运行或停止运行时都不得超过 $4 \times 10^5 Pa$（$40mH_2O$）。

2. 在高温热水网路和用户系统内，水温超过100℃的地点，热媒压力应不低于该水温下的汽化压力。不同水温下的汽化压力见表10-1。

从运行安全角度考虑，除上述要求外还应留有 30～50kPa 的富裕压力。

表 10-1　不同水温下的汽化压力

| 水温（℃） | 100 | 110 | 120 | 130 | 140 | 150 |
|---|---|---|---|---|---|---|
| 汽化压力（$mH_2O$） | 0 | 4.6 | 10.3 | 17.6 | 26.9 | 38.6 |

3. 与热水网路直接连接的用户系统，无论在网路循环水泵运转或停止工作时，其用户系统回水管出口处的压力，必须高于用户系统的充水高度，以防止系统倒空吸入空气，破坏正常运行和腐蚀管道。

4. 室外网路回水管内任何一点的压力，都应比大气压力至少高出 50kPa（$5mH_2O$），以免吸入空气。

5. 在热水网路的热力站或用户引入口处，供、回水管的资用压头，应满足热力站或用户所需的作用压力。

热用户系统的资用压头可按连接方式不同，按下列估算值确定：

水-水热交换间接连接的采暖系统为 30～50kPa（3～5$mH_2O$）；

混合器采暖系统为 80～120kPa（8～12$mH_2O$）；

直接连接的热计量采暖系统为 50kPa（5$mH_2O$）；

直接连接的常规散热器采暖系统为 20kPa（2$mH_2O$）。

## 二、绘制热水网路水压图的步骤和方法

根据上面对水压图的基本要求，下面以一个连接着四个采暖热用户的高温热水供热系统为例，阐明绘制水压图的步骤和方法。在图 10-2 中，下部是网路的平面图，上部是它的水压图。

1. 确定基准面和坐标

以网路循环水泵的轴线的高度（或其他方便的高度）为基准面，在纵坐标上按一定的比例尺作出标高的刻度（图 10-2 中的 $o$-$y$）。沿基准面在横坐标上按一定的比例尺标出距离的刻度（图 10-2 中的 $o$-$x$）。

按照网路上的各点和各用户从热源出口起沿管路计算的距离，在 $o$-$x$ 轴上相应点标出网路相对于基准面的标高和房屋高度。各点网路高度的连接线就是图 10-2 上带有阴影的线，表示沿管线的纵剖面。

2. 绘制静水压曲线

静水压曲线是网路循环水泵停止工作时，网路上各点的测压管水头的连接线。它是一条水平的直线。静水压曲线的高度必须满足下列的技术要求。

（1）与热水网路直接连接的采暖用户系统内，底层散热器所承受的静水压力应不超过散热器的承压能力。

（2）热水网路及与它直接连接的用户系统内，不会出现汽化或倒空。

首先确定静水压线的位置：

如图 10-2 所示，设网路设计供、回水温度为 110/70℃。用户 1、2 采用低温水采暖，用户 3、4 采用高温水采暖。用户 1、3、4 楼高为 17m，用户 2 为一高层建筑，楼高为 30m。如欲全部采用直接连接，并保证所有用户都不会出现汽化或倒空，静水压曲线的高度需要定在不低于 39m 处（用户 2 处再加上 3m 的安全富裕度）。由图 10-2 可见，静水压线定的这样高，将使用户 1、3、4 底层散热器承压能力都超过一般铸铁散热器的承能压力（40mH$_2$O）。这样使大多数用户必须采用间接连接方式，增加了基建投资费用。

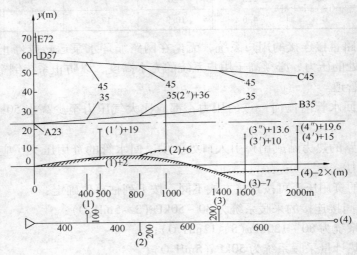

图 10-2　热水热网的水压图

如在设计中希望尽可能多地采用直接连接的方案时，可以考虑除对用户 2 采用间接连接方式外，按保证其他用户不汽化、不倒空和不超压的技术要求下，来确定静水压曲线的高度。

当用户 2 采用间接连接后，系统的高温热水可能达到的最高点是在用户系统 4 的顶部（用户 1 虽高，但是低温热水采暖）。4′点的标高是 15m，加上 110℃ 水的汽化压力 4.6mH$_2$O，再加上 30～50kPa 的富裕压力值（防止压力波动），由此可定出静水压线的高度。如图 10-2 所示，将静水压曲线定在 23m 的高度上。

这样，当网路循环水泵停止运行时，所有用户都不会出现汽化及倒空，而且底层散热器也不会超过 40mH$_2$O 的允许压力。

用户 2 采用间接连接方式，用户 3、4 采用最简单的直接连接方式，用户 1 采用带有混合装置的直接连接方式。

选定的静水压线位置靠系统所采用的定压方式来保证。热水供热系统中，目前最常用的定压方式是补给水泵。同时，定压点的位置通常设置在网路循环水泵的吸入管段上。

3. 绘制动水压曲线

（1）确定回水管的动水压曲线位置

在网路循环水泵运转时，网路回水管各点的测压管水头的连线，称为回水管动水压曲线。在热水网路设计中，如预先分析在选用不同的主干线比摩阻情况下网路的压力状况时，可根据给定的比摩阻值和局部阻力所占的比例，确定一个平均比压降（每米管长的沿程阻力和局部阻力之和），亦即确定回水管动水压的坡度，初步绘制回水管动水压线。如已知热水网路水力计算结果，则可按各管段的实际压力损失，确定回水管动水压线。

回水管的动水压线的位置，应满足下列要求。

a. 按照上述网路热媒压力必须满足的技术要求中的第三条和第四条的规定，回水管动水压曲线应保证所有直接连接的用户系统不倒空和网路上任何一点的压力不应低于50kPa（5mH_2O）的要求。这是控制回水管动水压曲线最低位置的要求。

b. 要满足上述基本技术要求的第一条规定。这是控制回水管动水压曲线最高位置的要求。如对采用一般的铸铁散热器的采暖用户系统，当与热水网路直接连接时，回水管的压力不能超过4Pa。实际上，底层散热器所承受的压力比用户系统供暖回水管出口处的压力还要高些（一般不超过$1\sim1.5mH_2O$），它应等于底层散热器供水支管的压力。但由于这两者的差值与用户系统热媒压力的绝对值相比较，其值很小。为了便于分析，可认为用户系统底层散热器所承受的压力就是热网回水管在用户引入口的出口处的压力。

以图10-2为例，假设热水网路采用高位水箱或补给水泵定压方式，定压点设在网路循环水泵的吸入端。采用高位水箱定压时，为了保证静水压线J-J的高度，高位水箱的水面高度，应比循环水泵中心线高出23cm，这不太容易实现。如果采用补给水泵定压，只要补给水泵施加在定压点的压力维持在$23mH_2O$的压力，就能保证系统循环水泵在停止运行时对压力的要求。

如定压点设在网路循环水泵的吸入端，在网路循环水泵运行时，定压点（图10-2的A点）的压力不变，设计的回水管动水压曲线仍在A点的标高上，是23m，而回水主干线末端B点的动水压线的水位高度高于A点的标高，其高度差应等于回水主干线的总压降。

如回水主干线的总压降，通过水力计算已知为$12mH_2O$，则B点的水位高度为23 + 12 = 35m。这就初步确定了回水主干线的动水压曲线的末端位置。

（2）确定供水管动水压曲线的位置

在网路循环水泵运行时，网路供水管内各点的测压管水头连线，称为供水管动水压曲线。同理，供水管动水压曲线沿着水流方向逐渐下降，它在每米管长上降低的高度反映了供水管的比压降值。

供水管动水压曲线的位置，应满足下列要求：

a. 网路供水干管以及与网路直接连接的用户系统的供水管中，任何一点都不应出现汽化。

b. 在网路上任何一处用户引入口或热力站的供、回水管之间的资用压差，应能满足用户引入口或热力站所要求的循环压力。

这两个要求实质上就是限制着供水管动水压线的最低位置。

由于假定定压点位置在网路循环水泵的吸入端，前面确定的回水管动水压线全部高出静水压线J-J，所以在供水管上不会出现汽化现象。

网路供、回水管之间的资用压差，在网路末端最小。因此，只要选定网路末端用户引入口或热力站处所要求的作用压头，就可确定网路供水主干线末端的动水压线的水头高度。根据给定的供水主干线的平均比压降或根据供水主干线的水力计算成果，可绘出供水干线的动水压曲线。

假设末端用户 4 预留的资用压差为 $10mH_2O$。在供水管主干线末端 C 点的水位高度应为 $35 + 10 = 45m$。设供水主干线的总压力损失与回水管相等，即 $12mH_2O$，在热源出口处供水管动水压曲线的水位高度，即 D 点的标高应为 $45 + 12 = 57m$。

最后，水压图中 E 点与 D 点的高差等于热源内部的压力损失（在本例中假设为 $15mH_2O$），则 E 点的水头应为 $57 + 15 = 72m$，由此可得出网路循环水泵的扬程应为 $72 - 23 = 49mH_2O$。

这样绘出的动水压曲线 ABCDE 以及静水压曲线 J-J 线，组成了该网路主干线的水压图。各分支线的动水压曲线，可根据各分支线在分支点处的供回水管的测压管水头高度和分支线的水力计算结果，按上述同样的方法和要求绘制。

### 三、用户系统的压力状况和与热网连接方式的确定

当热水网路水压图的水压曲线位置确定后，就可以确定用户系统与网路的连接方式及压力状况。

1. 用户系统 1

它是一个低温热水采暖的热用户（外网 110℃ 水经与回水混合后再进入用户系统）。从水压图可见，在网路循环水泵停运时，静水压线对用户 1 满足不汽化和不倒空的技术要求。

（1）不会出现汽化。在用户系统 1，110℃ 高温水可能达到的最高点，在标高 +2m 处。该点压力超过该点水温下的汽化压力。

（2）不会出现倒空。用户系统的充水高度仅在标高 19m 处，低于静水压线。

用户系统 1 位于网路的前端。热水网路提供给前端热用户的资用压头 $\Delta H_j$。如在本例中，设用户 1 的资用压头 $\Delta H_j$，往往超过用户系统的设计压力损失 $\Delta H_j$。如在本例中，设用户 1 的资用压头 $\Delta H_1 = 10mH_2O$，而用户系统 1 的压力损失只有 $1mH_2O$。在此情况下，可以考虑采用水喷射器的连接方式。这种连接方式示意图和其相应的水压图可见图 10-3（a）。图中 $\Delta H_p$ 是表示水喷射器为抽引回水本身消耗的能量。在运行时，作用在用户系统的供水管压力，仅比回水管的压力高出 1（$mH_2O$）。因此，正如前述，我们可将回水管的压力近似地视为用户系统所承受的压力。

由图 10-2 可见，回水管动水压曲线的位置，不致使用户系统 1 底层散热器压坏（图中点 1 处的压力 $35 - 2 = 33 < 40mH_2O$），该用户系统满足与网路直接连接的全部要求。

如假设用户系统 1 的压力损失较大，假设 $\Delta H_j = 3mH_2O$，网路供、回水的资用压差不足以保证水喷射器使水混合后提供足够的作用压头，此时就要采用混合水泵的连接方式。

采用混合水泵连接方式示意图及其相应水压图可见图 10-3（b）所示。混合水泵的流量应等于其抽引的回水量。混合水泵的扬程 $\Delta H_B$ 应等于用户系统（或二级网路系统）的压力损失值（$\Delta H_B = \Delta H_j$）。

2. 用户系统 2

它是一个高层建筑的低温热水采暖的热用户。前已分析，为使作用在其他用户的散热器的压力不超过允许压力，对用户 2 采用间接连接。它的连接方式示意图及其相应的水压图如图 10-3（c）所示。

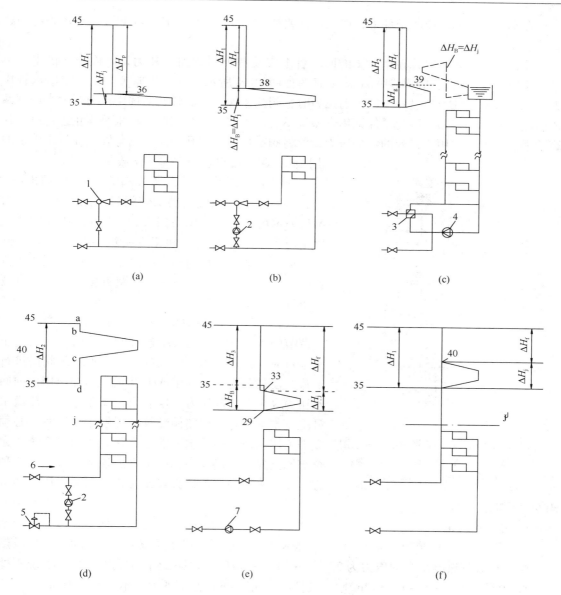

图 10-3　热水热网与采暖热用户系统的连接方式和相应的水压图

1—水喷射器；2—混水泵；3—水-水式换热器；4—热用户循环水泵；5—阀前压力调节阀；

6—止回阀；7—回水加压泵；$\Delta H_1$、$\Delta H_2$……—热用户 1、2 等的资用压头；

$\Delta H_j$—热用户压力损失；$\Delta H_B$—水泵扬程；$\Delta H_g$—水-水式换热器的

压力损失；$\Delta H_p$—水喷射器本身消耗的压力

注：图中数字表示该处的测压管水头标高（对应图 10-2）

　　在本例中，用户系统 2 与热网连接处供、回水的压差为 10mH$_2$O。如水-水换热器的设计压力损失 $\Delta H_g = 4\text{mH}_2\text{O}$。此时只需将进入用户 2 的供水管用阀门节流，使阀门后的水压线标高下降到 39m 处，即可满足设计工况的要求。采暖用户系统的水压图示意图也如图 10-3（c）所示。

203

在本例给定的水压图条件下，如在设计或运行上采取一些措施，用户2也可考虑与网路直接连接。

在设计用户入口时，在用户2的回水管上安装一个"阀前"压力调节阀，在供水管上安装止回阀。"阀前"调节阀的结构示意图如图10-4所示。其工作原理如下：当回水管压力作用在阀瓣上的力超过弹簧的平衡拉力时，阀孔才能开启。弹簧的选用拉力要大于局部系统静压力 $3\sim5$ mH$_2$O。因此，保证用户系统不会出现倒空。当网路循环水泵停止运行时，弹簧的平衡拉力超过用户系统的水静压力，就将阀瓣拉下，阀孔关闭，它与安装在供水管上的止回阀一起将用户系统2与网路截断。

安装了"阀前"压力调节阀的水压图如图10-3(d)所示。其中 $H_{ab}$ 代表供水管阀门节流的压力损失，$\Delta H_{bc}$ 表示用户系统的压力损失，c点的水压线位置应比用户系统的充水高度超出 $3\sim5$ m。$\Delta H_{cd}$ 表示"阀前"压力调节阀的压力损失。由水压图中水压线的位置可知，它满足了用户系统与网路直接连接的所有技术条件。

若在本例中用户2的引入口处不安装"阀前"压力调节阀，而又想采用直接连接的方式时，在网路正常运行时，必须将用户引入口处回水管上的阀门进行节流，使其节流压降等于 $\Delta H_{cd}$ 也就是使流出用户的回水压力高于它的静压力。这样用户2在工作时能满水且能正常运行。当网路循环泵一旦停止运行时，必须立即关闭用户2的回水上的电磁阀，使用户系统2完全与网路隔开，避免用户系统2出现倒空现象。这种方法没有采用间接连接方式或安装"阀前"压力调节

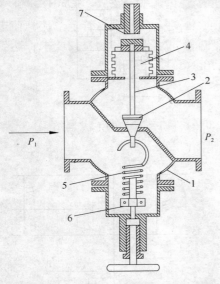

图10-4 阀前压力调节阀的结构示意图
1—阀体；2—阀瓣；3—阀杆；4—薄膜；
5—弹簧；6—调紧器；7—调节杆

阀安全可靠。

3. 用户系统3

用户系统3位于地势最低点，在循环水泵停止工作时，静水压线的位置不会使底层散热器压坏。底层散热器承受的压力为 $23-(-7)=30$ mH$_2$O。但在运行工况时，用户系统3处的回水管压力为 $35-(-7)=42$ mH$_2$O，超过了一般铸铁散热器所允许承受的压力。

因此，用户系统3入口的供水管需要节流。在本例中，从安全角度出发，进入用户系统3供水管的侧压管水头要下降到标高33m处（$-7+40$）。这样一来，用户系统的作用压头不但不足，反而成为负值。因此在供水管上节流的措施在此不能完全满足要求，故还必须同时在用户入口处的回水管上安装水泵，抽吸用户系统的回水，压入外网。如假设系统3的设计压力损失为4mH$_2$O，则该用户回水加压泵的扬程应等于 $35-(33-4)=6$ mH$_2$O。用户系统3与热网的连接方式及其相应的水压图如图10-3(e)所示。

用户系统回水加压的连接方式，主要用在网路提供给用户或热力站的资用压头，小于用户或热力站所要求的压力损失 $\Delta H_j$ 的场合。这种情况往往出现在热水网路末端的一些用户或热力站上。因为当热水网路上连接的热用户热负荷超过设计负荷时，或网路没有很好地进行初调节，致使靠近热源的用户或热力站短路流回时，末端一些用户或热力站就很容易出现

资用压头不足的情况。此外，当利用热水网路回水再向一些用户供热时，也多需要用回水泵加压的方式。

在实践中，利用用户或热力站的回水泵加压的方式，往往由于选择水泵的流量或扬程过大，会影响邻近热用户的供热工况，形成网路的水力失调。因而，需要慎重考虑和正确选择回水加压泵的流量和扬程。

4. 用户系统4

它是一个高温热水采暖的热用户。热网提供给热用户的资用压头（$\Delta H = 10$ mH$_2$O），大于热用户所需压头（假设 $\Delta H_j = 5$ mH$_2$O），则只要在热用户4处入口的供水管上节流，使进入热用户的供水管测压水头标高降到 $35 + 5 = 40$m 处，就可满足对水压图的一切要求，达到正常运行。热用户系统与热网的连接方式及水压图如图10-3(f)所示。

**四、热水网路循环水泵的选择**

网路循环水泵是驱动热水在热水供热系统中循环流动的机械设备。在完成热水采暖系统管路的水力计算或绘制水压图后，便可确定网路循环水泵的流量和扬程。

1. 循环水泵流量的确定

对具有多种热用户的闭式热水供热系统，原则上应首先绘制供热综合调节曲线，将各种热负荷的网路总流量曲线相叠加，得出相应某一室外温度 $t_w$ 下的网路最大设计流量值，作为选择的依据。对只有单一采暖热负荷，或采用集中质调节的具有多种热负荷的并联闭式热水供热系统，网路的总最大设计流量，亦即网路循环水泵的流量，可按下式计算：

$$G = K_1 \frac{3.6 \times Q}{c(t_1 - t_2)} \times 10^3 + G_0 \qquad (10\text{-}4)$$

式中　$G$——循环水泵总流量，t/h；

$\quad K_1$——考虑热网热损失的系数，取 1.05～1.10；

$\quad Q$——供热系统总热负荷，W；

$\quad c$——热水的平均比热，kJ/(kg·℃)；

$\quad t_1$、$t_2$——供热系统供、回水温度；

$\quad G_0$——锅炉出口母管和循环水泵进口管之间旁通管的循环流量，t/h；不设旁通管时，取 $G_0 = 0$。

2. 循环水泵扬程的确定

循环水泵的扬程，不应小于设计流量条件下，热源、热网和最不利环路的压力损失之和。

$$H = K(H_1 + H_2 + H_3) \qquad (10\text{-}5)$$

式中　$H$——循环水泵扬程，mH$_2$O；

$\quad H_1$——热源内部的压力损失，mH$_2$O；

$\quad H_2$——室外热网供回水管到系统的压力损失，mH$_2$O；

$\quad H_3$——最不利的热用户内部循环水系统的压力损失，mH$_2$O；

$\quad K$——裕量系数，取 1.05～1.10。

在热水网路水压图上，可清楚地表示出循环水泵的扬程和上述各部分的压力损失值。应着重指出：循环水泵是在闭合环路中工作的，它所需要的扬程，仅取决于闭合环路中的总压损失，而与建筑物高度和地形无关。

3. 循环水泵台数的确定

循环水泵的台数不得少于 2 台，其中 1 台备用。3 台及 3 台以下，设备用泵；4 台及 4 台以上时，可不设备用泵。

4. 选择循环水泵应注意的问题

（1）选择循环水泵时应考虑集中供热的调节方式。当采用集中的质量-流量调节方式时，宜采用变频调速水泵，以适应流量-扬程的变化；当采用集中质量调节时，宜采用定速水泵。

对于具有多种热负荷的热水供热系统，如果非采暖期间的流量大大小于采暖期间流量时，可考虑增设专为供应非采暖期间热负荷的循环水泵。

（2）循环水泵的流量-扬程曲线（G-H 线），在水泵工作点附近应比较平缓，以便当网路水力工况发生变化时，循环水泵的扬程变化较小。一般单级水泵特性曲线比较平缓，宜选用单级水泵。

（3）循环水泵的承压、耐温能力应与热网的设计参数相适应。循环水泵多安装在热网回水管上。一般清水循环水泵允许的工作温度，不应大于 80℃。如安装在热网供水管上，则必需采用耐高温的 R 型热水循环水泵。

（4）循环水泵的工作点应在水泵高效工作范围内。

（5）当有多台水泵并联工作时，应先绘制水泵和热网的特性曲线，确定工作点，再选择水泵，并尽量选用相同型号的水泵。

# 第三节　热水网路的定压方式与补给水泵的选择

## 一、热水热网的定压方式

通过绘制热水网路的水压图，确定水压曲线的位置是正确进行热网设计，分析用户压力状况和连接方式以及合理组织热网运行的重要手段。若要使热网按水压图给定的压力状况运行，要靠所采用的定压方式，定压点的位置和控制好定压点所要求的压力。

补给水泵定压方式是集中供热系统最常用的一种定压方式。补给水泵定压方式主要有下面三种方式：补给水泵连续补水定压方式、补给水泵间歇补水定压方式、补给水泵补水定压点设在旁通管处的定压方式。

1. 补给水泵连续补水定压方式

如图 10-5 所示是补给水泵连续补水定压方式的示意图。定压点设在网路循环水泵的吸入端。利用压力调节阀保持定压点的恒定压力。

系统工作时，补给水泵连续向系统内补水，补水量与系统的漏水量相平衡，通过补给水调节阀控制补给水量，保持补水点的压力稳定，当系统内水压力过高时，由安全阀 9 泄水降压。

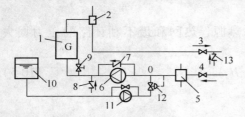

图 10-5　补给水泵连续补水定压方式

1—热水锅炉；2—集气罐；3、4—供、回水管阀门；5—除污器；6—循环水泵；7—止回阀；8—给水止回阀；9—安全阀；10—补水箱；11—补水泵；12—压力调节阀；13—给水止回阀

在突然停电时，补给水泵停止运转，可能不能保证系统所需压力，会出现由于供水压力降低而产生的汽化现象。为避免锅炉和供热热网内的高温水汽化，停电时应及时关闭供水管上的阀门3，使热源与热网断开，上水在自身压力的作用下，将止回阀8、13顶开向系统充水，同时还应打开集气罐2上的放气阀排气。考虑到突然停电时可能产生水击现象，在循环水泵吸水管路和压水管之间，可连接一根带止回阀的旁通管用来泄压。

压力调节阀多采用直接作用式压力调节阀。其作用原理为：当网路水加热膨胀，或网路漏水量小于补给水量以及其他原因使定压点的压力升高时，作用在压力调节阀膜室上的压力增大，克服重锤所产生的压力后，阀芯向下移动，阀孔流动截面减小，补给水量减小，直到阀后压力等于定压点控制的压力为止。相反过程的作用原理相同，同样可使阀孔流动截面增大，补给水流量增大，以维持定压点的压力。

这种补给定压方式设备简单，耗能多；系统水力工况稳定性好。适用于供水温度较高，系统规模较大的热水供热系统。宜采用变频调速的补给水泵。

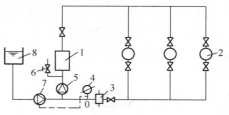

图10-6　补给水泵间歇补水定压方式

1—热水锅炉；2—热用户；3—除污器；

4—压力控制开关；5—循环水泵；

6—安全阀；7—补给水泵；

8—补给水箱

### 2. 补给水泵间歇补水定压方式

如图10-6所示是补给水泵间歇补水定压方式的示意图。补给水泵的启动和停止运行是由电接点式压力表的表盘上的触点开关控制的。压力表的指针到达定压点的上限值时，补给水泵停止运行。当网路循环水泵的吸入端压力下降到定压点的下限值时，补给水泵重新启动补水。这样，网路循环水泵吸入端的压力保持在上限值和下限值之间。通常上限值和下限值之间的波动范围在 $5mH_2O$ 左右，不宜过大或过小。

间歇补水定压方式比连续补水定压方式节省电能，设备简单；但动水压线上下波动，水力稳定性不如连续补水定压稳定。适用于系统规模不大，供水温度不高，系统漏水量较小的热水供热系统中。宜采用定速的补给水泵。

### 3. 定压点设在旁通管处的连续补水定压方式

上述的两种补水定压方式，其定压点都设在循环水泵的吸入端。从图10-2的水压图可见，网路运行时，动水压线都比静水压线高。对大型的热水供热系统，为了适当地降低网路的运行压力和便于调节网路的压力工况，可采用定压点设在旁通管上的连续补水定压方式。

图10-7是定压点设在旁通管上的连续补水定压方式的示意图。在热源的供回水干管之间连接一根旁通管，利用补给水泵使旁通管J点保持符合静水压线要求的压力。在网路循环水泵运行时，当定压点J的压力低于控制值时，压力调节阀的阀孔开大，补水量增加。当定压点J点的压力升

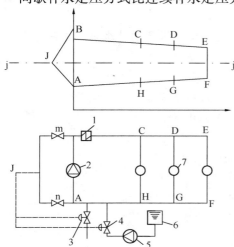

图10-7　定压点设在旁通管处的定压方式

1—加热装置（锅炉或换热器）；2—热网循环水泵；

3—泄水调节阀；5—补给水泵；6—补给水箱；

7—热用户

高高于控制值时，压力调节阀关小，补水量减少。当网路循环水泵停止运行时，整个网路的压力先达到运行时的平均值然后下降，通过补给水泵的补水作用，使整个系统压力维持在定压点的静压力。

利用旁通管定压点连续补水定压方式，可以适当地降低运行时的动水压曲线，网路循环水泵吸入端 A 点的压力低于定压点 J 的静压力。同时，靠调节旁通管上两个阀门 m 和 n 的开启度，可控制网路的动水压曲线升高或降低。如将阀门 m 完全关闭，则 J 点压力与 A 点压力相等，网路整个动水压曲线高于静水压曲线。反之，如阀门 n 完全关闭，则 J 点压力与 B 点压力相等，网路整个动水压曲线低于静水压曲线。此外，如欲改变所要求的静水压曲线的高度时，可通过调整压力调节器内的弹簧弹性力或重锤平衡力来实现。

利用旁通管定压点连续补水定压方式，对调节系统的运行压力，具有较大的灵活性。但旁通管不断通过网路水，网路循环水泵的计算流量，要包括这一部分流量。

这种定压方式节能，运行安全，造价低，经济，但需要较高的技术管理水平。最好采用变频调速的补给水泵，减小动水压线的上下波动，以利于提高系统的水力工况稳定性，而且更节能。

### 二、补给水泵的选择

1. 补给水泵流量的确定

在闭式热水供热系统中，采用上述的补给水泵定压时，补给水泵的流量主要取决于整个系统的漏水量。系统的漏水量与供热系统的规模、施工安装和运行管理水平有关，难以有准确的定量数据。规范规定：闭式热水网路的补水率，不宜大于总循环水量的 1%。但在选择补给水泵时，整个补水装置和补给水泵的流量，应根据供热系统的正常补水量和事故补水量来确定，一般的正常补水量取循环水量的 2 倍计算，事故补水量取循环水量的 4 倍计算。对开式热水供热系统，应根据热水供应量最大设计流量和系统正常补水量之和确定。

闭式热水供热系统的补给水泵的台数，宜选用两台，可不设备用补水泵，正常工作时一台工作，事故时两台全开。

2. 补给水泵扬程的确定

补给水泵的扬程，应根据保证水压图静水压线的压力要求来确定。

$$H_b = k(H_{bs} + H_c + H_r - h)\ (\text{mH}_2\text{O}) \tag{10-6}$$

式中　　$H_b$ ——补给水泵的扬程，$\text{mH}_2\text{O}$；

$H_{bs}$ ——压力调节阀与网路连接点处的压力，$\text{mH}_2\text{O}$；

$H_c$ ——补给水泵出水管道处的压力损失，$\text{mH}_2\text{O}$；

$H_r$ ——补给水泵吸入管道处的压力损失，$\text{mH}_2\text{O}$；

$h$ ——补给水箱最低水位与补给水泵轴线之间的高差，m；

$k$ ——富裕值，$1.05 \sim 1.10$。

或

$$H_b = H_j + \Delta H + H_c\ (\text{mH}_2\text{O}) \tag{10-7}$$

式中　　$H_b$ ——补给水泵的扬程，$\text{mH}_2\text{O}$；

$H_j$ ——定压点的压力，$\text{mH}_2\text{O}$；

$\Delta H$ ——补给水管道系统压力损失，$mH_2O$；

$H_c$ ——富裕值，$1 \sim 3 mH_2O$。

综上所述，利用补给水泵定压方式，设备简单，容易实现，是集中供热系统中最普遍的一种定压方式。

## 第四节　热水网路水力工况分析

### 一、水力失调的基本概念

在热水供热系统运行过程中，由于设计、施工、运行管理等方面的各种原因使热网的流量分配不符合各热用户设计要求，从而造成各热用户的供热量不能满足要求。热水供热系统中各热用户在运行中的实际流量与规定流量之间的不一致现象称为该用户的水力失调。它的水力失调可用实际流量与规定流量的比值来衡量，即水力失调度。

$$X = \frac{G_s}{G_g} \tag{10-8}$$

式中　$X$——水力失调度；

$G_s$——热用户的实际流量，$m^3/h$；

$G_g$——该热用户的规定流量，$m^3/h$。

对于整个热网系统而言，各热用户的水力失调状况是多种多样的，可分为：

1. 一致失调

热网中各用户的水力失调度 $X$ 都大于 1（或都小于 1）的水力失调状况称为一致失调。一致失调有可分为：

（1）等比例失调：指所有热用户的水力失调度 $X$ 值都相等的水力失调状况。

（2）不等比失调：指各用户的水力失调度 $X$ 值不相等的水力失调状况。

2. 不一致协调

热网中各热用户的水力失调度有的大于 1、有的小于 1 的水力失调状况称为不一致协调。

热水供热系统是由许多串联、并联管路和各个热用户组成的一个复杂的相互连通的管路系统。因此，引起热水供热系统水力失调的原因是多方面的。如在设计计算时，不可能在设计流量下达到阻力完全平衡，结果是在系统运行时，热网会在新的流量下达到阻力平衡；在热网刚运行时没有进行初调节或初调节没有达到设计要求；在运行中，一个或几个热用户的流量变化（阀门关闭或停止使用），引起热网与其他热用户流量的重新分配等，而这些情况又难以避免的。

分析和掌握热水供热系统水力工况变化的规律及对系统水力失调的影响，找到改善系统水力失调状况的方法，对热水供热系统设计和运行管理都很有指导作用，如在设计中应考虑哪些因素可使系统的水力失调程度较小（或使系统水力稳定性高）和易于进行系统的初调节；在运行中如何掌握系统水力工况变化，分析热水热网上各热用户的流量及其压力、压差的变化规律；热用户引入口自动调节装置（流量调节器、压力调节器等）的工作参数和波动范围的确定等问题，都必须分析系统的水力工况。

### 二、热水热网水力失调状况分析

任何热水热网都是由若干个串联管段和并联管段组成。串联管段和并联管段总阻力数的确定方法，在本书前面章节中已阐述。如要定性地分析热网正常水力工况改变后的流量分配情况，可根据前面叙述的基本原理和水压图进行分析。

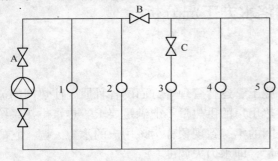

图 10-8　热水热网系统示意图

现以几种常见的水力状况变化情况为例，定性地分析水力失调的规律性。

如图 10-8 所示为一个带有五个热用户的热水热网。各热用户均无自动流量调节器，热网循环水泵的扬程不变。

1. 当阀门 A 节流（阀门关小）时的水力工况

当阀门 A 节流时，热网总阻力系数将增大，总流量将减小。由于没有对各用户进行调节，各热用户分支管段及其他干管的阻力系数均未改变，各热用户的流量分配比例也没有变化，各热用户流量将按同一比例减少，各热用户的作用压差也将按同一比例减少，热网产生了等比的一致失调。

如图 10-9(a) 所示为阀门 A 节流时热网的水压图，实线表示正常情况下的水压曲线，虚线为阀门 A 节流后的水压曲线，由于各管段流量减小，压降也减小，因此，干管的水压曲线（虚线）将变得平缓些。

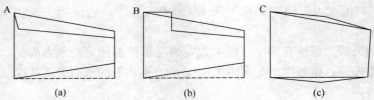

(a)　　　　　　　　　(b)　　　　　　　　　(c)

图 10-9　热水热网的水力工况变化示意图

(a) 阀门 A 节流时热网水压图；(b) 阀门 B 节流时热网水压图；(c) 阀门 C 节流时热网水压图

2. 当阀门 B 节流（阀门关小）时的水力工况

当阀门 B 截流时，热网总阻力系数增加，总流量减小，如图 10-9(b) 所示。供、回水干管的水压线将变得平缓些，供水管水压线在 B 点将出现一个急剧下降。阀门 B 之后的热用户 3、4、5 本身阻力系数虽然未变，但由于总的作用压力减小了，热用户 3、4、5 的流量和作用压差将按相同比例减小，热用户 3、4、5 出现了等比的一致失调。

阀门 B 之前的热用户 1、2 虽然本身阻力数并未变化，但由于其后面的管路阻力数改变了，热网总阻力数也会随之改变，总流量在各管段中的分配比例也相应地发生变化，热用户 1、2 的作用压差和流量也是按不同比例增加的，热用户 1、2 将出现不等比的一致失调。

对于供热热网的全部热用户来说，有的热用户流量增加，有的热用户流量减小，整个热网将产生不一致失调。

3. 当阀门 C 关闭，热用户 3 停止运行时的水力工况

关闭阀门 C，热用户 3 停止运行后，热网总阻力数将增加，总流量将减少，如图 10-9

（c）所示。热源到热用户3之间的供、回水管的水压线将变平缓，热用户3处供、回水管之间的作用压差将增加。热用户3之前的热用户流量和作用压差均增加，但比例不同，是不等比的一致失调。由于热用户3之后供、回水干管水压线坡度变陡，热用户3之后的热用户4、5的作用压差将增加，流量也将按相同比例增加，是等比的一致失调。

对于整个热网而言，除热用户3外，所有热用户的作用压差和流量都会增加，是一致失调。

就热用户而言，其水力失调必将导致热力失调，即热用户散热设备的实际散热量与规定散热量之间的不一致现象，从而造成室内空气温度超过设计温度或低于设计温度。

热用户热力失调除与热水供热热网的水力工况有关外，还与室内系统自身因素有关，如选用的室内采暖系统形式，水力计算的平衡程度，系统运行前阀门的初调节情况等。

### 三、热水热网的水力稳定性分析

1. 热水热网的水力稳定性的表示

热水热网的水力稳定性是指热网中各热用户在其他热用户流量改变时，保持本身流量不变的能力。通常用热用户的水力稳定性系数 $y$ 来衡量热网的水力稳定性。

水力稳定性系数是指热用户的规定流量 $G_g$ 与工况改变后可能达到的最大流量 $G_{max}$ 的比值，即

$$y = \frac{G_g}{G_{max}} = \frac{1}{X_{max}} \tag{10-9}$$

式中　$y$——热用户的水力稳定性系数；

　$G_g$——热用户的规定流量，$m^3/h$；

　$G_{max}$——热用户可能出现的最大流量，$m^3/h$；

　$X_{max}$——工况改变后热用户可能出现的最大水力失调，按式（10-8）计算。即

$$X_{max} = \frac{G_{max}}{G_g} \tag{10-10}$$

热用户的规定流量按下式计算：

$$G_g = \sqrt{\frac{\Delta P_y}{S_y}} \tag{10-11}$$

式中　$\Delta P_y$——热用户在正常工况下的作用压差，Pa；

　$S_y$——热用户系统及热用户支管的总阻力数，$Pa/(m^3/h)^2$。

一个热用户可能的最大流量出现在其他热用户全部关断时。这时，热网干管中的流量很小，阻力损失接近于零。所以热源出口的作用压差可认为是全部作用在这个热用户上的。因此，该热用户可能的最大流量按下式计算：

$$G_{max} = \sqrt{\frac{\Delta P_r}{S_y}} \tag{10-12}$$

式中　$\Delta P_r$——热源出口的作用压差，Pa。可以近似地认为等于热网正常工况下的热网干管的压力损失 $\Delta P_w$ 和这个热用户在正常工况下的压力损失 $\Delta P_y$ 之和，即

$$\Delta P_r = \Delta P_w + \Delta P_y \tag{10-13}$$

因此，这个热用户可能的最大流量计算式可改写为：

$$G_{max} = \sqrt{\frac{\Delta P_w + \Delta P_y}{S_y}} \qquad (10\text{-}14)$$

于是，它的水力稳定性系数为：

$$y = \frac{Gg}{G_{max}} = \sqrt{\frac{\Delta P_y}{\Delta P_w + \Delta P_y}} = \sqrt{\frac{1}{1 + \frac{\Delta P_w}{\Delta P_y}}} \qquad (10\text{-}15)$$

由式（10-15）可以看出：

（1）水力稳定性系数 $y$ 的极限值是 1 和 0。

（2）在 $\Delta P_w = 0$（理论上，热网干管直径为无限大）时，$y = 1$。此时，这个热用户的水力失调度 $X_{max} = 1$，也就是说无论工况如何变化，它都不会发生水力失调，因而它的水力稳定性最好。这个结论对热网上的每个热用户都成立，这种情况下任何热用户的流量变化，都不会引起其他热用户流量的变化。

（3）当 $\Delta P_y = 0$ 或 $\Delta P_w = \infty$（理论上，热用户系统管径无限大或热网干管管径无限小）时，$y = 0$。此时，热用户的最大水力失调度 $X_{max} = \infty$，水力稳定性最差，任何其他热用户流量的改变将全部转移到这个热用户中去。

实际上热水热网的管径不可能为无限小或无限大，热水热网的水力稳定性系数 $y$ 总在 0 到 1 之间。因此，当水力工况变化时，任何热用户流量均改变，其中的一部分流量将转移到其他热用户中去。

2. 提高热水热网水力稳定性的主要措施

（1）适当地减小热网干管的压降，增大热网干管的管径，即在进行热网水力计算时，选用较小的平均比摩阻 $R_{pj}$ 值。适当地增大靠近热源的热网干管的直径，对提高热网的水力稳定性效果更明显。

（2）适当地增大热用户系统的压降，可以在热用户系统内安装调压板、水喷射器、安装高阻力小口径的阀门等。

（3）在系统运行时，合理地进行初调节和运行调节，尽可能将热网干管上的所有阀门开大，把剩余的作用压差消耗在热用户系统上。

初调节是为保证供热系统的工况符合设计要求，在投入运行初期对系统进行的调节。主要是通过调节阀门的开度，来调节热媒的压力和流量。

运行调节是供热系统在运行中根据室外气象条件的变化或热用户热负荷变化而进行的调节。根据供热调节地点不同，供热调节可分为集中调节、局部调节和个体调节三种调节方式。集中调节在热源处进行调节，局部调节在热力站或热用户入口处进行调节，个体调节直接在散热设备处进行调节。

集中供热运行调节的方法主要有质调节、量调节、质量-流量调节和间歇调节。

质调节时保持热网流量不变，改变供、回水温度的运行调节。

量调节时保持供水温度不变，改变热网流量的运行调节。

质量-流量调节既改变供、回水温度，又改变热网流量的运行调节。

间歇调节时在室外温度较高时，保持热网的流量和供水温度不变而改变每天采暖时数的运行调节。

供热（暖）调节的目的是使采暖热用户的散热设备的散热量与热用户热负荷的变化规律相适应，以防止采暖热用户出现室温过高或过低现象。

（4）对于供热质量要求高的热用户，可在各热用户引入口处安装自动调节装置（如流量调节器）等，以保证各热用户的流量恒定，不受其他热用户的影响。

提高热水热网的水力稳定性，可使供热系统正常运行，减少热能和电能的消耗，便于系统的初调节和运行调节。在热水供热系统设计中，必须充分考虑提高系统水力稳定性问题。

**四、双管热网水力工况实验**

（一）实验目的

1. 使用热网水力工况模型实验装置进行几种水力工况变化的实验，能直接了解热网水压的变化情况，巩固热水网路水力工况计算的基本原理。

2. 掌握水力工况分析方法、验证热水网路水压图和水力工况的理论。

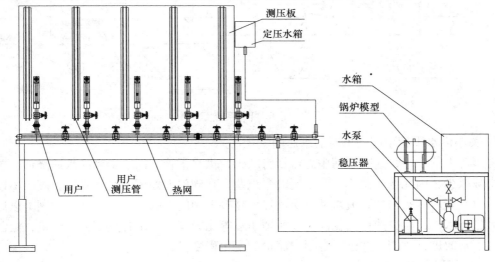

图 10-10 设备简图

（二）实验装置（图 10-10）

设备由管道、阀门、流量计、稳压罐、模拟锅炉、水泵等组成，用来模拟由 5 个用户组成的热水网路。上半部有高位水箱和安装在一块垂直木版上的 12 根玻璃管，玻璃管的顶端与大气相通，玻璃管下端用胶管与网路分支点相接，用来测量热网用户连接点处的供水干管与回水干管的测压管水头（水压曲线高度）。每组用户的两支玻璃管间附有标尺以便读出各点压力。

（三）实验原理

室外热水网路，水的流动状况大多处于阻力平方区内，其压降与流量的关系服从二次幂规律既 $\Delta P = Sv^2$；并联管路中各分支管段的流量是比例于其阻力数的平方根的倒数而进行分配的。实验中，通过改变网路中任意分支管路的阻力数来分析计算系统流量和压降的变化，研究它的水力失调状况。

（四）实验步骤

阀门操作见系统图（图 10-11）。

1. 正常水压图。启动水泵缓慢打开 A 和 Q 阀门，水由水泵经锅炉、稳压罐后，一部分进入供水干管、用户、回水管；另一部分进入高位水箱，待系统充满水、打开 B 阀的同时关闭 A 阀，保持水箱水位稳定，调节各阀门，以增加或减少管段的阻力，使各节点之间有适当的压差，待系统稳定后，记录各点的压力和流量，并依次绘制正常水压图。

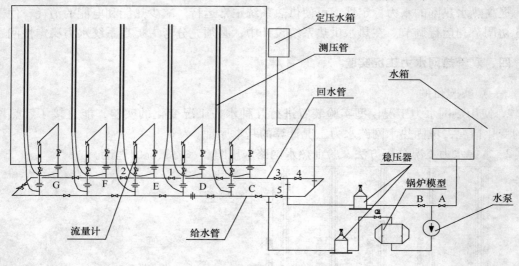

图 10-11　系统图

2. 关小供水干管中阀门 1 时的水压图

将阀门 1 关小些，这时热网中总流量将减少，供水干管与回水干管的水速降低，单位长的压力降减少，因此水压图比正常工况时平坦些，在阀门 1 处压力突然降低，阀门 1 以前的用户，由于资用水头增加，流量都有所增加，越接近阀门 1 的用户增加越多，阀 1 以后各用户的流量将减少，减少的比例相同，即所谓一致等比失调。记录各点压力、流量，绘制新水压图与正常的进行比较，并记录各用户流量的变化程度。

3. 关闭 E 用户时的水压图

将阀 1 恢复原状，各点压力一般不会恢复到原来读数位置，不一定强求符合原来正常水压图。关闭阀门 2，记录新水压图各点的压力、流量。

4. 关小阀门 3 时的水压图

将阀门 2 恢复到原来的位置，把阀门 3 关小，记录新水压图各点的压力、流量。

5. 阀门 3 恢复到原来的位置打开阀门 4，关闭阀门 5，观察网路各点的压力变化情况，即回水定压。

6. 关闭阀门 4，打开阀门 5。观察网路各点的压力变化情况，即给水定压。

实验完毕，关闭阀门 A、B，停止水泵运行。

（五）数据整理

a. 记录压力、流量读数

b. 水力失调度 $x$ 计算

$$x = \frac{V_s}{V_{g'}} = \sqrt{\frac{\Delta P_{变}}{\Delta P_{正常}}}$$

c. 根据实验情况分别绘制水压图，并评价各工况实验结果。

## 思考题与习题

1. 什么是水压图？水压图的作用是什么？是由哪几部分组成的？

2. 绘制热水网路水压图应满足哪些基本技术要求？

3. 简述绘制热水网路水压图的方法和步骤。

4. 试从供热的安全可靠性方面、经济方面、节能方面分析，小型（二级）热水网路与采暖热用户首选的连接方式是哪种？

5. 为什么用户引入口处的自动压力调节阀应尽量安装在用户的进水管上？

6. 什么叫系统定压？其作用是什么？

7. 试从安全方面、经济方面、节能方面分析，定压点应选择在何处？

8. 热水热网常用的补水定压方式有哪几种？各适用于何种场合？

9. 怎样选择循环水泵和补给水泵？

10. 热水网路循环水泵的扬程只与哪些因素有关？而与哪些因素无关？

11. 选择热水网路循环水泵时，为什么要求在工作点附近水泵的特性曲线要比较平缓一些？

12. 试从供热调节方面、经济方面、节能方面分析，大型（一级）热水网路选择哪种类型的循环水泵？小型（二级）热水网路选择哪种类型的循环水泵？

13. 试从压力的波动方面、网路水力工况稳定方面、经济方面、节能方面分析，大型（一级）热水网路选择哪种类型的补给水泵？小型（二级）热水网路选择哪种类型的补给水泵？

14. 什么叫水力失调？产生水力失调会带来什么后果？

15. 什么叫水力稳定性？怎样提高热水热网的水力稳定性？

# 第十一章　供热管网的敷设与保温

本章主要讲述室外供热管网的布置、敷设、防腐和保温。通过学习，应掌握供热管道的合理布置和正确敷设；供热管道附属设施的选用和安装；供热管道的保温和防腐处理等基本专业知识，并具有一定专业设计能力。

## 第一节　室外供热管网的敷设方式

室外供热管网是由将热媒从热源输送和分配到各热用户的管道系统所组成的。室外供热管网是集中供热系统中投资份额较大，施工最繁重的部分。合理地选择供热管道的敷设方式以及做好管道的定线工作，对节省投资、施工安装简单、保证热网安全可靠地运行和维修方便等，都具有重要的意义。

供热管道敷设是指将供热管道及其附件按设计条件组成整体并使之就位的工作。供热管道的敷设可分为地上敷设和地下敷设两大类，地下敷设有地沟敷设和直埋敷设两种。

### 一、供热管道布置原则

供热管网布置形式以及供热管线平面位置的确定，是供热管网布置的两个主要内容。供热管网布置形式有枝状管网和环状管网两大类。具体选用哪种形式的管网，在本教材第七章的内容中已经阐述。

供热管网布置应在城市建设规划指导下进行，综合考虑热负荷的分布、热源的位置，地上、地下管道及构筑物的情况，以及供热区域水文、地质条件等因素，按照下述基本原则确定。

（1）经济上合理

供热管网主干线应尽可能通过热负荷集中地区，力求管线短而直。注意管道上阀门和管道附件的合理布置，阀门和管道附近通常设在检查室（或检查平台）内，应尽可能减少检查室的数量。

（2）技术上可靠

供热管线应尽量布置在地势平坦、土质好、地下水位低的地区。同时考虑施工、维修方便。

（3）对周围环境的影响少且协调

供热管线一般沿道路一侧敷设，应少穿主要交通线。供热管道与其他市政设施协调安排，相互之间的距离应能保证运行安全、施工、检修方便。地上敷设的管道不影响城市环境美观，不妨碍交通。

供热管道与建筑物、构筑物或其他管线的最小距离，可参见《城市热力网设计规范》

（CJJ 34—2002）的规定。

## 二、地上敷设

地上敷设是将供热管道敷设在地面上一些独立的支架上，故又称架空敷设。按照支撑结构的高度不同分为低支架敷设、中支架敷设和高支架敷设。

（一）低支架敷设

低支架敷设的供热管道保温结构底部距地面的净高不得小于 0.3m，并应高出积雪层高度。低支架一般采用毛石砌筑或混凝土浇筑，如图 11-1 所示。该敷设方式可以节省大量土建材料，并且建设投资小、施工安装方便、维护管理容易，但其适用范围较小，在不妨碍交通及行人，不影响城市和厂区美化，不影响工厂厂区扩建的地段或地区，可采用低支架敷设。通常是沿着工厂的围墙和平行于公路和铁路敷设。

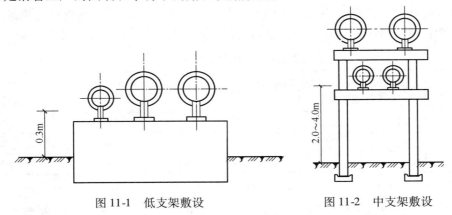

图 11-1　低支架敷设　　　　　　　图 11-2　中支架敷设

（二）中支架敷设

中支架敷设的供热管道保温结构底部距地面的净高为 2~4m，一般采用钢筋混凝土浇筑或钢结构，如图 11-2 所示，在不通行或非主要通行车辆的地段，人行交通不频繁的地方敷设。

（三）高支架敷设

高支架敷设的供热管道保温结构底部距地面的净高大于 4m，一般为 4~6m。高支架一般采用钢结构或钢筋混凝土结构，如图 11-3 所示。在跨越公路、铁路或其他障碍物时采用。

供热管道地上敷设是较为经济的一种敷设方式。它不受地下水位和土质的影响，管道使用寿

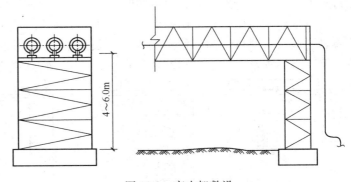

图 11-3　高支架敷设

命长，易于发现和消除故障，便于运行管理。但占地面积较大，管道热损失较大，易影响城市美观。

地上敷设适用于以下场合：地下水位高、年降雨量大、土质为湿陷性黄土或腐蚀性土壤的地区。地下敷设适用于以下场合：必须进行大量的土石方工程或地形复杂的地段；地下设

施密度大，难以采用地下敷设的地段；或在工业企业中有其他管道可共架敷设的场合。

### 三、地沟敷设

为保证管道不受外力的作用，保护管道的保温结构，并使管道能自由伸缩，可将管道敷设在专用的地沟内。地沟是地下敷设管道的围护构筑物。地沟的横截面常做成矩形或拱形。地沟分砌筑、装配和整体等类型。砌筑地沟采用砖、石或大型砌体砌筑墙体，配合钢筋混凝土预制盖板。装配式地沟一般用钢筋混凝土预制构件现场装配，施工速度较快。整体式地沟用钢筋混凝土现场浇筑而成，防水性能好。

供热管道的地沟按其功用和结构尺寸，分为通行地沟、半通行地沟和不通行地沟。

#### （一）通行地沟

通行地沟是工作人员可以在地沟内直立通行的地沟，并能保证检修、更换管道和设备等作业。通行地沟人行通道的净高为 1.8～2.0m，净宽不小于 0.6m，并应允许地沟内最大直径的管道通过通道；地沟断面尺寸应保证管道和设备检修及更换的需要，有关尺寸见表 11-1。

表 11-1　地沟敷设有关尺寸　（m）

| 地沟 | 地沟净高 | 人行通道宽 | 管道保温表面与沟墙净距 | 管道保温表面与沟顶净距 | 管道保温表面与沟底净距 | 管道保湿表面间的净距 |
|---|---|---|---|---|---|---|
| 通行地沟 | ≥1.8 | 6 | ≥0.2 | ≥0.2 | ≥0.2 | ≥0.2 |
| 半通行地沟 | ≥1.2 | ≥0.5 | ≥0.2 | ≥0.2 | ≥0.2 | ≥0.2 |
| 不通行地沟 | — | — | ≥0.1 | ≥0.05 | ≥0.15 | ≥0.2 |

注：当必须在沟内更换钢管时，人行通道宽度还不应小于管子外径加 0.1m。

通行地沟内可采用单侧布管和双侧布管两种方式，如图 11-4 所示为双侧布管。通行地沟每隔 200m 应设置出入口（事故人孔），但装有蒸汽管道的地沟每隔 100m 应设一个事故人孔。整体混凝土结构的通行地沟，每隔 200m 宜设一个安装孔，以便检修更换管道。

通行地沟应设置自然通风或机械通风设施，以保证检修时地沟内温度不超过 40℃。在经常有人工作的通行地沟内，要有照明设备，照明电压不得高于 36V。

通行地沟用在供热管道比较大，管道数目比较多，或与其他管道共沟敷设以及不允许开挖检修的地段。通行地沟的特点是操作人员可以在地沟内进行管道的日常维护以及更换管道，但土方工程量大，建设投资高，故一般只用在特殊或必要的场合。

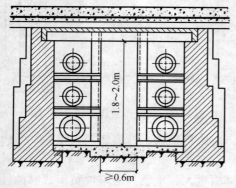

图 11-4　通行地沟双侧部管

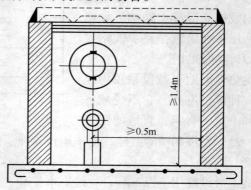

图 11-5　半通行地沟

**（二）半通行地沟**

在半通行地沟内，留有净高不小于 1.4m，净宽不小于 0.5m 的人行通道，如图 11-5 所示。工作人员能弯腰行走，并进行检查管道和小型管道维修工作，但更换管道等大修工作需要挖开地面进行，当无条件采用通行地沟时，可用半通行地沟代替，以利于管道维修和判断故障地点，缩小大修时的开挖范围。

半通行地沟的有关尺寸见表 11-1。

**（三）不通行地沟**

如图 11-6 所示，不通行地沟的横截面较小，人员不能在沟内通行，其断面尺寸只需要满足管道施工安装时的要求，具体尺寸见表 11-1。不通行地沟沟宽不宜超过 1.5m，超过 1.5m 时，宜采用双槽地沟。地沟敷设的直线管段每隔 200m 在底处应设置检查井和集水坑。不通行地沟造价较

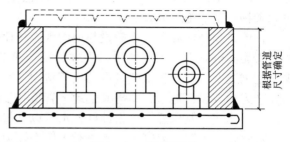

图 11-6　不通行地沟

低，占地较小，是城镇供热管道经常采用的地沟敷设方式，但管道检修时必须挖开地面。

供热管道地沟内积水时，极易破坏保温结构，增大散热损失，腐蚀管道，缩短使用寿命。管道地沟底应敷设在最高地下水位以上，地沟和检查井的内外墙面和底板，应采取防水措施。地沟盖板之间、地沟盖板与地沟壁之间要用水泥砂浆封缝，以确保地沟和检查井严密不漏水。尽管地沟是防水的，但含在土壤中的自然水分会通过盖板或沟壁渗入沟内，蒸发后使沟内空气饱和，当湿空气在地沟内壁冷凝时，就会产生凝结水并沿壁面向下流到地沟底。因此地沟底应设有纵向坡度，其坡向与供热管道的坡向相一致，坡度应不小于 0.002。为减小外部荷载对地沟盖板的冲击，使盖板受力均匀，盖板上的覆土厚度不宜小于 0.3m。

**四、直埋敷设**

直埋敷设又称无沟敷设，是将管道直接埋设在土壤里，管道保温结构外表面直接与土壤接触的敷设方式。在热水供热管网中，直埋敷设采用最多的形式是将管道、保温层和保护外壳三者紧密粘结在一起，形成整体式的预制保温管（也称为"管中管"）结构形式，如图 11-7 所示。

预制保温管的保温层多采用硬质聚氨酯泡沫塑料，该保温材料密度小、热导率低、保温性能好、吸水性小，并具有足够的机械强度，但耐热温度不高。有的也以沥青珍珠岩作为保温材料，该材料造价低、耐高温，但其强度低，在接口处保温处理不如采用聚氨酯方便。

预制保温管的保护外壳多采用高密度聚乙烯硬质塑料管。该材料具有较高的机械性能、耐磨损、抗冲击性能较

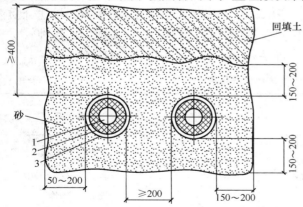

图 11-7　预制保温管直埋敷设

1— 钢管；2—聚氨酯硬质泡沫塑料保温层；
3—高密度聚乙烯保护外壳

好；化学稳定性好，具有良好的耐腐蚀性和抗老化性能；可以焊接，便于施工。国内也有用玻璃钢作为预制保温管的保护外壳，它造价低，但抗老化性能差于高密度聚乙烯。

预制保温管在工厂或现场制造。预制保温管的两端，预留约 200mm 长的裸露钢管，以便在现场管线的沟槽内焊接，最后再将接口处作保温处理。

施工安装时在管道沟槽底部要预先铺约 100～150mm 厚的粗砂砾夯实，管道四周填充砂砾，填砂高度约 100～150mm 后，再回填原土夯实，为节约材料费用，也有采用管道四周回填无杂物净土的施工方式。

整体式预制保温管直埋敷设与地沟敷设相比较，具有下述优点。

①无沟敷设不需砌筑地沟，土方量及土建工程最减少；管道预制，现场安装工作量减少；施工进度快，节省供热管网的投资费用。

②无沟敷设占地小，易与其他地下管道和设施相协调。

③整体式预制保温管严密性好，水难以从保温材料与钢管之间渗入，管道不易腐蚀。

④整体式预制保温管直埋敷设受土壤摩擦力的约束，实现了无补偿直埋敷设方式；在管网直管段上可以不设置补偿器和固定支座，简化了管网系统、节省了基建费用。

⑤聚氨酯保温材料热导率小，供热管道热损失小于地沟敷设。

⑥预制保温管结构简单，采用工厂预制，有利于保证工程质量。

除整体式预制保温管直埋敷设方式外，还有采用填充式或浇灌式的直埋敷设方式，它是在供热管道的沟槽内填充散装保温材料或浇灌保温材料（如浇灌泡沫混凝土）的敷设方式。由于难以防止水渗入而腐蚀管道，因而目前应用较少。

# 第二节　供热管道安装

## 一、供热管道的管材

供热管道通常采用钢管，钢管的最大优点是能承受较大的内压力和动荷载，管道连接简便，但是钢管内部及外部易受腐蚀。城市热力管网管道应采用无缝钢管、电弧焊或高频焊焊接钢管。工程中，输送介质公称压力大于 2.5MPa 时，一般不宜选用焊接钢管；输送介质温度大于 200℃，一般不宜选用镀锌钢管，供热管道的管材可参照表 11-2 选用，各种管材规格、质量、公称压力、试验压力、允许压力等参数可参见《实用供热空调设计手册》。

表 11-2　供热管材选用表

| 介质类型 | 介质工作参数 | | 管道材料 | 管道种类 |
|---|---|---|---|---|
| | 压力（MPa） | 温度/℃ | | |
| 饱和蒸汽、热水 | ≤1.0 | ≤150 | Q235-A | 无缝钢管<br>电焊钢管 |
| | ≤1.6 | ≤300 | 10 号钢 | |
| | ≤2.5 | ≤430 | 20 号钢 | |
| 热水供应管道 | ≤1.6 | ≤200 | Q235-A | 镀锌焊接钢管<br>焊接钢管 |
| 过热蒸汽 | ≤2.5 | 250～430 | 10 号钢、20 号钢 | 无缝钢管<br>电焊钢管 |

## 二、供热管道的连接

管道的连接可分为螺纹连接、法兰连接和焊接三种方式。供热管道通常采用后两种连接方式。

螺纹连接处强度较低，在室外管网中螺纹连接仅限于公称直径不大于40mm的放气阀或放水阀上，同时连接放气阀的管道应采用厚壁管，对于室内供热管道，管径相对较小，通常借助于三通、四通、管接头等管件采用螺纹连接，也可以采用焊接或法兰连接。法兰连接装卸方便，通常用在管道和设备、阀门等需要拆卸的附近连接上。法兰过多，将增加供热系统泄漏的可能性和降低管道的弹性。焊接连接可靠，施工简便迅速，广泛应用于管道之间以及管道与补偿器等设备的连接上。

# 第三节　供热管道热膨胀及补偿器

为了防止供热管道升温时，由于热伸长或温度应力而引起管道变形或破坏，需要在管道上设置补偿器，以补偿管道的热伸长，从而减少管壁的应力和作用在阀件或支架结构上的作用力，确保管道的稳定和安全运行。

管道受热的自由伸长量可按下式进行计算：

$$\Delta X = \alpha(t_1 - t_2)L \tag{11-1}$$

式中　$\Delta X$——管道的热伸长量，mm；

$\alpha$——管道的线膨胀系数，一般取 $\alpha = 0.0012[\text{mm}/(\text{m} \cdot \text{℃})]$；

$t_1$——管壁最高温度，可取热媒的最高温度，℃；

$t_2$——管道安装时的温度，在温度不能确定时，可取最冷月平均温度，℃；

$L$——计算管段的长度，m。

供热管道上采用补偿器的种类很多，主要有自然补偿、方形补偿器、波纹管补偿器、套筒补偿器和球形补偿器等。前三种是利用补偿材料的变形来吸收热伸长；后两种是利用管道的位移来吸收热伸长。

## 一、自然补偿

自然补偿是利用供热管道自身的弯曲管段来补偿管段热伸长的补偿方式。常见的有 L 形、Z 形自然补偿，如图 11-8 所示。

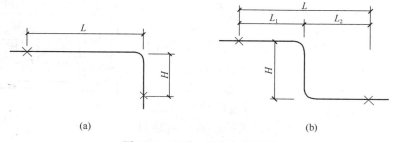

（a）　　　　　　　　　　　　　　　　（b）

图 11-8　L形、Z形自然补偿

（a）L型自然补偿；（b）Z形自然补偿

自然补偿不必特设补偿器，是一种最简便、最经济的补偿方式，应加以充分利用，但是采用自然补偿吸收热伸长时，管道变形时会产生横向位移，而且补偿的管道不能很长。

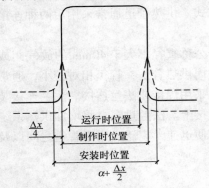

图 11-9　方形补偿器安装方式示意图

## 二、方形补偿器

方形补偿器是由四个 90°弯头构成的 Ω 形补偿器，依靠弯管的变形来补偿管段的热伸长。一般常用无缝钢管煨制，或机制弯头组合而成。其优点是制造方便，不需要经常维修，因此不需要设置检查室，补偿能力大，作用在固定支架上的轴向推力相对较小。其缺点是补偿器外形尺寸大，占地面积多，介质流动阻力大。

方形补偿器在供热管道上应用很普遍。方形补偿器宜安装在两相邻固定支架间的中心或接近中心的位置，其两侧直管段应设导向支架。安装时为了提高补偿器的补偿能力，经常采用预先冷拉的办法，一般预拉伸量为管道伸长量的 50%，安装方式如图 11-9 所示。方形补偿器的类型如图 11-10 所示，其补偿能力可参见《实用供热空调设计手册》。

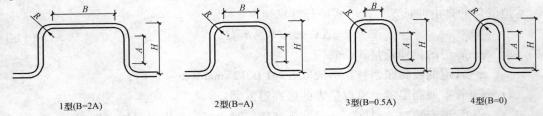

| 1型(B=2A) | 2型(B=A) | 3型(B=0.5A) | 4型(B=0) |

图 11-10　方形补偿器的类型

## 三、波纹管补偿器

波纹管补偿器是用单层或多层薄壁金属管制成的具有轴向波纹的管状补偿设备。工作时利用波纹变形进行管道热补偿。供热管道上使用的波纹管补偿器，多用不锈钢制造。其主要优点是占地小，介质流动阻力小，配管简单，安装容易，维修管理方便。波纹管补偿器根据工作压力（MPa）有 0.6、1.0 、1.6、2.5 型，工作温度 450℃以下，尺寸规格有 DN50 ~ 2400。

波纹管补偿器按补偿方式分为轴向、横向和铰接等形式。轴向补偿器可吸收轴向位移。

波纹管补偿器按其承压方式又分为内压式和外压式。如图 11-11 所示为内压式轴向波纹管补偿器的结构示意。由于在波纹管内侧装有导流管，减少了流体的流动阻力，同时也避免了介质流动时对波纹管壁面的冲刷，延长了波纹管的使用寿命。横向式补偿器可沿补偿器径向变形，常装于管道中的横向管段上吸收管道热伸长。铰接式补偿器以铰接轴为中心折曲变形，类似球形

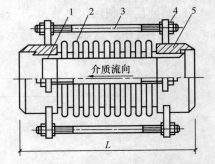

图 11-11　轴向型波纹管补偿器
1—导流管；2—波纹管；3—限位拉杆；
4—限位螺母；5—短管

补偿器，需要成对安装在转角段上进行管道热补偿。

为使轴向型波纹管补偿器严格地按管道轴向热胀或冷缩，补偿器应靠近一个固定支座设置，并设置导向支座，导向支座宜采用整体箍住管子的方式以控制横向位移和预防管子纵向变形。

常用的轴向波纹管补偿器通常都作为标准的管配件，用法兰或焊接的形式与管道连接。

### 四、套筒补偿器

套筒补偿器是由填料密封的套管和外壳管组成的，两者同心套装并可轴向补偿。图 11-12 为一单向套筒补偿器。套管与外壳之间用填料圈密封，填料被紧压在前压兰和后压兰之间，以保证封口紧密。填料采用石棉夹铜丝盘根，更换填料时需要松开前压兰进行操作。

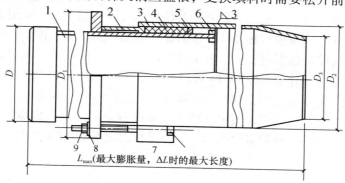

图 11-12　单向套筒补偿器

1—套筒；2—前压兰；3—壳体；4—填料圈；5—后压兰；6—防脱肩；

7—T 形螺栓；8—垫圈；9—螺母

套筒补偿器的补偿能力大，一般可达 250～400mm，占地面积小，介质流动阻力小，造价低，安装方便，可直接焊接在供热管道上。但套筒补偿器易发生介质泄漏，需要经常检修，而且其压紧、补充和更换填料的维修工作量大，同时管道在地下敷设时，要增设检查室，如果管道变形有横向位移时，易造成填料圈卡住，它只能用在直线管段上，当其使用在弯管或阀门处时，其轴向产生的盲板推力（由内压引起的不平衡推力）也比较大，需要设进加强的固定支座。套筒补偿器的最大补偿量，可参见产品样本。

按套筒补偿器的工作压力（MPa）不同有 0.6、1.0、1.6、2.5 型，工作温度不超过 300℃。

### 五、球形补偿器

球形补偿器是由球体和外壳组成。球体和外壳可相对折曲或旋转一定的角度，以此来补偿管道的热伸长量，两个配对成一组，其工作原理如图 11-13 所示。

球形补偿器具有很好的耐压和耐温性能，使用寿命长，运行可靠，占地面积小，能作空间变形，补偿能力大，流体阻力小，安装方便，投资

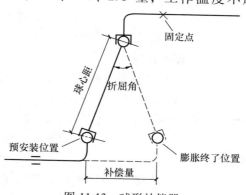

图 11-13　球形补偿器

223

省。特别适合于三维位移的蒸汽和热水管道。

# 第四节 管道支座

管道支座是连接支承结构和管道的主要构件，其作用是支撑管道和限制管道位移。支座承受管道重力以及由内压、外载和温度引起的作用力，并将这些荷载传递到建筑结构或地面上的管道构件。管道支座的正确设计和选取，对供热管道的安全运行有重要的影响。根据支座对管道位移的限制情况，分为固定支座和活动支座。

## 一、固定支座

固定支座是不允许管道和支承结构有相对位移的管道支座。它主要用于将管道划分为若干补偿管段，分别对各管段进行热补偿，从而保证补偿器的正常工作。

最常用的是金属结构的固定支座，有卡环式固定支座、焊接角钢固定支座、曲面槽固定支座和挡板式固定支座，分别如图 11-14 和图 11-15 所示。前三种固定支座承受的轴向推力较小，通常不超过 50kN；固定支座承受的轴向推力超过 50kN，多采用挡板式固定支座。

在无沟敷设或不通行地沟中，固定支座也有做成钢筋混凝土固定墩的形式。如图 11-16 所示为直埋敷设所采用的一种固定墩的形式，管道从固定墩上部的立板穿过，在管子上焊有卡板进行固定。

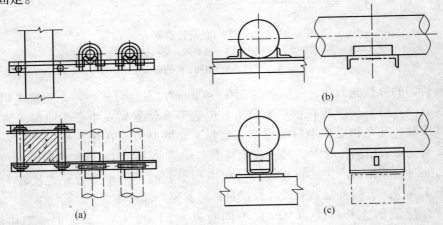

图 11-14　固定支座
(a) 卡环式固定支座；(b) 焊接角钢固定支座；(c) 曲面槽固定支座

固定支座的设置要求：

①在管道不允许有轴向位移的节点处设置固定支座，例如有支管分出的干管处；

②在热源出口、热力站和热用户出入口处，均应设置固定支座，以消除外部管路作用于附件和阀门上的作用力，使管道相对稳定；

③在管路弯曲的两侧应设置固定支座，以保证管道弯曲部位的弯曲应力不超过管子的许用应力范围。

固定支座是供热管道中主要受力构件，应按照上述要求设置固定支座。为节约投资，应尽可能加大固定支座的间距，但也要满足下列要求：

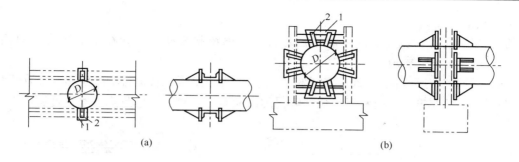

图 11-15　挡板式固定支座

（a）双面挡板式固定支座；（b）四面挡板式固定支座

1—挡板；2—肋板

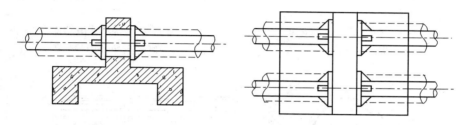

图 11-16　直埋敷设的固定墩

①管道的热伸长量不得超过补偿器所能允许的补偿量；

②管道因膨胀和其他作用而产生的推力，不得超过固定支座所能承受的允许推力；

③不应使管道产生纵向弯曲。

## 二、活动支座

活动支座是允许管道和支承结构有相对位移的管道支座，按其构造和功能分为滑动、滚动、悬吊、弹簧和导向等支座形式。

（一）滑动支座

滑动支座是由安装（卡固或焊接）在管子的钢制管托（卡固或焊接）和下面的支承结构构成，它承受管道的垂直荷载，允许管道在水平方向上有滑动位移。根据管托横断面的形状，有曲面槽式（图 11-17）、丁字托式（图 11-18）和弧形板式（图 11-19）。前两种形式的滑动支座，由支座托住管道，滑动面低于保温层，保温层不会受到损坏。弧形板式滑动支座的滑动面直接附在管道壁上，因此安装支座时要去掉保温层，但管道安装位置可以低一些。

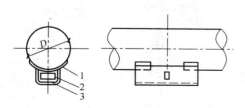

图 11-17　曲面槽式滑动支座

1—弧形板；2—肋板；3—曲面槽

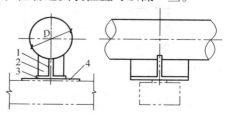

图 11-18　丁字托式滑动支座

1—顶板；2—侧板；3—底扳；4—支撑板

（二）滚动支座

滚动支座是由安装（卡固或焊接）在管子上的钢制管托与设置在支承结构上的辊轴、滚柱或滚珠盘等部件构成。

对于辊轴式支座（图11-20）和滚柱式支座（图11-21），管道有轴向位移时，管托和滚动部件间为滚动摩擦；管道有横向位移时仍为滑动摩擦。对于滚珠盘式支座，管道水平各向移动均为滚动摩擦。

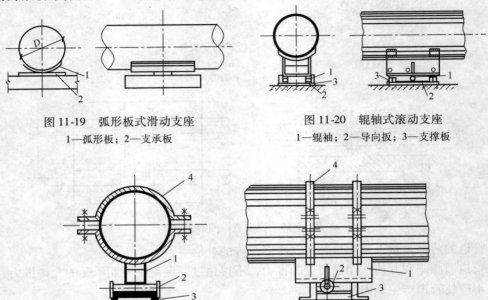

图 11-19　弧形板式滑动支座
1—弧形板；2—支承板

图 11-20　辊轴式滚动支座
1—辊袖；2—导向扳；3—支撑板

图 11-21　滚柱式滚动支座
1—槽板；2—滚柱；3—槽钢支承座；4—管箍

滚动支座需要进行必要的维护，使滚动部件保持正常状态，否则滚动部件会腐蚀不能转动，从而变为滑动支座。故滚动支座一般只用在架空敷设。

（三）悬吊支架

悬吊支架常用在供热管道上，管道用抱箍、吊杆等构件悬吊在支承结构下面。图11-22为几种常见的悬吊支架。悬吊支架构造简单，管道伸缩阻力小；管道位移时吊杆发生摆动，

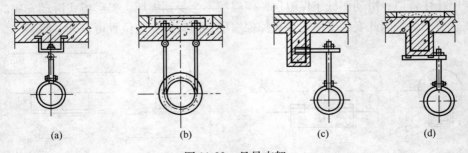

(a)　　　　　　(b)　　　　　　(c)　　　　　　(d)

图 11-22　悬吊支架
（a）可在纵向及横向移动；（b）只能在纵向移动；（c）焊接在钢筋混凝土构件里的预埋上；
（d）箍在钢筋混凝土梁上

226

因各支架吊杆摆动幅度不一，难以保证管道轴线为一直线，因此管道热补偿需要采用不受管道弯曲变形影响的补偿器。

（四）弹簧支座

弹簧支座一般是在滑动支座、滚动支座的管托下或在悬吊支架的构件中加弹簧构成的，如图 11-23 所示。其特点是允许管道水平位移的同时，还可适应管道的垂直位移，使支座承受的管道垂直荷载变化不大。常用于管道有较大的垂直位移处，以防止管道脱离支座，致使相邻支座和相应管段受力过大。

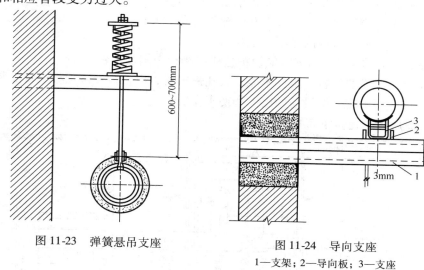

图 11-23　弹簧悬吊支座

图 11-24　导向支座
1—支架；2—导向板；3—支座

（五）导向支座

导向支座是只允许管道轴向伸缩，限制管道横向位移的支座形式，如图 11-24 所示。其构造通常是在滑动支座或滚动支座沿管道轴向的管托两侧设置导向挡板。导向支座的主要作用是防止管道纵向失稳，保证补偿器正常工作。

管道活动支座间距的大小决定着整个管网支座的数量，影响到管网的投资。活动支座的最大间距由管道的允许跨距来决定，而管道的允许跨距又是按强度条件和刚度条件来计算确定的，通常选取其中较小值作为管道支座的最大间距。在工程计算中，如无特殊要求，活动支座的间距可按表 11-3 的数据确定。

表 11-3　活动支座间距表

| 公称直径（mm） | | | 40 | 50 | 65 | 80 | 100 | 125 | 150 | 200 | 250 | 300 | 350 | 400 | 450 |
|---|---|---|---|---|---|---|---|---|---|---|---|---|---|---|---|
| 活动支座（m） | 保温 | 架空敷设 | 3.5 | 4.0 | 5.0 | 5.0 | 6.5 | 7.5 | 7 | 10.0 | 12.0 | 12.0 | 12.0 | 13.0 | 14.0 |
| | | 地沟敷设 | 2.5 | 3.0 | 3.5 | 4.0 | 4.5 | 5.5 | 5.5 | 7.0 | 8.0 | 8.5 | 8.5 | 9.0 | 9.0 |
| | 不保温 | 架空敷设 | 6.0 | 6.5 | 8.5 | 8.5 | 11.0 | 12.0 | 12.0 | 14.0 | 16.0 | 16.0 | 16.0 | 17.0 | 17.0 |
| | | 地沟敷设 | 5.5 | 6.0 | 6.5 | 7.0 | 7.5 | 8.0 | 8.0 | 10.0 | 11.0 | 11.0 | 11.0 | 11.5 | 12.0 |

# 第五节　检查室与检查平台

地下敷设管道安装套筒补偿器、波纹管补偿器、阀门、放水和除污装置等设备附件时，应设检查室。检查室的净空尺寸要尽可能紧凑，但必须考虑便于维护检修。检查室应符合下列规定：

①净空高度不应小于 1.8m；

②人行通道宽度不应小于 0.6m；

③干管保温结构表面与检查室地面距离不应小于 0.6m；

④检查室的人孔直径不应小于 0.7m，人孔数量不应少于两个，并应对角布置，人孔应避开检查室内的设备，当检查室净空面积小于 4m² 时，可只设一个人孔；

⑤检查室内至少应设一个集水坑，并应置于人孔下方；

⑥检查室地面应低于管沟内底不小于 0.3m；

⑦检查室内爬梯高度大于 4m 时应设护栏或在爬梯中间设平台。

当检查室内需更换的设备、附件不能从人孔进出时，应在检查室顶板上设安装孔，安装孔的尺寸和位置应保证需更换设备的出入和便于安装。

如图 11-25 所示为检查室布置的实例。

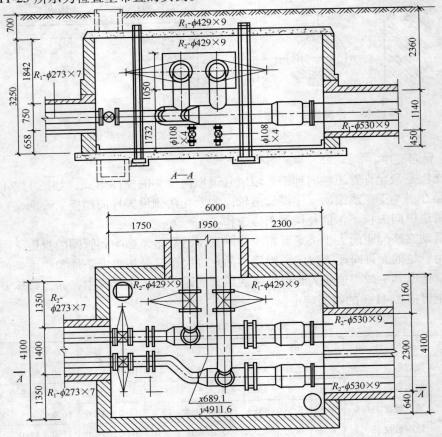

图 11-25　检查室布置图例

中、高支架敷设的管道，在安装阀门、放水、放气、除污装置的地方应设操作平台，操作平台的尺寸应保证维修人员操作方便，平台周围应设防护栏杆，检查室或操作平台的位置及数量应在管道平面定线和设计时一起考虑，在保证安全运行和检修方便的前提下，尽可能减少其数目。

## 第六节　供热管道的保温及防腐

### 一、保温材料及其要求

良好的保温材料应重量轻、热导率小，在使用温度下不变形或变质，具有一定的机械强度、不腐蚀金属、可燃成分小、吸水率低、易施工成型，且成本低廉。

供热介质设计温度高于50℃的热力管道、设备、阀门应保温。保温材料及其制品的主要技术性能应符合下列规定：

①平均工作温度下的热导率不得大于0.12W（m·K），并应有明确的随温度变化的热导率方程或图表；对于松散或可压缩的保温材料及其制品，应具有在使用密度下的热导率方程或图表；

②密度不应大于350kg/m³；

③除软质、散状材料外，硬质预制成型制品的抗压强度不应小于0.3MPa；半硬质的保温材料压缩10%时的抗压强度不应小于0.2MPa。

目前常用的管道保温材料有石棉、膨胀珍珠岩、膨胀蛭石、岩棉、矿渣棉、玻璃纤维及玻璃棉、微孔硅酸钙、泡沫混凝土、聚氨酯硬脂泡沫塑料等，各种材料及制品的技术性能可从生产厂家或一些设计手册中得到。在选用保温材料时，要综合考虑各种因素，因地制宜、就地取材，力求节约。

### 二、保温结构

供热管道及其附件保温的目的是减少热量损失，保证热媒的使用温度，节约能源，保证操作人员安全，改善劳动条件；提高系统运行的经济性和安全性。供热管道的保温结构是由保温层和保护层两部分组成。

（一）保温层

供热管道的保温有多种方法，常用的有涂抹式、预制式、缠绕式、填充式、灌注式和喷涂式。

涂抹式保温是将不定型的保温材料加入粘合剂等拌合成塑性泥团，分层涂抹于需要保温的设备、管道表面上，干后形成保温层的保温方法，该方法不用模具，整体性好，特别适用于填补孔洞和异形表面的保温，涂抹式保温是传统的保温方法，施工方法落后、进度慢，在室外管网工程中已很少应用。适用此法的保温材料有膨胀珍珠岩、膨胀蛭石、石棉灰、石棉硅藻土等。

预制式保温是将保温材料制成板状、弧块状、管壳等形状，用捆扎和粘接方法安装在设备或管道上形成保温层的保温方法。该方法操作方便，保温材料多是预制品，因而被广泛采用。

此法采用的保温材料有泡沫混凝土、石棉、矿渣棉、岩棉、玻璃棉、膨胀珍珠岩、硬质泡沫塑料等，如图11-26所示为预制式保温瓦块。

缠绕式保温是用绳状或片状的保温材料缠绕

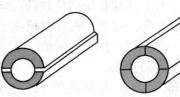

图11-26　预制式保温瓦块

229

捆扎在管道或设备上形成保温层的保温方法。该方法操作方便、便于拆卸，在管道工程中应用较多。此法采用的保温材料有石棉绳、石棉布、纤维类保温毡（如岩棉、矿渣棉、玻璃棉等），如图 11-27 所示。

填充式保温是将松散的或纤维状保温材料，填充于管道、设备外围特制的壳体或金属网中，或直接填充于安装好管道的地沟或沟槽内形成保温层的保温方法，近年来，由于多把松散的或纤维状保温材料作成管壳式，这种填充保温方式已使用不多。在地沟或直埋管道沟槽内填充保温材料，必需采用憎水性保温材料，以避免水渗入，如用憎水性沥青珍珠岩等。

灌注式保温是将流动状态的保温材料，用灌注方法成型硬化后，在管道或设备外表面形成保温层的保温方法。如在直埋敷设管道的沟槽内灌注泡沫混凝土进行保温；在套管或模具中灌注聚氨酯硬质泡沫塑料，发泡固化后形成管道保温层。该方法的保温层为一连续整体，有利于保温和对管道的保护，如图 11-28 所示。

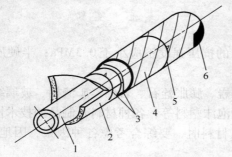

图 11-27　缠绕式保温
1—管子；2—保温棉毡；3—镀锌铁丝；
4—玻璃布；5—镀锌铁丝或钢带；
6—调和漆

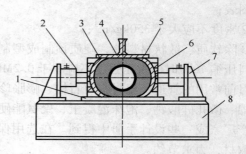

图 11-28　灌注式保温
1—底板；2—液压千斤顶；3—沥青珍珠岩熟料；
4—压盖；5—成型位置；6—模具；7—千斤顶；
8—底座

喷涂式保温是利用喷涂设备，将保温材料喷射到管道、设备表面上形成保温层的保温方法。该方法施工效率高，保温层整体性好。此方法采用的保温材料有膨胀珍珠岩、膨胀蛭石、颗粒状石棉、泡沫塑料等。

（二）保护层

供热管道保护层的作用主要是防止保温层的机械损伤和水分侵入，有时它还起到美化保温结构外观的作用。保护层是保证保温结构性能和寿命的重要组成部分，应具有足够的机械强度和必要的防水性能。

根据保护层所用材料和施工方法不同，可分为以下三类：涂抹式保护层，金属保护层，毡、布类保护层。

涂抹式保护层是将塑性泥团状的材料涂抹在保温层上。常用的材料有石棉水泥砂浆、沥青胶泥等。涂抹式保护层造价较低，但施工进度慢，需要分层涂抹。

金属保护层一般采用镀锌钢板或不镀锌的黑薄钢板，也可采用薄铝板、铝合金板等材料作保护层。金属保护层结构简单、重量轻、使用寿命长，但造价较高，易受化学腐蚀，只适宜在架空敷设时使用。

毡、布类保护层材料具有较好的防水性能，施工比较方便，近年来得到广泛的应用。常用的材料有玻璃布沥青油毡、铝箔、玻璃钢等。这类材料长期遭受日光暴晒容易老化断裂，宜在室内或地沟管道上使用。

### 三、管道的除锈

除锈是对金属在涂刷防锈涂料前进行处理的最后一道重要的工序，目的是消除管道表面的灰尘、污垢、锈斑、焊渣等杂物，以便使涂刷的防腐涂料能牢固地粘附在管道表面上，达到防腐的目的。防腐的方法有手工除锈、机械除锈和化学除锈，管道经除锈处理后应能见到金属光泽。

#### （一）手工除锈

手工除锈通常是用钢丝刷、铁砂布、锉刀及刮刀将金属表面的铁锈、氧化物、铸砂等除去，并用蘸有汽油的棉纱擦干净，露出金属光泽。

手工除锈劳动强度大、工作环境较差、效率低、质量不高，但除锈的工具简单、操作方便，工作量较小时手工除锈仍被广泛应用。

#### （二）机械除锈

机械除锈一般采用自制工具，对批量管材进行集中除锈工作，常采用机动钢丝刷或喷砂法。

机动钢丝刷除锈一般是采用自制的刷锈机刷去管子表面的锈层、污垢等杂物，除锈时可将圆形钢丝刷装在机架上，将钢管卡在有轨道的小车上，移动管子进行除锈，也可用手提式砂轮机除锈。

喷砂法是用压力为 $0.35 \sim 0.5MPa$ 的压缩空气（已除去油和水），将直径为 $1 \sim 2mm$ 的石英砂（或干河砂、海砂）喷射到物体表面上，靠砂子的冲击力去除金属表面的锈层等杂物。

#### （三）化学除锈

化学除锈常用酸洗的方法，通过酸洗将管道表面的锈斑等物质去除。钢、铁的酸洗可用硫酸或盐酸，铜、铜合金及其他有色金属的酸洗常用硝酸。

金属表面经除锈处理后应呈现出均匀一致的金属光泽，不应有金属氧化物或其他附着物，金属表面不应有油污和斑点，处理后的管材应处于干燥状态，并不得再被污染，经除锈并已检验合格的管材，应尽早喷涂底漆，以免受潮再次生锈。

### 四、管道及设备的防腐涂漆

为了避免和减少管道外表面的化学腐蚀或电化学腐蚀，延长管道的使用寿命，对于与空气接触的管道外部或保温结构外表面，可涂刷防腐涂料。管道工程中常用的防腐涂料的性能和主要用途可参见《实用供热通风设计手册》。常用涂刷防腐的施工手法主要有手工涂刷和空气喷涂两种。

手工涂刷是使用毛刷等简单工具，将涂料均匀地涂刷在管子和设备表面，其工作效率较低，只适用于工程量不大的表面或零星加工的工件表面，但由于其工具简单，操作灵活方便，一直被广泛应用。

空气喷涂是以压缩空气为动力，通过软管、喷枪将涂料喷涂在金属表面。这种方法效率高，涂料耗量少，适用于大面积的喷涂工作，且涂层厚度均匀，质量好，是目前应用最广泛的一种防腐涂漆的方法。

### 五、埋地管道的防腐

埋地管道直接与土壤接触，为达到防腐的要求可设置绝缘防腐层。埋地敷设的金属管道主要有钢管和铸铁管。铸铁管耐腐蚀性强，只需涂 1～2 层沥青漆防腐即可。钢管需要根据土壤的腐蚀程度及穿越铁路、公路、河流等情况确定防腐措施。目前我国埋地管道防腐主要采用石油沥青绝缘防腐层，其等级及结构见表 11-4。

**表 11-4　石油沥青涂层等级及结构**

| 等级 | 结　　构 | 每层沥青厚度（mm） | 总厚度（mm） |
|---|---|---|---|
| 普通防腐 | 沥青底漆-沥青-玻璃布-沥青-玻璃布-沥青-外保护层 | ≈1.5 | ≥4 |
| 加埋防腐 | 沥青底漆-沥青-玻璃布-沥青-玻璃布-沥青-玻璃布-沥青-外保护层 | ≈1.5 | ≥5.5 |
| 特加强防腐 | 沥青底漆-沥青-玻璃布-沥青-玻璃布-沥青-玻璃布-沥青-外保护层 | ≈1.5 | ≥7.0 |

埋设在一般土壤中的管道可采用普通防腐方法；埋地管道在穿越铁路、公路、河流、盐碱沼泽地、山洞等地段及腐蚀性土壤时，一般采用加强防腐方法；穿越电车轨道和电气铁路下的土壤时，可采用特加强防腐方法。

## 思考题与习题

1. 热力管道敷设形式可分为哪几类？各适应在什么情况下敷设？
2. 供热管网定线的原则是什么？
3. 热水供热管网直埋敷设的优点是什么？
4. 地沟敷设和直埋敷设对管道的连接方式有何要求？
5. 管道支座（架）分为哪几种？
6. 设置固定支架时，其间距应满足的条件是什么？
7. 常用的补偿器有哪几种？
8. 规范规定，热媒设计温度高于多少度的热力管道、设备、阀门一般都应设置保温结构？
9. 管道保温结构一般由哪几部分组成？
10. 管道保温结构中保护层的主要作用是什么？

# 附　　录

## 附　录　一

### 附表 1-1　部分建筑物冬季室内设计温度 $t_n$（最低值）

| 建筑物 | 温度（℃） | 建筑物 | 温度（℃） |
|---|---|---|---|
| 浴室 | 25 | 办公用室 | 18 |
| 更衣室 | 25 | 食堂 | 18 |
| 托儿所、幼儿园、医务室 | 20 | 盥洗室、厕所 | 12 |

### 附表 1-2　部分城市冬季室外气象参数

| 地名 | 采暖室外计算温度（℃） | 采暖期天数 日平均温度≤+5℃（+8℃）的天数 | 极端最低温度（℃） | 极端最高温度（℃） | 起止日期 日平均温度≤+5℃（+8℃）的起止日期（月、日） | 冬季大气压力（kPa） | 室外风速（m/s） 冬季最多风向平均 | 室外风速（m/s） 冬季平均 | 冬季风向及频率 风向 | 冬季风向及频率 风向 | 冬季风向及频率 频率（%） | 冬季风向及频率 频率（%） | 冬季日照率（%） | 最大冻土深度（cm） |
|---|---|---|---|---|---|---|---|---|---|---|---|---|---|---|
| 北京 | −7.6 | 123 | 144 | −18.3 | 41.9 | 11.12～3.14（11.4～3.27） | 102.17 | 4.7 | 2.6 | C | N | 19 | 12 | 64 | 66 |
| 天津 | −7.0 | 121 | 142 | −17.8 | 40.5 | 11.13～3.13（11.6～3.27） | 102.71 | 4.8 | 2.4 | C | N | 20 | 11 | 58 | 58 |
| 张家口 | −13.6 | 146 | 168 | −24.6 | 39.2 | 11.3～3.28（10.20～4.25） | 93.95 | 3.5 | 2.8 | N | | 35 | | 65 | 136 |
| 石家庄 | −62.8 | 111 | 140 | 19.3 | 41.5 | 11.15～3.5（11.7～3.26） | 101.72 | 2.0 | 1.8 | C | NNE | 22 | 11 | 56 | 56 |
| 太原 | −10.1 | 141 | 160 | −22.7 | 37.4 | 11.6～3.26（10.23～3.31） | 93.35 | 2.6 | 2.0 | C | N | 30 | 10 | 57 | 72 |
| 呼和浩特 | −17.0 | 167 | 184 | −30.5 | 38.5 | 10.20～4.4（10.12～4.13） | 90.12 | 4.2 | 1.5 | C | NNW | 50 | 9 | 63 | 156 |
| 沈阳 | −16.9 | 152 | 172 | −39.4 | 36.1 | 10.30～3.30（10.20～4.9） | 102.08 | 3.6 | 2.6 | C | NNE | 13 | 10 | 56 | 148 |
| 大连 | −9.8 | 132 | 152 | 18.8 | 36.5 | 11.16～3.27（11.6～4.6） | 101.39 | 4.6 | 4.1 | NNE | | 24 | | 65 | 90 |
| 长春 | −21.1 | 169 | 188 | −33.0 | 35.7 | 10.20～4.6（10.12～4.17） | 99.44 | 4.7 | 3.7 | WSW | | 17 | | 64 | 169 |
| 哈尔滨 | −24.2 | 176 | 195 | −37.7 | 36.7 | 10.17～4.10（10.8～4.20） | 100.42 | 3.7 | 3.2 | SSW | | 12 | | 56 | 205 |
| 济南 | −5.3 | 99 | 122 | −14.9 | 40.5 | 11.22～3.3（11.13～3.14） | 101.74 | 3.6 | 2.8 | E | | 16 | | 56 | 35 |
| 郑州 | −3.8 | 97 | 125 | −17.9 | 42.3 | 11.26～3.2（11.12～3.16） | 101.33 | 2.8 | 2.2 | C | S | 21 | 11 | 47 | 27 |
| 拉萨 | −5.2 | 132 | 179 | −16.5 | 29.9 | 11.10～3.12（10.19～4.15） | 65.06 | 2.3 | 2.0 | C | ESE | 27 | 15 | 77 | 19 |

续表

| 地名 | 采暖室外计算温度（℃） | 采暖期天数 日平均温度≤+5℃(+8℃)的天数 | 采暖期天数 127 | 极端最低温度（℃） | 极端最高温度（℃） | 起止日期 日平均温度≤+5℃(+8℃)的起止日期（月、日） | | 冬季大气压力（kPa） | 室外风速（m/s）冬季最多风向平均 | 室外风速（m/s）冬季平均 | 冬季风向及频率 风向 | 冬季风向及频率 风向 | 冬季风向及频率 频率（%） | 冬季日照率（%） | 最大冻土深度（cm） |
|---|---|---|---|---|---|---|---|---|---|---|---|---|---|---|---|
| 西安 | −3.4 | 100 | 127 | −12.8 | 41.8 | 11.23~3.2 | (11.9~3.15) | 97.91 | 2.5 | 1.4 | C | ENE | 41 | 10 | 32 | 37 |
| 兰州 | −9.0 | 130 | 160 | −19.7 | 39.8 | 11.50~3.14 | (10.20~3.28) | 93.77 | 1.7 | 0.5 | C | E | 59 | 7 | 53 | 98 |
| 西宁 | −11.4 | 165 | 190 | −24.9 | 36.5 | 10.20~4.2 | (10.10~4.17) | 77.44 | 3.2 | 1.3 | C | SSE | 41 | 20 | 68 | 123 |
| 乌鲁木齐 | −19.7 | 158 | 180 | −32.8 | 42.1 | 10.24~3.30 | (10.14~4.11) | 92.46 | 2.0 | 1.6 | C | SSW | 29 | 10 | 39 | 139 |
| 银川 | −13.1 | 145 | 169 | −27.7 | 38.7 | 11.3~3.27 | (10.39~4.5) | 89.61 | 2.2 | 1.8 | C | NNE | 26 | 11 | 68 | 88 |

附表 1-3　温差修正系数 $\alpha$ 值

| 围护结构特征 | $\alpha$ |
|---|---|
| 外墙、屋顶、地面以及与室外相通的楼板等 | 1.00 |
| 闷顶好室外空气相通的非采暖地下室上面的楼板等 | 0.90 |
| 与有外门窗的不供暖楼间相邻的隔墙(1~6 层建筑) | 0.6 |
| 与有外门窗的不供暖楼间相邻的隔墙(7~30 层建筑) | 0.5 |
| 非采暖地下室上面的楼板、外墙有窗时 | 0.75 |
| 非采暖地下室上面的楼板、外墙上无窗且位于室外地坪以上时 | 0.60 |
| 非采暖地下室上面的楼板、外墙上无窗且位于室外地坪以下时 | 0.40 |
| 与有外门窗的非采暖房间相邻的隔墙 | 0.70 |
| 与无外门窗的非采暖房间相邻的隔墙 | 0.40 |
| 伸缩缝隙、沉降缝隙 | 0.30 |
| 防震缝隙 | 0.70 |

附表 1-4　一些建筑材料的热物理特性表

| 材料名称 | 密度 $\rho$ （kg/m³） | 导热系数 $\lambda$ [W/(m·℃)] | 蓄热系数 $S(24h)$ [W/(m²·℃)] | 比热 $c$ [J/(kg·℃)] |
|---|---|---|---|---|
| 混凝土 | | | | 920 |
| 钢筋混凝土 | 2500 | 1.74 | 17.20 | 920 |
| 碎石、卵石混凝土 | 2300 | 1.51 | 15.36 | 1050 |
| 加气泡沫混凝土 | 700 | 0.22 | 3.56 | |
| 砂浆和砌体 | | | | 1050 |
| 水泥砂浆 | 1800 | 0.93 | 11.26 | 1050 |
| 石灰、水泥、砂、砂浆 | 1700 | 0.87 | 10.79 | 1050 |
| 石灰、砂、砂浆 | 1600 | 0.81 | 10.12 | 1050 |
| 重砂浆黏土砖砌体 | 1800 | 0.81 | 10.53 | 1050 |
| 轻砂浆黏土砖砌体 | 1700 | 0.76 | 9.86 | 1050 |

续表

| 材料名称 | 密度 $\rho$ （kg/m³） | 导热系数 $\lambda$ ［W/(m·℃)］ | 蓄热系数 $S(24h)$ ［W/(m²·℃)］ | 比热 $c$ ［J/(kg·℃)］ |
|---|---|---|---|---|
| 热绝缘材料 | | | | |
| 矿棉、岩棉、玻璃棉板 | <150 | 0.064 | 0.93 | 1218 |
| | 150~300 | 0.07~0.093 | 0.98~1.60 | 1218 |
| 水泥膨胀珍珠岩 | 800 | 0.26 | 4.16 | 1176 |
| | 600 | 0.21 | 3.26 | 1176 |
| 木材、建筑板材 | | | | |
| 橡木、枫木（横木纹） | 700 | 0.23 | 5.43 | 2500 |
| 橡木、枫木（顺木纹） | 700 | 0.41 | 7.18 | 2500 |
| 松枞木、云杉（横木纹） | 500 | 0.17 | 3.98 | 2500 |
| 松枞木、云杉（顺木纹） | 500 | 0.35 | 5.63 | 2500 |
| 胶合板 | 600 | 0.17 | 4.36 | 2500 |
| 软木板 | 300 | 0.093 | 1.95 | 1890 |
| 纤维板 | 1000 | 0.34 | 7.83 | 2500 |
| 石棉水泥隔热板 | 500 | 0.16 | 2.48 | 1050 |
| 石棉水泥板 | 1800 | 0.50 | 8.57 | 1056 |
| 木屑板 | 200 | 0.065 | 1.41 | 2100 |
| 松散材料 | | | | |
| 锅炉渣 | 1000 | 0.29 | 4.40 | 920 |
| 膨胀珍珠岩 | 120 | 0.04 | 0.84 | 1176 |
| 木屑 | 250 | 0.093 | 1.84 | 2000 |
| 卷材、沥青材料 | | | | |
| 沥青油毡、油毡纸 | 600 | 0.17 | 3.33 | 1471 |

### 附表1-5　常用围护结构传热系数 $K$ 值

| 类　型 | | $K$ | 类　型 | | $K$ |
|---|---|---|---|---|---|
| A 门 | | | 金属框 | 单层 | 6.40 |
| 实体木制外门 | 单层 | 4.65 | | 双层 | 3.26 |
| | 双层 | 2.33 | 单框二层玻璃窗 | | 3.49 |
| 带玻璃的阳台外门 | 单层（木框） | 5.82 | 商店橱窗 | | 4.65 |
| | 双层（木框） | 2.68 | C 外墙 | | |
| | 单层（金属框） | 6.40 | 内表面抹灰砖墙 | 24 砖墙 | 2.08 |
| | 双层（金属框） | 3.26 | | 37 砖墙 | 1.57 |
| 单层内门 | | 2.91 | | 49 砖墙 | 1.27 |
| B 外窗及天窗 | | | D 内墙（双面抹灰） | 12 砖墙 | 2.31 |
| 木框 | 单层 | 5.82 | | 24 砖墙 | 1.72 |
| | 双层 | 2.68 | | | |

附表 1-6  按各主要城市区分的朝向修正率 　　　（％）

| 序号 | 地 名 | 朝 向 | | | | 计算条件 |
|---|---|---|---|---|---|---|
| | | 南 | 西南、东南 | 西、东 | 北、西北、东北 | |
| 1 | 哈尔滨 | −17 | −9 | +5 | +12 | |
| 2 | 沈阳 | −19 | −10 | +5 | +13 | 采暖房间的外 |
| 3 | 长春 | −25 | −16 | −1 | +8 | 围护物是双层木 |
| 4 | 乌鲁木齐 | −20 | −12 | +2 | +8 | 窗、两砖墙 |
| 5 | 呼和浩特 | −27 | −18 | −2 | +8 | |
| 6 | 佳木斯 | −19 | −10 | +3 | +10 | |
| 7 | 银川 | −27 | −16 | +2 | +13 | |
| 8 | 格尔木 | −26 | −16 | +1 | +13 | |
| 9 | 西宁 | −28 | −18 | −1 | +10 | |
| 10 | 太原 | −26 | −15 | +1 | +11 | |
| 11 | 喀什 | −18 | −11 | +1 | +6 | |
| 12 | 兰州 | −17 | −10 | 0 | +6 | |
| 13 | 和田 | −22 | −11 | +2 | +9 | |
| 14 | 北京 | −30 | −17 | +2 | +12 | |
| 15 | 天津 | −27 | −16 | +1 | +11 | |
| 16 | 济南 | −27 | −14 | +5 | +16 | |
| 17 | 西安 | −17 | −10 | 0 | +5 | |
| 18 | 郑州 | −23 | −13 | +2 | +10 | |
| 19 | 敦煌 | −26 | −14 | +4 | +15 | |
| 20 | 哈密 | −24 | −13 | +4 | +14 | |

注：1. 此表用于不具有分朝向调节能力的采暖系统；

2. 若所有条件与表列计算条件不符，可用下式修正：

对序号 1~6：$\eta_{sh} = 1.491\eta_b/(f_c k_c + f_q k_q)$；

对序号 7~20：$\eta_{sh} = 2.849\eta_b/(f_c k_c + f_q k_q)$；

式中：$\eta_{sh}$——实际条件下的朝向修正率；

$\eta_b$——表中所查的朝向修正率；

$f_c$、$f_q$——单位围护面积下的窗、墙所占百分比；

$K_c$、$k_q$——所用条件下的窗、墙传热系数。

附表 1-7  渗透空气量的朝向修正系数 $n$ 值

| 地 点 ＼ 朝 向 | 北 | 东北 | 东 | 东南 | 南 | 西南 | 西 | 西北 |
|---|---|---|---|---|---|---|---|---|
| 哈尔滨 | 0.30 | 0.15 | 0.20 | 0.70 | 1.00 | 0.85 | 0.70 | 0.60 |
| 沈阳 | 1.00 | 0.70 | 0.30 | 0.30 | 0.40 | 0.35 | 0.30 | 0.70 |
| 北京 | 1.00 | 0.50 | 0.15 | 0.10 | 0.15 | 0.15 | 0.40 | 1.00 |
| 天津 | 1.00 | 0.40 | 0.20 | 0.10 | 0.15 | 0.20 | 0.40 | 1.00 |
| 西安 | 0.70 | 1.00 | 0.70 | 0.25 | 0.40 | 0.50 | 0.35 | 0.25 |
| 太原 | 0.90 | 0.40 | 0.15 | 0.20 | 0.30 | 0.40 | 0.70 | 1.00 |
| 兰州 | 1.00 | 1.00 | 1.00 | 0.70 | 0.50 | 0.20 | 0.15 | 0.50 |
| 乌鲁木齐 | 0.35 | 0.35 | 0.55 | 0.75 | 1.00 | 0.70 | 0.25 | 0.35 |

注：本表摘自《暖通规范》（部分城市）。

# 附　录　二

### 附表 2-1　部分铸铁散热器规格及传热系数 *K* 值

| 散热器型号 | 散热面积（m²/片） | 水容量（L/片） | 重量（kg/片） | 工作压力（MPa） | 传热系数 *K* 计算公式 [W/（m²·℃）] | 不同蒸汽表压力（MPa）下的 *K*/[W/（m²·℃）] | | |
|---|---|---|---|---|---|---|---|---|
| | | | | | | 0.03 | 0.07 | ≥0.1 |
| TG0.28/5-4，长翼型（大60） | 1.16 | 8 | 28 | 0.4 | $K = 1.743\Delta t^{0.23}$ | 6.12 | 6.27 | 6.36 |
| TZ2-5-5（M-132 型） | 0.24 | 1.32 | 7 | 0.5 | $K = 2.426\Delta t^{0.286}$ | 8.75 | 8.97 | 9.1 |
| TZ4-6-5（四柱 760 型） | 0.235 | 1.18 | 6.6 | 0.5 | $K = 2.503\Delta t^{0.298}$ | 9.31 | 9.55 | 9.69 |
| TZ4-5-5（四柱 640 型） | 0.2 | 1.03 | 5.7 | 0.5 | $K = 3.663\Delta t^{0.16}$ | 7.51 | 7.61 | 7.67 |
| TZ2-5-5（二柱 700 型，带腿） | 0.24 | 1.35 | 6 | 0.5 | $K = 2.02\Delta t^{0.271}$ | 6.81 | 6.97 | 7.07 |
| TZ4-5-5（四柱 813 型，带腿） | 0.28 | 1.4 | 8 | 0.5 | $K = 2.237\Delta t^{0.302}$ | 8.66 | 8.89 | 9.03 |

### 附表 2-2　部分钢制散热器规格及传热系数 *K* 值

| 散热器型号 | 散热面积（m²/片） | 水容量（L/片） | 重量（kg/片） | 工作压力（MPa） | 传热系数 *K* 计算公式 [W/（m²·℃）] | 备　注 |
|---|---|---|---|---|---|---|
| 钢制柱式散热器 600×120 | 0.15 | 1 | 2.2 | 0.8 | $K = 2.498\Delta t^{0.3069}$ | |
| 钢制板式散热器 600×1000 | 2.75 | 4.6 | 18.4 | 0.8 | $K = 2.5\Delta t^{0.289}$ | |
| 钢制扁管散热器（单板）520×1000 | 1.151 | 4.71 | 16.1 | 0.8 | $K = 3.53\Delta t^{0.235}$ | 钢板厚 1.5mm，表面涂调和漆 |
| 钢制扁管散热器（单板带对流片）624×1000 | 6.55 | 5.49 | 27.4 | 0.8 | $K = 1.23\Delta t^{0.246}$ | |

### 附表 2-3　散热器组装片数修正系数 $\beta_1$

| 每组散热器片数 | <6 | 6~10 | 11~20 | >20 |
|---|---|---|---|---|
| $\beta_1$ | 0.95 | 1.00 | 1.05 | 1.10 |

注：该表数值仅适用于各种柱式散热器，长翼型散热器不进行修正。

### 附表 2-4　散热器连接形式修正系数 $\beta_2$

| 连接形式 | 同侧上进下出 | 同侧下进上出 | 异侧上进下出 | 异侧下进下出 | 异侧下进上出 |
|---|---|---|---|---|---|
| M-132 型 | 1.0 | 1.396 | 1.009 | 1.251 | 1.386 |
| 长翼型（大60） | 1.0 | 1.369 | 1.009 | 1.225 | 1.331 |

注：该表是在标准状态下测定的，其他形式的散热器可近似套用上表数据。

附表 2-5　散热器安装形式修正系数 $\beta_3$

| 序号 | 装置示意图 | 说明 | 系数 | 序号 | 装置示意图 | 说明 | 系数 |
|---|---|---|---|---|---|---|---|
| 1 | | 敞开安装 | $\beta_3 = 1.0$ | 5 | | 暖气罩前端有孔洞 | $A = 130mm$<br>孔口敞开时:<br>$\beta_3 = 1.06$<br>孔口 $\beta$ 带有网格时:<br>$\beta_3 = 1.4$ |
| 2 | | 上加端板 | $A = 40mm$<br>$\beta_3 = 1.05$<br>$A = 80mm$<br>$\beta_3 = 1.03$<br>$A = 100mm$<br>$\beta_3 = 1.02$ | 6 | | 网格型暖气罩 | $A \geqslant 100mm$<br>$\beta_3 = 1.15$ |
| 3 | | 装在壁龛内 | $A = 40mm$<br>$\beta_3 = 1.11$<br>$A = 80mm$<br>$\beta_3 = 1.07$<br>$A = 100mm$<br>$\beta_3 = 1.06$ | 7 | | 上下两端开孔的暖气罩 | $\beta_3 = 1.0$ |
| 4 | | 外加不密封的暖气罩 | $A = 150mm$<br>$\beta_3 = 1.25$<br>$A = 180mm$<br>$\beta_3 = 1.19$<br>$A = 220mm$<br>$\beta_3 = 1.13$ | 8 | | 前加挡板 | $\beta_3 = 0.9$ |

附表 2-6　供暖系统各种设备供给每 1kW 热量的水容量 $V$ 　　　　（L）

| 供暖系统设备和附件 | $V$ | 供暖系统设备和附件 | $V$ |
|---|---|---|---|
| 长翼型散热器（60 大） | 16 | 板式散热器（带对流片） | |
| 长翼型散热器（60 小） | 14.6 | 600 × （400 ~ 1800） | 2.4 |
| 四柱 813 型 | 8.4 | 板式散热器（不带对流片） | |
| 四柱 760 型 | 8.0 | 600 × （400 ~ 1800） | 2.8 |
| 四柱 640 型 | 10.2 | 扁管散热器（带对流片） | |
| 二柱 700 型 | 12.7 | （416 ~ 614） ×1000 | 4.1 |
| M-132 型 | 10.6 | 扁管散热器（不带对流片） | |
| 圆翼型散热器（d50） | 4.0 | （416 ~ 614） ×1000 | 4.4 |
| 钢制柱型散热器（600 ×120 ×45） | 12.0 | 空气加热器、暖风机 | 0.4 |
| 钢制柱型散热器（640 ×120 ×35） | 8.2 | 室内机械循环管路 | 6.9 |
| 钢制柱型散热器（620 ×135 ×40） | 12.4 | 室内重力循环管路 | 13.8 |
| 钢串片闭式对流散热器 | | 室外官网机械循环 | 5.2 |
| 150 ×80 | 1.15 | 有鼓风设备的火管锅炉 | 13.8 |
| 240 ×100 | 1.13 | 无鼓风设备的火管锅炉 | 25.8 |
| 300 ×80 | 1.25 | | |

注：1. 本表部分摘自《供暖通风设计手册》。

2. 该表按低温水热水供暖系统估算的。

3. 室外管网与锅炉的水容量，最好按实际设计情况，确定总水容量。

# 附　录　三

### 附表 3-1　水在各种温度下的密度 ρ　（kg/m³）（压力 100kPa）

| 温度（℃） | 密度（kg/m³） | 温度（℃） | 密度（kg/m³） | 温度（℃） | 密度（kg/m³） | 温度（℃） | 密度（kg/m³） |
|---|---|---|---|---|---|---|---|
| 0 | 999.8 | 56 | 985.25 | 72 | 976.66 | 88 | 966.68 |
| 10 | 999.73 | 58 | 984.25 | 74 | 975.48 | 90 | 965.34 |
| 20 | 998.23 | 60 | 983.24 | 76 | 974.29 | 92 | 963.99 |
| 30 | 995.67 | 62 | 982.20 | 78 | 973.07 | 94 | 962.61 |
| 40 | 992.24 | 64 | 981.13 | 80 | 971.83 | 95 | 961.92 |
| 50 | 988.07 | 66 | 980.05 | 82 | 970.57 | 97 | 960.51 |
| 52 | 987.15 | 68 | 978.94 | 84 | 969.30 | 100 | 958.38 |
| 54 | 986.21 | 70 | 977.81 | 86 | 968.00 | | |

### 附表 3-2　自然循环采暖系统由于水在管路内冷却而产生的附加压力　（Pa）

| 系统的水平距离（m） | 锅炉到散热器的高度（m） | 自总立管至计算立管之间的水平距离（m） | | | | | |
|---|---|---|---|---|---|---|---|
| | | < 10 | 10 ~ 20 | 20 ~ 30 | 30 ~ 50 | 50 ~ 75 | 75 ~ 100 |
| 1 | 2 | 3 | 4 | 5 | 6 | 7 | 8 |
| 未保温的明装立管（1）1层或2层的房屋 | | | | | | | |
| 25 以下 | 7 以下 | 100 | 100 | 150 | — | — | — |
| 25 ~ 50 | 7 以下 | 100 | 100 | 150 | 200 | — | — |
| 50 ~ 75 | 7 以下 | 100 | 100 | 150 | 150 | 200 | — |
| 75 ~ 100 | 7 以下 | 100 | 100 | 150 | 150 | 200 | 250 |
| （2）3层或4层的房屋 | | | | | | | |
| 25 以下 | 15 以下 | 250 | 250 | 250 | — | — | — |
| 25 ~ 50 | 15 以下 | 250 | 250 | 300 | 350 | — | — |
| 50 ~ 75 | 15 以下 | 250 | 250 | 250 | 300 | 350 | — |
| 75 ~ 100 | 15 以下 | 250 | 250 | 250 | 300 | 350 | 400 |
| （3）高于4层的房屋 | | | | | | | |
| 25 以下 | 7 以下 | 450 | 500 | 550 | — | — | — |
| 25 以下 | 大于 7 | 300 | 350 | 450 | — | — | — |
| 25 ~ 50 | 7 以下 | 550 | 600 | 650 | 750 | — | — |
| 25 ~ 50 | 大于 7 | 400 | 450 | 500 | 550 | — | — |
| 50 ~ 75 | 7 以下 | 550 | 550 | 600 | 650 | 750 | — |
| 50 ~ 75 | 大于 7 | 400 | 400 | 450 | 500 | 550 | — |
| 75 ~ 100 | 7 以下 | 550 | 550 | 550 | 600 | 650 | 700 |
| 75 ~ 100 | 大于 7 | 400 | 400 | 400 | 450 | 500 | 650 |

| 系统的水平距离（m） | 锅炉到散热器的高度（m） | 自总立管至计算立管之间的水平距离（m） | | | | | |
|---|---|---|---|---|---|---|---|
| | | < 10 | 10 ~ 20 | 20 ~ 30 | 30 ~ 50 | 50 ~ 75 | 75 ~ 100 |
| 1 | 2 | 3 | 4 | 5 | 6 | 7 | 8 |
| 未保温的暗装立管（1）1 层或 2 层的房屋 | | | | | | | |
| 25 以下 | 7 以下 | 80 | 100 | 130 | — | — | — |
| 25 ~ 50 | 7 以下 | 80 | 80 | 130 | 150 | — | — |
| 50 ~ 75 | 7 以下 | 80 | 80 | 100 | 130 | 180 | — |
| 75 ~ 100 | 7 以下 | 80 | 80 | 80 | 130 | 180 | 230 |
| （2）3 层或 4 层的房屋 | | | | | | | |
| 25 以下 | 15 以下 | 180 | 200 | 280 | — | — | — |
| 25 ~ 50 | 15 以下 | 180 | 200 | 250 | 300 | — | — |
| 50 ~ 75 | 15 以下 | 150 | 180 | 200 | 250 | 300 | — |
| 75 ~ 100 | 15 以下 | 150 | 150 | 180 | 230 | 280 | 330 |
| （3）高于 4 层的房屋 | | | | | | | |
| 25 以下 | 7 以下 | 300 | 350 | 380 | — | — | — |
| 25 以下 | 大于 7 | 200 | 250 | 300 | — | — | — |
| 25 ~ 50 | 7 以下 | 350 | 400 | 430 | 530 | — | — |
| 25 ~ 50 | 大于 7 | 250 | 300 | 330 | 380 | — | — |
| 50 ~ 75 | 7 以下 | 350 | 350 | 400 | 430 | 530 | — |
| 50 ~ 75 | 大于 7 | 250 | 250 | 300 | 330 | 380 | — |
| 75 ~ 100 | 7 以下 | 350 | 350 | 380 | 400 | 480 | 530 |
| 75 ~ 100 | 大于 7 | 250 | 260 | 280 | 300 | 350 | 450 |

注：1. 在上供下回式系统中，不计算水在管路中冷却而产生的附加作用压力值。

2. 在单管式系统中，附加采用本附录所示的相应值的 50%。

### 附表 3-3  散热器组对平直度允许误差

| 散热器类型 | 片数 | 允许偏差 | 散热器类型 | 片数 | 允许偏差 |
|---|---|---|---|---|---|
| 长翼型 | 2 ~ 4 | 4mm | 铸铁柱式 | 3 ~ 15 | 4mm |
| | 5 ~ 7 | 6mm | 钢制柱式 | 15 ~ 25 | 6mm |

# 附　录　四

附表 4-1　热水供暖系统管道水力计算表（$t'_g = 95℃$，$t'_h = 70℃$，$K = 0.2mm$）

| 公称直径（mm） | | 15.00 | | 20.00 | | 25.00 | | 32.00 | |
|---|---|---|---|---|---|---|---|---|---|
| 内径（mm） | | 15.75 | | 21.25 | | 27.00 | | 35.75 | |
| G | Q | R | v | R | v | R | v | R | v |
| 24.00 | 697.67 | 2.11 | 0.03 | | | | | | |
| 28.00 | 813.95 | 2.47 | 0.04 | | | | | | |
| 32.00 | 930.23 | 2.82 | 0.05 | | | | | | |
| 36.00 | 1046.51 | 3.17 | 0.05 | | | | | | |
| 40.00 | 1162.79 | 3.52 | 0.06 | | | | | | |
| 44.00 | 1279.07 | 7.36 | 0.06 | | | | | | |
| 48.00 | 1395.35 | 8.60 | 0.07 | 1.28 | 0.04 | | | | |
| 52.00 | 1511.63 | 9.92 | 0.08 | 1.38 | 0.04 | | | | |
| 56.00 | 1627.91 | 11.34 | 0.08 | 1.49 | 0.04 | | | | |
| 60.00 | 1744.19 | 12.84 | 0.09 | 2.93 | 0.05 | | | | |
| 64.00 | 1860.47 | 14.84 | 0.09 | 3.29 | 0.05 | | | | |
| 68.00 | 1976.74 | 14.43 | 0.10 | 3.66 | 0.05 | | | | |
| 72.00 | 2093.02 | 16.11 | 0.10 | 4.05 | 0.06 | | | | |
| 76.00 | 2209.30 | 17.88 | 0.11 | 4.46 | 0.06 | | | | |
| 80.00 | 2325.58 | 19.74 | 0.12 | 4.88 | 0.06 | | | | |
| 84.00 | 2441.86 | 21.68 | 0.12 | 5.33 | 0.07 | | | | |
| 88.00 | 2558.14 | 23.71 | 0.13 | 5.79 | 0.07 | | | | |
| 95.00 | 2761.63 | 25.83 | 0.14 | 6.65 | 0.08 | | | | |
| 105.00 | 3052.33 | 29.75 | 0.15 | 7.96 | 0.08 | 2.45 | 0.05 | | |
| 115.00 | 3343.02 | 35.82 | 0.17 | 9.36 | 0.09 | 2.88 | 0.06 | | |
| 125.00 | 3633.72 | 42.42 | 0.18 | 10.93 | 0.10 | 3.34 | 0.06 | | |
| 135.00 | 3924.42 | 49.57 | 0.20 | 12.68 | 0.11 | 3.83 | 0.07 | | |
| 145.00 | 4215.12 | 57.27 | 0.21 | 14.34 | 0.12 | 4.35 | 0.07 | | |
| 155.00 | 4505.81 | 65.50 | 0.22 | 16.22 | 0.12 | 4.91 | 0.08 | | |
| 165.00 | 4796.51 | 74.28 | 0.24 | 18.20 | 0.13 | 5.50 | 0.08 | | |
| 175.00 | 5087.21 | 83.60 | 0.25 | 20.29 | 0.14 | 6.12 | 0.09 | | |
| 185.00 | 5377.91 | 93.46 | 0.27 | 22.50 | 0.15 | 6.77 | 0.09 | | |
| 195.00 | 5668.60 | 103.86 | 0.28 | 24.81 | 0.16 | 7.45 | 0.10 | | |
| 210.00 | 6104.65 | 114.80 | 0.30 | 28.49 | 0.17 | 8.53 | 0.10 | | |
| 230.00 | 6686.05 | 132.23 | 0.33 | 33.77 | 0.18 | 10.08 | 0.11 | | |
| 250.00 | 7267.44 | 157.35 | 0.36 | 39.50 | 0.20 | 11.75 | 0.12 | | |
| 270.00 | 7848.84 | 184364 | 0.39 | 45.66 | 0.22 | 13.55 | 0.13 | | |
| 290.00 | 8430.23 | 214.08 | 0.42 | 52.26 | 0.23 | 15.47 | 0.14 | | |
| 310.00 | 9011.63 | 245.68 | 0.45 | 59.30 | 0.25 | 17.51 | 0.15 | | |
| 330.00 | 9593.02 | 279.44 | 0.48 | 66.77 | 0.26 | 19.68 | 0.16 | 4.81 | 0.09 |
| 350.00 | 10174.42 | 315.36 | 0.51 | 74.68 | 0.28 | 21.97 | 0.17 | 5.36 | 0.10 |
| 370.00 | 10755.81 | 353.67 | 0.54 | 83.03 | 0.29 | 24.38 | 0.18 | 5.93 | 0.10 |
| 390.00 | 11337.21 | 436.06 | 0.57 | 91.81 | 0.31 | 26.91 | 0.19 | 6.54 | 0.11 |
| 410.00 | 11918.60 | 480.61 | 0.59 | 101.03 | 0.33 | 29.57 | 0.20 | 7.17 | 0.12 |
| 430.00 | 12500.00 | 527.31 | 0.62 | 110.69 | 0.34 | 32.35 | 0.21 | 7.83 | 0.12 |

| 公称直径（mm） | | 15.00 | | 20.00 | | 25.00 | | 32.00 | |
|---|---|---|---|---|---|---|---|---|---|
| 内径（mm） | | 15.75 | | 21.25 | | 27.00 | | 35.75 | |
| G | Q | R | v | R | v | R | v | R | v |
| 450.00 | 13081.40 | 576.18 | 0.65 | 120.78 | 0.36 | 35.25 | 0.22 | 8.51 | 0.13 |
| 470.00 | 13662.79 | 627.19 | 0.68 | 131.30 | 0.37 | 38.27 | 0.23 | 9.23 | 0.13 |
| 490.00 | 14244.19 | 680.37 | 0.71 | 142.27 | 0.39 | 41.42 | 0.24 | 9.97 | 0.14 |
| 520.00 | 15116.28 | 764.17 | 0.75 | 159.53 | 0.41 | 46.36 | 0.26 | 11.13 | 0.15 |
| 560.00 | 16279.07 | 883.46 | 0.81 | 184.07 | 0.45 | 53.38 | 0.28 | 12.78 | 0.16 |
| 600.00 | 17441.86 | | | 210.35 | 0.48 | 60.89 | 0.30 | 14.54 | 0.17 |
| 640.00 | 18604.65 | | | 238.37 | 0.51 | 68.89 | 0.32 | 16.41 | 0.18 |
| 660.00 | 19186.05 | | | 253.04 | 0.53 | 73.07 | 0.33 | 17.39 | 0.19 |
| 700.00 | 20348.84 | | | 283.60 | 0.56 | 81.79 | 0.35 | 19.43 | 0.20 |
| 740.00 | 21511.63 | | | 316.05 | 0.59 | 91.01 | 0.37 | 21.57 | 0.21 |
| 780.00 | 22674.42 | | | 350.17 | 0.62 | 100.71 | 0.38 | 23.83 | 0.22 |
| 820.00 | 23837.21 | | | 386.03 | 0.65 | 110.89 | 0.40 | 26.19 | 0.23 |
| 860.00 | 25000.00 | | | 423.63 | 0.69 | 121.56 | 0.42 | 28.67 | 0.24 |
| 900.00 | 26162.79 | | | 462.97 | 0.72 | 132.72 | 0.44 | 31.25 | 0.25 |
| 1000.00 | 29069.77 | | | 568.94 | 0.80 | 162.75 | 0.49 | 38.20 | 0.28 |
| 1100.00 | 31976.74 | | | 685.79 | 0.88 | 195.81 | 0.54 | 45.83 | 0.31 |
| 1200.00 | 34883.72 | | | 813.52 | 0.96 | 231.92 | 0.59 | 54.14 | 0.34 |
| 1300.00 | 37790.70 | | | 952.13 | 1.04 | 271.06 | 0.64 | 63.14 | 0.37 |
| 1400.00 | 40697.67 | | | | | 313.24 | 0.69 | 72.82 | 0.39 |
| 1500.00 | 43604.65 | | | | | 358.46 | 0.74 | 83.19 | 0.42 |
| 1600.00 | 46511.63 | | | | | 406.71 | 0.79 | 94.24 | 0.45 |
| 1700.00 | 49418.60 | | | | | 458.01 | 0.84 | 105.98 | 0.48 |
| 1800.00 | 52325.58 | | | | | 512.34 | 0.89 | 118.39 | 0.51 |
| 1900.00 | 55232.56 | | | | | 569.70 | 0.94 | 131.50 | 0.54 |
| 2000.00 | 58139.53 | | | | | 630.11 | 0.99 | 145.28 | 0.56 |
| 2200.00 | 63953.49 | | | | | | | 174.91 | 0.62 |
| 2400.00 | 69767.44 | | | | | | | 207.26 | 0.68 |
| 2600.00 | 75581.40 | | | | | | | 242.35 | 0.73 |
| 2800.00 | 81395.35 | | | | | | | 280.18 | 0.79 |
| 3000.00 | 87209.30 | | | | | | | 320.73 | 0.84 |
| 3200.00 | 93023.26 | | | | | | | 364.02 | 0.90 |
| 3400.00 | 98837.21 | | | | | | | 410.04 | 0.96 |
| 3600.00 | 104651.16 | | | | | | | 458.80 | 1.01 |
| 3800.00 | 110465.12 | | | | | | | 510.29 | 1.07 |
| 4000.00 | 116279.07 | | | | | | | 564.51 | 1.13 |

| 公称直径（mm） | | 40.00 | | 50.00 | | 70.00 | | 80.00 | |
|---|---|---|---|---|---|---|---|---|---|
| 内径（mm） | | 41.00 | | 53.00 | | 68.00 | | 80.50 | |
| G | Q | R | v | R | v | R | v | R | v |
| 520.00 | 15116.28 | 5.60 | 0.11 | 1.57 | 0.07 | | | | |
| 560.00 | 16279.28 | 6.42 | 0.12 | 1.79 | 0.07 | | | | |
| 600.00 | 17441.86 | 7.29 | 0.13 | 2.03 | 0.08 | | | | |
| 640.00 | 18604.65 | 8.22 | 0.14 | 2.29 | 0.08 | | | | |
| 660.00 | 19186.05 | 8.71 | 0.14 | 2.42 | 0.08 | | | | |
| 700.00 | 20348.84 | 9.71 | 0.15 | 2.69 | 0.09 | | | | |
| 740.00 | 21511.63 | 10.78 | 0.16 | 2.98 | 0.09 | | | | |
| 780.00 | 22674.42 | 11.89 | 0.17 | 3.28 | 0.10 | | | | |
| 820.00 | 23837.21 | 13.06 | 0.18 | 3.60 | 0.11 | | | | |
| 860.00 | 25000.00 | 28 | 0.18 | 3.93 | 0.11 | | | | |
| 900.00 | 26162.79 | 15.56 | 0.19 | 4.27 | 0.12 | 1.24 | 0.07 | | |
| 1000.00 | 29069.77 | 18.98 | 0.21 | 5.19 | 0.13 | 1.50 | 0.08 | | |
| 1100.00 | 31976.74 | 22.73 | 0.24 | 6.20 | 0.14 | 1.79 | 0.09 | | |
| 1200.00 | 34883.72 | 26.81 | 0.26 | 7.29 | 0.15 | 2.10 | 0.09 | | |
| 1300.00 | 37790.70 | 31.23 | 0.28 | 8.47 | 0.17 | 2.43 | 0.10 | | |
| 1400.00 | 40697.67 | 35.98 | 0.30 | 9.74 | 0.18 | 2.79 | 0.11 | | |
| 1500.00 | 43604.65 | 41.06 | 0.32 | 11.09 | 0.19 | 3.17 | 0.12 | | |
| 1600.00 | 46511.63 | 46.47 | 0.34 | 12.52 | 0.20 | 3.57 | 0.12 | | |
| 1700.00 | 49418.60 | 52.21 | 0.36 | 14.04 | 0.22 | 4.00 | 0.13 | | |
| 1800.00 | 52325.58 | 58.28 | 0.39 | 15.65 | 0.23 | 4.44 | 0.14 | | |
| 1900.00 | 55232.56 | 64.68 | 0.41 | 17.34 | 0.24 | 4.92 | 0.15 | 2.12 | 0.11 |
| 2000.00 | 58139.53 | 71.42 | 0.43 | 19.12 | 0.26 | 5.41 | 0.16 | 2.33 | 0.11 |
| 2200.00 | 63953.49 | 85.88 | 0.47 | 22.92 | 0.28 | 6.47 | 0.17 | 2.77 | 0.12 |
| 2400.00 | 69767.44 | 101.66 | 0.51 | 27.07 | 0.31 | 7.62 | 0.19 | 3.26 | 0.13 |
| 2600.00 | 75581.40 | 118.76 | 0.56 | 31.56 | 0.33 | 8.86 | 0.20 | 3.79 | 0.14 |
| 2800.00 | 81395.35 | 137.19 | 0.60 | 36.39 | 0.36 | 10.20 | 0.22 | 4.35 | 0.16 |
| 3000.00 | 87209.30 | 156.93 | 0.64 | 41.56 | 0.38 | 11.62 | 0.23 | 4.95 | 0.17 |
| 3200.00 | 93023.26 | 178.00 | 0.68 | 47.07 | 0.41 | 13.14 | 0.25 | 5.59 | 0.18 |
| 3400.00 | 98837.21 | 200.39 | 0.73 | 52.92 | 0.44 | 14.74 | 0.26 | 6.26 | 0.19 |
| 3600.00 | 104651.16 | 224.10 | 0.77 | 59.11 | 0.46 | 16.44 | .028 | 6.98 | 0.20 |
| 3800.00 | 110465.12 | 249.13 | 0.81 | 65.64 | 0.49 | 18.23 | 0.30 | 7.73 | 0.21 |

注：1. 本表部分摘自《实用供热空调设计手册》1993 年。

2. 本表按采暖季平均水温 $t \approx 60℃$，相应的密度 $\rho = 938.248 kg/m^3$ 条件编制。

3. 摩擦阻力系数 $\lambda$ 值按下述原则确定：层流区中，按式（4-4）计算；紊流区中，按式（4-11）计算。

4. 表中符号：$G$ 为管段热水流量，kg/h；$R$ 为比摩阻，Pa/m；$v$ 为水流速，m/s。

### 附表 4-2　热水及蒸汽供暖系统局部阻力系数 $\xi$ 值

| 局部阻力名称 | $\xi$ | 说　明 |
|---|---|---|
| 双柱散热器 | 2.0 | |
| 铸铁锅炉 | 2.5 | 以热媒在导管中的流速计算局部阻力 |
| 钢制锅炉 | 2.0 | |
| 突然扩大 | 1.0 | 以其中较大的流速计算局部阻力 |
| 突然缩小 | 0.5 | |
| 直流三通（图①） | 1.0 | |
| 旁流三通（图②） | 1.5 | |
| 合流三通（图③） | 3.0 | |
| 分流三通（图③） | 3.0 | |
| 直流四通（图④） | 2.0 | |
| 分流四通（图⑤） | 3.0 | |
| 方形补偿器 | 2.0 | |
| 套管补偿器 | 0.5 | |

| 局部阻力系数 | 在下列管径（DN）时的 $\xi$ 值 | | | | | |
|---|---|---|---|---|---|---|
| | 15 | 20 | 25 | 32 | 40 | ≥50 |
| 截止阀 | 16.0 | 10.0 | 9.0 | 9.0 | 8.0 | 7.0 |
| 旋塞 | 4.0 | 2.0 | 2.0 | 2.0 | | |
| 斜杆截止阀 | 3.0 | 3.0 | 3.0 | 2.5 | 2.5 | 2.0 |
| 闸阀 | 1.5 | 0.5 | 0.5 | 0.5 | 0.5 | 0.5 |
| 弯头 | 2.0 | 2.0 | 1.5 | 1.5 | 1.0 | 1.0 |
| 90°煨弯及乙字弯 | 1.5 | 1.5 | 1.0 | 1.0 | 0.5 | 0.5 |
| 括弯（图⑥） | 3.0 | 2.0 | 2.0 | 2.0 | 2.0 | 2.0 |
| 急弯双弯头 | | | | | | |
| 缓弯双弯头 | 1.0 | 1.0 | 1.0 | 1.0 | 1.0 | 1.0 |

### 附表 4-3　热水供暖系统局部阻力系数 $\xi=1$ 的局部损失（动压头）值
$$\Delta P_d = \rho v^2 / 2 \quad (\text{Pa})$$

| $v$ | $\Delta P_d$ | $v$ | $\Delta P_d$ | $v$ | $\Delta P_d$ | $v$ | $\Delta P_d$ | $v$ | $\Delta P_d$ | $v$ | $\Delta P_d$ |
|---|---|---|---|---|---|---|---|---|---|---|---|
| 0.01 | 0.05 | 0.13 | 8.31 | 0.25 | 30.73 | 0.37 | 67.31 | 0.49 | 118.04 | 0.61 | 182.94 |
| 0.02 | 0.20 | 0.14 | 9.64 | 0.26 | 33.23 | 0.38 | 70.99 | 0.50 | 122.91 | 0.62 | 188.99 |
| 0.03 | 0.44 | 0.15 | 11.06 | 0.27 | 35.84 | 0.39 | 74.78 | 0.51 | 127.88 | 0.65 | 207.72 |
| 0.04 | 0.79 | 0.16 | 12.59 | 0.28 | 38.54 | 0.40 | 78.66 | 0.52 | 132.94 | 0.68 | 227.34 |
| 0.05 | 1.23 | 0.17 | 14.21 | 0.29 | 41.35 | 0.41 | 82.65 | 0.53 | 138.10 | 0.71 | 247.84 |
| 0.06 | 1.77 | 0.18 | 15.93 | 0.30 | 44.25 | 0.42 | 86.73 | 0.54 | 143.36 | 0.74 | 269.22 |
| 0.07 | 2.41 | 0.19 | 17.75 | 0.31 | 47.25 | 0.43 | 90.90 | 0.56 | 148.72 | 0.77 | 291.49 |
| 0.08 | 3.15 | 0.20 | 19.67 | 0.32 | 50.34 | 0.44 | 95.18 | 0.56 | 154.18 | 0.80 | 314.65 |
| 0.09 | 3.98 | 0.21 | 21.68 | 0.33 | 53.54 | 0.45 | 99.56 | 0.57 | 159.73 | 0.85 | 355.21 |
| 0.10 | 4.92 | 0.22 | 23.80 | 0.34 | 56.83 | 0.46 | 104.03 | 0.58 | 165.39 | 0.90 | 398.23 |
| 0.11 | 5.95 | 0.23 | 26.01 | 0.35 | 60.23 | 0.47 | 108.60 | 0.59 | 171.14 | 0.95 | 443.71 |
| 0.12 | 7.08 | 0.24 | 28.32 | 0.36 | 63.72 | 0.48 | 113.27 | 0.60 | 176.99 | 1.00 | 491.64 |

注：本表 $t_g=95℃$，$t_g=70℃$，整个采暖季的平均水温 $t≈60℃$，相应水的密度 $\rho=983.284\text{kg/m}^3$ 编制的。

### 附表 4-4　一些管径的 $\lambda/d$ 值与 $A$ 值

| 公称直径（mm） | 15 | 20 | 25 | 32 | 40 | 50 | 70 | 89×3.5 | 108×4 |
|---|---|---|---|---|---|---|---|---|---|
| 外径（mm） | 21.25 | 26.75 | 33.5 | 42.25 | 48 | 60 | 75.5 | 89 | 108 |
| 内径（mm） | 15.75 | 21.25 | 27 | 35.75 | 41 | 53 | 68 | 82 | 100 |
| $\lambda/d(1/m)$ | 2.6 | 1.8 | 1.3 | 0.9 | 0.76 | 0.54 | 0.4 | 0.31 | 0.24 |
| $A[\mathrm{Pa}/(\mathrm{kg/h})^2]$ | $1.03\times10^{-3}$ | $3.12\times10^{-4}$ | $1.2\times10^{-4}$ | $3.89\times10^{-5}$ | $2.25\times10^{-5}$ | $8.06\times10^{-6}$ | $2.97\times10^{-6}$ | $1.41\times10^{-6}$ | $6.36\times10^{-7}$ |

### 附表 4-5　按 $\xi_{zh}=1$ 确定热水供暖系统管段压力损失的管径计算表

| 项目 | 公称直径（mm） | | | | | | | | | 流速 | 压力损失 |
|---|---|---|---|---|---|---|---|---|---|---|---|
| | 15 | 20 | 25 | 32 | 40 | 50 | 70 | 80 | 100 | $v$（m/s） | $\Delta P$（Pa） |
| 水流量 $G$（kg/h） | 76 | 138 | 223 | 391 | 514 | 859 | 1415 | 2054 | 3058 | 0.11 | 5.95 |
| | 83 | 151 | 243 | 427 | 561 | 937 | 1544 | 2241 | 3336 | 0.12 | 7.08 |
| | 90 | 163 | 263 | 462 | 608 | 1015 | 1673 | 2427 | 3614 | 0.13 | 8.13 |
| | 97 | 176 | 283 | 498 | 654 | 1093 | 1801 | 2614 | 3892 | 0.14 | 9.64 |
| | 104 | 188 | 304 | 533 | 701 | 1172 | 1930 | 2801 | 4170 | 0.15 | 11.06 |
| | 111 | 201 | 324 | 569 | 748 | 1250 | 2059 | 2988 | 4449 | 0.16 | 12.59 |
| | 117 | 213 | 344 | 604 | 795 | 1328 | 2187 | 3174 | 4727 | 0.17 | 14.21 |
| | 124 | 226 | 364 | 640 | 841 | 1406 | 2316 | 3361 | 5005 | 0.18 | 15.93 |
| | 131 | 239 | 385 | 675 | 888 | 1484 | 2445 | 3548 | 5283 | 0.19 | 17.75 |
| | 138 | 251 | 405 | 711 | 935 | 1562 | 2573 | 3735 | 5561 | 0.20 | 19.67 |
| | 145 | 264 | 425 | 747 | 982 | 1640 | 2702 | 3921 | 5839 | 0.21 | 21.68 |
| | 152 | 276 | 445 | 782 | 1028 | 1718 | 2831 | 4108 | 6117 | 0.22 | 23.80 |
| | 159 | 289 | 466 | 818 | 1075 | 1796 | 2959 | 4295 | 6395 | 0.23 | 26.01 |
| | 166 | 301 | 486 | 853 | 1122 | 1874 | 3088 | 4482 | 6673 | 0.24 | 28.32 |
| | 173 | 314 | 506 | 889 | 1169 | 1953 | 3217 | 4668 | 6951 | 0.25 | 30.73 |
| | 180 | 326 | 526 | 924 | 1215 | 2031 | 3345 | 4855 | 7229 | 0.26 | 33.23 |
| | 187 | 339 | 547 | 960 | 1262 | 2109 | 3474 | 5042 | 7507 | 0.27 | 35.84 |
| | 193 | 351 | 567 | 995 | 1309 | 2187 | 3603 | 5228 | 7785 | 0.28 | 38.54 |
| | 200 | 364 | 587 | 1031 | 1356 | 2265 | 3731 | 5415 | 8063 | 0.29 | 41.35 |
| | 207 | 377 | 607 | 1067 | 1402 | 2343 | 3860 | 5602 | 8341 | 0.30 | 44.25 |
| | 214 | 389 | 627 | 1102 | 1449 | 2421 | 3988 | 5789 | 8619 | 0.31 | 47.25 |
| | 221 | 402 | 648 | 1138 | 1496 | 2499 | 4117 | 5975 | 8897 | 0.32 | 50.34 |
| | 228 | 414 | 668 | 1173 | 1543 | 2577 | 4246 | 6162 | 9175 | 0.33 | 53.54 |
| | 235 | 427 | 688 | 1209 | 1589 | 2655 | 4374 | 6349 | 9453 | 0.34 | 56.83 |
| | 242 | 439 | 708 | 1244 | 1636 | 2734 | 4503 | 6536 | 9731 | 0.35 | 60.23 |
| | 249 | 452 | 729 | 1280 | 1683 | 2812 | 4632 | 6722 | 10009 | 0.36 | 63.72 |
| | 256 | 464 | 749 | 1315 | 1730 | 2890 | 4760 | 6909 | 10287 | 0.37 | 67.31 |

| 项目 | 公称直径（mm） | | | | | | | | | 流速 | 压力损失 |
| | 15 | 20 | 25 | 32 | 40 | 50 | 70 | 80 | 100 | $v$（m/s） | $\Delta P$（Pa） |
|---|---|---|---|---|---|---|---|---|---|---|---|
| 水流量 $G$（kg/h） | 263 | 477 | 769 | 1351 | 1776 | 2968 | 4889 | 7096 | 10565 | 0.38 | 70.99 |
| | 276 | 502 | 810 | 1422 | 1870 | 3124 | 5146 | 7469 | 11121 | 0.40 | 78.66 |
| | 290 | 527 | 850 | 1493 | 1963 | 3280 | 5404 | 7843 | 11677 | 0.42 | 86.73 |
| | 304 | 552 | 891 | 1564 | 2057 | 3436 | 5661 | 8216 | 12233 | 0.44 | 95.18 |
| | 318 | 577 | 931 | 1635 | 2150 | 3593 | 5918 | 8590 | 12790 | 0.46 | 104.03 |
| | 332 | 603 | 927 | 1706 | 2244 | 3749 | 6176 | 8963 | 13346 | 0.48 | 113.27 |
| | 345 | 628 | 1012 | 1778 | 2337 | 3905 | 6433 | 9337 | 13902 | 0.50 | 122.91 |
| | 380 | 690 | 1113 | 1955 | 2571 | 4296 | 7076 | 10270 | 15292 | 0.55 | 148.72 |
| | 415 | 753 | 1214 | 2133 | 2805 | 4686 | 7720 | 11204 | 16682 | 0.60 | 176.99 |
| | 449 | 816 | 1316 | 2311 | 3038 | 5077 | 8363 | 12137 | 18072 | 0.65 | 207.72 |
| | 484 | 879 | 1417 | 2489 | 3272 | 5467 | 9006 | 13071 | 19462 | 0.70 | 240.90 |
| 水流量 $G$（kg/h） | | 1004 | 1619 | 2844 | 3740 | 6248 | 10293 | 14938 | 22243 | 0.80 | 314.65 |
| | | | | 3200 | 4207 | 7029 | 11579 | 16806 | 25023 | 0.90 | 398.23 |
| | | | | | | 7810 | 12866 | 18673 | 27803 | 1.00 | 491.64 |
| | | | | | | | | 22408 | 33364 | 1.20 | 707.96 |

注：按 $G=(\Delta P/A)^{0.5}$ 公式计算，其中 $\Delta P$ 按附表 4-3，$A$ 值按附表 4-4 计算。

附表 4-6　单管顺流式热水供暖系统立管组合部件 $\xi_{zh}$ 值

| 组合部件名称 | | 图式 | $\xi_{zh}$ | 管径（mm） | | | |
| | | | | 15 | 20 | 25 | 32 |
|---|---|---|---|---|---|---|---|
| 立管 | 回水干管在地沟内 | | $\xi_{zh\cdot z}$ | 15.6 | 12.9 | 10.5 | 10.2 |
| | | | $\xi_{zh\cdot j}$ | 44.6 | 31.9 | 27.5 | 27.2 |
| | 无地沟，散热器单侧连接 | | $\xi_{zh\cdot z}$ | 7.5 | 5.5 | 5.0 | 5.0 |
| | | | $\xi_{zh\cdot j}$ | 36.5 | 24.5 | 22.0 | 22.0 |
| 立管 | 无地沟，散热器双侧连接 | | $\xi_{zh\cdot z}$ | 12.4 | 10.1 | 8.5 | 8.3 |
| | | | $\xi_{zh\cdot j}$ | 41.4 | 29.1 | 25.5 | 25.3 |
| | 散热器单侧连接 | | $\xi_{zh\cdot z}$ | 14.2 | 12.6 | 9.6 | 8.8 |

续表

| 组合部件名称 | 图式 | $\xi_{zh}$ | 管径（mm） | | | |
|---|---|---|---|---|---|---|
| | | | 15 | 20 | 25 | 32 |
| 散热器双侧连接 | | $\xi_{zh}$ | 管径 $d_1 \times d_2$ | | | |
| | | | 15×15 | 20×15 | 20×20 | 25×15 | 25×20 | 25×25 | 32×20 | 32×25 |
| | | | 4.7 | 15.6 | 4.1 | 40.6 | 10.7 | 3.5 | 32.8 | 10.7 |

注：1. $\xi_{zh \cdot z}$——立管两端安装闸阀；

$\xi_{zh \cdot j}$——立管两端安装截止阀。

2. 编制本表的条件为：

①散热器及其支管连接：散热器支管长度，单侧连接 $l_z = 1.0$m；双侧连接 $l_z = 1.5$m。每组散热器支管均装有乙字管。

②立管与水平干管的几种连接方式如表中图式所示。立管上装设两个闸阀或截止阀。

3. 计算举例：以散热器双侧连接 $d_{L \times} d_z = 20 \times 15$ 为例。

首先计算通过散热器及其支管这一组合部件的折算阻力系数 $\xi_z$

$$\xi_z = \lambda/d \cdot l_z + \sum \xi = 2.6 \times 1.5 \times 2 + 11.0 = 18.8$$

其中，$\lambda/d$ 值查附表4-4；支管上局部阻力有：分流三通2个，乙字管2个及散热器，查附表4-2，可得 $\sum \xi = 2 \times 3.0 + 2 \times 1.5 + 2.0 = 11.0$；

设进入散热器的分流系数 $\alpha = G_z/G_L = 0.5$，则按下式可求出该组合部件的当量阻力系数 $\xi_0$ 值（以立管流速的动压头为基准的 $\xi$ 值）。

$$\xi_0 = d_L{}^4/d_z{}^4 \cdot \alpha^2 \xi_z = (21.25/15.75)^4 \times 0.5^2 \times 18.8 = 15.6$$

### 附表4-7　单管顺流式热水供暖系统立管的 $\xi_{zh}$ 值

| 楼层 | 单侧链接立管管径（mm） | | | | 双侧连接立管管径（mm） | | | | | | | |
|---|---|---|---|---|---|---|---|---|---|---|---|---|
| | | | | | 15 | 20 | | 25 | | | 32 | |
| | | | | | 散热器支管直径（mm） | | | | | | | |
| | 15 | 20 | 25 | 32 | 15 | 15 | 20 | 15 | 20 | 25 | 20 | 32 |
| （一）整根立管的折算阻力系数 $\xi_{zh}$ 值（立管两端安装闸阀） | | | | | | | | | | | | |
| 3 | 77.0 | 63.7 | 48.7 | 43.1 | 48.4 | 72.7 | 38.2 | 141.7 | 52.0 | 30.4 | 115.1 | 48.8 |
| 4 | 97.4 | 80.6 | 61.4 | 54.1 | 59.3 | 92.6 | 46.6 | 185.4 | 65.8 | 37.0 | 150.1 | 61.7 |
| 5 | 117.9 | 97.5 | 74.1 | 65.0 | 70.4 | 112.5 | 55.0 | 229.1 | 79.6 | 43.6 | 185.0 | 74.5 |
| 6 | 138.3 | 114.5 | 86.9 | 76.0 | 81.2 | 132.5 | 63.5 | 272.9 | 93.5 | 50.3 | 220.0 | 87.4 |
| 7 | 158.8 | 131.4 | 99.6 | 86.9 | 92.2 | 152.4 | 71.9 | 316.6 | 107.3 | 56.9 | 254.9 | 100.2 |
| 8 | 179.2 | 148.3 | 112.3 | 97.9 | 103.1 | 172.3 | 80.3 | 360.3 | 121.1 | 63.5 | 290.0 | 113.1 |

（二）整根立管的折算阻力系数 $\xi_{zh}$ 值（立管两端安装截止阀）

| 楼层 | 单向链接立管管径（mm） | | | | 双向连接立管管径（mm） | | | | | | | |
|---|---|---|---|---|---|---|---|---|---|---|---|---|
| | | | | | 15 | 20 | | 25 | | | 32 | |
| | | | | | 散热器支管直径（mm） | | | | | | | |
| | 15 | 20 | 25 | 32 | 15 | 15 | 20 | 15 | 20 | 25 | 20 | 32 |
| 3 | 106.0 | 82.7 | 65.7 | 60.1 | 77.4 | 91.7 | 57.2 | 158.7 | 69.0 | 47.4 | 132.1 | 65.8 |
| 4 | 126.4 | 99.6 | 78.4 | 71.1 | 88.3 | 111.6 | 65.6 | 202.4 | 82.8 | 54.0 | 167.1 | 78.7 |
| 5 | 146.9 | 116.5 | 91.1 | 82.0 | 99.3 | 131.5 | 74.0 | 246.1 | 96.6 | 60.6 | 202.0 | 91.5 |
| 6 | 167.3 | 133.5 | 103.9 | 93.0 | 110.2 | 151.5 | 82.5 | 289.9 | 110.5 | 67.3 | 237.0 | 104.4 |
| 7 | 187.8 | 150.4 | 116.6 | 103.9 | 121.2 | 171.4 | 90.9 | 333.6 | 124.3 | 73.9 | 271.9 | 117.2 |
| 8 | 208.3 | 167.3 | 129.3 | 114.9 | 132.1 | 191.3 | 99.3 | 377.3 | 138.1 | 80.5 | 307.0 | 130.1 |

注：1. 编制本表条件：建筑物层高为 3.0m，回水干管敷设在地沟内（见附表 4-6 图式）。

2. 计算举例：如以 3 层楼 $d_L \times d_z = 20 \times 15$ 为例。

层立管之间长度为 $3.0 - 0.6 = 2.4$（m），则层立管的当量阻力系数

$$\xi_{0.L} = \lambda_L / d_L \cdot l_L + \sum \xi_L = 1.8 \times 2.4 + 0 = 4.32$$

设 $n$ 为建筑物层数，$\xi_0$ 代表散热器及其支管的当量阻力系数，$\xi_0^0$ 代表立管与供回水干管连接部分的当量阻力系数，则整根立管的折算阻力系数 $\xi_{zh}$ 为：

$$\xi_{zh} = n\xi_0 + n\xi_{0.L} + \xi_0^0 = 3 \times 15.6 + 3 \times 4.32 + 12.9 = 72.7$$

附表 4-8　供暖系统中沿程损失与局部损失的概略分配比例 $\alpha$　　　　　（％）

| 供暖系统形式 | 沿程损失 | 局部损失 | 供暖系统形式 | 沿程损失 | 局部损失 |
|---|---|---|---|---|---|
| 自然循环热水供暖系统 | 50 | 50 | 高压蒸汽供暖系统 | 80 | 20 |
| 机械循环热水供暖系统 | 50 | 50 | 室内高压凝水管路系统 | 80 | 20 |
| 低压蒸汽供暖系统 | 60 | 40 | | | |

# 附 录 五

## 附表 5-1　塑料类管材的水力计算表

| 流　量 | 计算内径/计算外径（mm） | | | | | |
|---|---|---|---|---|---|---|
| | 12/16 | | 16/20 | | 20/25 | |
| L/h | m/s | Pa/m | m/s | Pa/m | m/s | Pa/m |
| 90 | 0.22 | 91.04 | | | | |
| 108 | 0.27 | 125.76 | | | | |
| 126 | 0.31 | 165.30 | | | | |
| 144 | 0.35 | 209.44 | 0.20 | 53.07 | | |

续表

| 流　量 | 计算内径/计算外径（mm） | | | | | |
|---|---|---|---|---|---|---|
| | 12/16 | | 16/20 | | 20/25 | |
| L/h | m/s | Pa/m | m/s | Pa/m | m/s | Pa/m |
| 162 | 0.40 | 258.20 | 0.22 | 65.33 | | |
| 180 | 0.44 | 311.37 | 0.25 | 78.77 | | |
| 198 | 0.49 | 368.56 | 0.27 | 93.29 | | |
| 216 | 0.53 | 430.07 | 0.30 | 108.89 | | |
| 236 | 0.57 | 495.70 | 0.32 | 125.57 | | |
| 252 | 0.62 | 563.35 | 0.35 | 143.13 | 0.22 | 46.70 |
| 270 | 0.66 | 638.98 | 0.37 | 161.77 | 0.24 | 55.62 |
| 288 | 0.71 | 716.42 | 0.40 | 181.39 | 0.25 | 62.39 |
| 306 | 0.75 | 797.75 | 0.42 | 201.99 | 0.27 | 69.55 |
| 324 | 0.80 | 882.90 | 0.45 | 223.57 | 0.29 | 77.01 |
| 342 | 0.84 | 971.78 | 0.47 | 246.13 | 0.30 | 84.86 |
| 360 | 0.88 | 1069.3 | 0.50 | 269.58 | 0.31 | 92.80 |
| 396 | 0.97 | 1255.7 | 0.55 | 319.21 | 0.35 | 109.97 |
| 432 | 1.06 | 1471.5 | 0.60 | 372.49 | 0.39 | 128.31 |
| 468 | 1.15 | 1697.1 | 0.65 | 429.28 | 0.41 | 147.93 |
| 504 | 1.24 | 1932.6 | 0.70 | 489.62 | 0.45 | 168.63 |

注：本表数值系按《建筑给水排水设计手册》经整理和简化所得，计算水温条件为10℃。

### 附表 5-2　铝塑复合管沿程比摩阻值

| 流量 | 计算内径/计算外径（mm） | | | | | | | |
|---|---|---|---|---|---|---|---|---|
| | 12/16 | | 14/18 | | 16/20 | | 20/25 | |
| L/h | m/s | Pa/m | m/s | Pa/m | m/s | Pa/m | m/s | Pa/m |
| 50 | 0.12 | 24.56 | 0.09 | 41.20 | | | | |
| 75 | 0.18 | 62.88 | 0.14 | 57.68 | 0.10 | 12.04 | | |
| 100 | 0.25 | 107.25 | 0.18 | 77.10 | 0.14 | 25.68 | 0.09 | 0.38 |
| 125 | 0.31 | 157.67 | 0.23 | 99.47 | 0.17 | 41.15 | 0.11 | 0.94 |
| 150 | 0.37 | 214.15 | 0.27 | 124.78 | 0.21 | 58.43 | 0.13 | 1.56 |
| 175 | 0.43 | 276.67 | 0.32 | 153.02 | 0.24 | 77.54 | 0.15 | 2.21 |
| 200 | 0.49 | 345.25 | 0.36 | 184.21 | 0.28 | 98.47 | 0.18 | 2.91 |
| 225 | 0.55 | 419.89 | 0.41 | 218.35 | 0.31 | 121.21 | 0.20 | 3.65 |
| 250 | 0.61 | 500.57 | 0.45 | 255.42 | 0.35 | 145.78 | 0.22 | 4.44 |
| 275 | 0.68 | 587.31 | 0.50 | 295.43 | 0.38 | 172.17 | 0.24 | 5.27 |
| 300 | 0.74 | 680.10 | 0.54 | 338.39 | 0.41 | 200.38 | 0.27 | 6.15 |
| 325 | 0.80 | 778.94 | 0.59 | 384.29 | 0.45 | 230.40 | 0.29 | 7.07 |
| 350 | 0.86 | 883.84 | 0.63 | 433.13 | 0.48 | 262.25 | 0.31 | 8.04 |

| 流量 | 计算内径/计算外径（mm） | | | | | | | |
|---|---|---|---|---|---|---|---|---|
| | 12/16 | | 14/18 | | 16/20 | | 20/25 | |
| L/h | m/s | Pa/m | m/s | Pa/m | m/s | Pa/m | m/s | Pa/m |
| 375 | 0.92 | 994.79 | 0.68 | 484.91 | 0.52 | 295.92 | 0.33 | 9.05 |
| 400 | 0.98 | 1111.79 | 0.72 | 539.63 | 0.55 | 331.41 | 0.35 | 10.10 |
| 425 | 1.04 | 1234.84 | 0.77 | 597.29 | 0.59 | 368.72 | 0.38 | 11.20 |
| 450 | 1.11 | 1363.95 | 0.81 | 657.90 | 0.62 | 407.84 | 0.40 | 12.34 |
| 475 | 1.17 | 1499.11 | 0.86 | 721.45 | 0.66 | 448.80 | 0.42 | 13.52 |
| 500 | 1.23 | 1640.32 | 0.90 | 787.94 | 0.69 | 491.57 | 0.44 | 14.75 |
| 525 | 1.29 | 1787.58 | 0.95 | 857.37 | 0.73 | 536.16 | 0.46 | 16.03 |
| 550 | 1.35 | 1940.90 | 0.99 | 929.74 | 0.76 | 582.57 | 0.49 | 17.34 |
| 575 | | | | | 0.97 | 630.80 | 0.51 | 18.71 |
| 600 | | | | | | | 0.53 | 20.11 |
| 625 | | | | | | | 0.55 | 21.56 |
| 650 | | | | | | | 0.58 | 23.06 |
| 675 | | | | | | | 0.60 | 24.60 |
| 700 | | | | | | | 0.62 | 26.18 |

注：本表所列的数据是根据天津大学对天津市大通铝塑复合管有限公司提供的样品实验的实际测量值，测量水温为60℃。

### 附表 5-3　铝塑复合管连接管件局部阻力系数表

| 塑料管变径的局部阻力系数 | | | |
|---|---|---|---|
| 变径尺寸 | 局部阻力系数 | 管件尺寸 | 局部阻力系数 |
| DN12/16 ~ DN14/18 | 0.15 | DN20 ~ DN14/18 | 6.11 |
| DN16/20 ~ DN20/25 | 0.04 | DN20 ~ DN20/25 | 7.61 |
| DN12/16 ~ DN16/20 | 0.26 | DN15 ~ DN12/16 | 1.20 |
| DN14/18 ~ DN12/16 | 0.42 | DN14/18 ~ DN20 | 0.19 |
| DN20/25 ~ DN16/20 | 0.65 | DN20/25 ~ DN20 | 1.70 |
| DN16/20 ~ DN12/16 | 1.19 | DN12/16 ~ DN15 | 0.21 |
| DN12/16 ~ DN15 | 0.09 | 弯头尺寸 | 局部阻力系数 |
| DN12/16 ~ DN20 | 0.07 | DN12/16 | 0.62 |
| DN15 ~ DN12/16 | 0.86 | DN16/20 | 0.47 |
| DN20 ~ DN12/16 | 0.95 | DN14/18 | 0.55 |

注：1. 本表所列的数据是根据天津大学对天津市大通铝塑复合管有限公司提供的样品实验的实际测量值，测量水温为60℃。

2. 本表以各局部管件入口连接管道计算内径作为动压值的计算直径。

3. 表中 DN 后有 4 位数的塑料管的尺寸，其中前 2 位为计算内径，后 2 位为计算外径；DN 仅有 2 位数的代表金属管的公称直径。

# 附　录　六

### 附表 6-1　室内低压蒸汽供暖系统管路计算

（表压力 $\Delta P_b = 5 \sim 20$ kPa，$K = 0.2$ mm）

| 比摩阻（Pa/m） | 水煤气管公称直径（mm） | | | | | | |
|---|---|---|---|---|---|---|---|
| | 15 | 20 | 25 | 32 | 40 | 50 | 70 |
| 5 | 790 | 1510 | 2380 | 5260 | 8010 | 15760 | 30050 |
| | 2.92 | 2.92 | 2.92 | 3.67 | 4.23 | 5.1 | 5.75 |
| 10 | 918 | 2066 | 3541 | 7727 | 11457 | 23015 | 43200 |
| | 3.43 | 3.89 | 4.34 | 5.4 | 6.05 | 7.43 | 8.35 |
| 15 | 1090 | 2400 | 4395 | 10000 | 14260 | 28500 | 53400 |
| | 4.07 | 4.88 | 5.45 | 6.65 | 7.64 | 9.31 | 10.35 |
| 20 | 1239 | 2920 | 5240 | 11120 | 16720 | 33050 | 61900 |
| | 4.55 | 5.65 | 6.41 | 7.8 | 8.83 | 10.85 | 12.1 |
| 30 | 1500 | 3615 | 6350 | 13700 | 20750 | 40800 | 76600 |
| | 5.55 | 7.01 | 7.77 | 9.6 | 10.95 | 13.2 | 14.95 |
| 40 | 1759 | 4220 | 7330 | 16180 | 24190 | 47800 | 89400 |
| | 6.51 | 8.2 | 8.98 | 11.3 | 12.7 | 15.3 | 17.35 |
| 60 | 2219 | 5130 | 9310 | 20500 | 29550 | 58900 | 110700 |
| | 8.17 | 9.94 | 11.4 | 14 | 15.6 | 19.03 | 21.4 |
| 80 | 2570 | 5970 | 10630 | 23100 | 34400 | 67900 | 127600 |
| | 9.55 | 11.6 | 13.15 | 16.3 | 18.4 | 22.1 | 24.8 |
| 100 | 2900 | 6820 | 11900 | 25655 | 38400 | 76000 | 142900 |
| | 10.7 | 13.2 | 14.6 | 17.9 | 20.35 | 24.6 | 27.6 |
| 150 | 3520 | 8323 | 14678 | 31707 | 47358 | 93495 | 168200 |
| | 13 | 16.1 | 18 | 22.15 | 25 | 30.2 | 33.4 |
| 200 | 4052 | 9703 | 16975 | 36545 | 55568 | 108210 | 202800 |
| | 15 | 18.8 | 20.9 | 25.5 | 29.4 | 35 | 38.9 |
| 300 | 5049 | 11939 | 20778 | 45140 | 68360 | 132878 | 250000 |
| | 18.7 | 23.2 | 25.6 | 31.6 | 35.6 | 42.8 | 48.2 |

注：表中数值，上行为通过水煤气管得到热量（W），下行为蒸汽流速（m/s）。

**附表 6-2　室内低压蒸汽供暖管路水利计算用动压头**

| $v$（m/s） | $\rho v^2$（2/Pa） | $v$（m/s） | $\rho v^2$（2/Pa） | $v$（m/s） | $\rho v^2$（2/Pa） | $v$（m/s） | $\rho v^2$（2/Pa） |
|---|---|---|---|---|---|---|---|
| 5.5 | 9.58 | 10.5 | 34.93 | 15.5 | 76.12 | 20.5 | 133.16 |
| 6 | 11.4 | 11 | 38.34 | 16 | 81.11 | 21 | 139.73 |
| 6.5 | 13.39 | 11.5 | 41.9 | 16.5 | 86.26 | 21.5 | 1446.46 |
| 7 | 15.53 | 12 | 45.63 | 17 | 91.57 | 22 | 153.36 |
| 7.5 | 17.82 | 12.5 | 49.5 | 17.5 | 97.04 | 22.5 | 160.41 |
| 8 | 20.28 | 13 | 53.5 | 18 | 102.66 | 23 | 167.61 |
| 8.5 | 22.89 | 13.5 | 57.75 | 18.5 | 108.44 | 23.5 | 174.98 |
| 9 | 25.66 | 14 | 62.1 | 19 | 114.38 | 24 | 182.51 |
| 9.5 | 28.6 | 14.5 | 66.6 | 19.5 | 120.48 | 24.5 | 190.19 |
| 10 | 31.69 | 15 | 71.29 | 20 | 126.74 | 25 | 198.03 |

**附表 6-3　蒸汽供暖系统干式和湿式自流凝结水管管径选择表**

| 凝结水管径（mm） | 形成凝结水时，由蒸汽放出的热量（kW） | | | | | |
|---|---|---|---|---|---|---|
| | 干式凝结水 | | | 湿式凝结水（垂直或水平的） | | |
| | 低压蒸汽 | | 高压蒸汽 | 计算管段的长度（m） | | |
| | 水平管段 | 垂直管段 | | 50 以下 | 50～100 | 100 以上 |
| 1 | 2 | 3 | 4 | 5 | 6 | 7 |
| 15 | 4.7 | 7 | 8 | 33 | 21 | 9.3 |
| 20 | 17.5 | 26 | 29 | 82 | 53 | 29 |
| 25 | 33 | 49 | 45 | 145 | 93 | 47 |
| 32 | 79 | 116 | 93 | 310 | 200 | 100 |
| 40 | 120 | 180 | 128 | 440 | 290 | 135 |
| 50 | 250 | 370 | 230 | 760 | 550 | 250 |
| 76×3 | 580 | 875 | 550 | 1750 | 1220 | 580 |
| 89×3.5 | 870 | 1300 | 815 | 2620 | 1750 | 875 |
| 102×4 | 1280 | 2000 | 1220 | 3605 | 2320 | 1280 |
| 114×4 | 1630 | 2420 | 1570 | 4540 | 3000 | 1600 |

注：1. 第5、6、7栏计算管段的长度系数由最远散热器到锅炉的长度；

　　2. 干式水平凝结水管坡度为 0.005。

**附表 6-4　室内高压蒸汽供暖系统管径计算表**（蒸汽表压力 $p_b = 200$kPa，$K = 0.2$mm）

| 公称直径 | | 15 | | 20 | | 25 | | 32 | | 40 | |
|---|---|---|---|---|---|---|---|---|---|---|---|
| 内径（mm） | | 15.75 | | 21.25 | | 27 | | 35.75 | | 41 | |
| 外径（mm） | | 21.25 | | 26.75 | | 32.5 | | 42.25 | | 48 | |
| $Q$ | $G$ | $R$ | $v$ | $R$ | $v$ | $R$ | $v$ | $R$ | $v$ | $R$ | $v$ |
| 4000 | 7 | 71 | 5.7 | | | | | | | | |
| 6000 | 10 | 154 | 8.6 | 34 | 4.7 | 10 | 2.9 | | | | |
| 8000 | 13 | 270 | 11.5 | 58 | 6.3 | 17 | 3.9 | | | | |
| 10000 | 17 | 418 | 14.4 | 89 | 7.9 | 26 | 4.9 | | | | |
| 12000 | 20 | 597 | 17.2 | 127 | 9.5 | 37 | 5.9 | 9 | 3.3 | | |
| 14000 | 23 | 809 | 20.1 | 172 | 11.1 | 50 | 6.8 | 12 | 3.9 | | |
| 16000 | 27 | 1052 | 23 | 223 | 12.6 | 65 | 7.8 | 16 | 4.5 | 8 | 3.4 |
| 18000 | 30 | | | 281 | 14.2 | 82 | 8.8 | 20 | 5 | 10 | 3.8 |
| 20000 | 33 | | | 345 | 15.8 | 100 | 9.3 | 24 | 5.6 | 12 | 4.2 |
| 24000 | 40 | | | 494 | 18.9 | 143 | 11.7 | 34 | 6.7 | 17 | 5.1 |

| 公称直径 | | 15 | | 20 | | 25 | | 32 | | 40 | |
|---|---|---|---|---|---|---|---|---|---|---|---|
| 内径（mm） | | 15.75 | | 21.25 | | 27 | | 35.75 | | 41 | |
| 外径（mm） | | 21.25 | | 26.75 | | 32.5 | | 42.25 | | 48 | |
| Q | G | R | v | R | v | R | v | R | v | R | v |
| 28000 | 47 | | | 670 | 22.1 | 194 | 13.7 | 46 | 7.8 | 23 | 5.9 |
| 32000 | 53 | | | 871 | 25.3 | 252 | 15.6 | 59 | 8.9 | 29 | 6.8 |
| 36000 | 60 | | | 1100 | 28.4 | 317 | 17.6 | 74 | 10 | 37 | 7.6 |
| 40000 | 67 | | | 1355 | 31.6 | 390 | 19.6 | 91 | 11.2 | 45 | 8.5 |
| 44000 | 73 | | | 1636 | 34.7 | 471 | 21.5 | 110 | 12.3 | 54 | 9.3 |
| 50000 | 83 | | | 2108 | 39.5 | 606 | 24.4 | 141 | 13.9 | 70 | 10.6 |
| 60000 | 100 | | | | | 868 | 29.3 | 202 | 16.7 | 100 | 12.7 |
| 70000 | 116 | | | | | 1178 | 34.2 | 274 | 19.5 | 135 | 14.8 |
| 80000 | 133 | | | | | 1535 | 39.1 | 356 | 22.3 | 175 | 17 |
| 90000 | 150 | | | | | | | 449 | 25.1 | 220 | 19.1 |
| 100000 | 166 | | | | | | | 553 | 27.9 | 271 | 21.2 |
| 140000 | 233 | | | | | | | 1077 | 39 | 527 | 29.7 |
| 180000 | 299 | | | | | | | 1774 | 50.2 | 868 | 38.2 |
| 220000 | 366 | | | | | | | | | 1292 | 46.6 |

| 公称直径 | | 50 | | 70 | |
|---|---|---|---|---|---|
| 内径（mm） | | 53 | | 68 | |
| 外径（mm） | | 60 | | 75.5 | |
| Q | G | R | v | R | v |
| 28000 | 47 | 6 | 3.6 | | |
| 32000 | 53 | 8 | 4.1 | | |
| 36000 | 60 | 10 | 4.6 | | |
| 40000 | 67 | 12 | 5.1 | 3 | 3.1 |
| 44000 | 73 | 15 | 5.6 | 4 | 3.4 |
| 48000 | 80 | 17 | 6.1 | 5 | 3.7 |
| 50000 | 83 | 19 | 6.3 | 5 | 3.9 |
| 60000 | 100 | 27 | 7.6 | 7 | 4.6 |
| 70000 | 116 | 36 | 8.9 | 10 | 5.4 |
| 80000 | 133 | 46 | 10.1 | 13 | 6.2 |
| 90000 | 150 | 58 | 11.4 | 16 | 6.9 |
| 100000 | 166 | 72 | 12.7 | 20 | 7.7 |
| 140000 | 233 | 139 | 17.8 | 38 | 10.8 |
| 180000 | 299 | 228 | 22.8 | 63 | 13.9 |
| 220000 | 366 | 339 | 27.9 | 93 | 17 |
| 260000 | 433 | 472 | 33 | 129 | 20 |
| 300000 | 499 | 626 | 38.1 | 171 | 23.1 |
| 340000 | 566 | 803 | 43.1 | 219 | 26.2 |
| 380000 | 632 | 1001 | 48.2 | 273 | 29.3 |
| 420000 | 699 | | | 333 | 32.4 |
| 460000 | 765 | | | 398 | 35.5 |
| 500000 | 832 | | | 470 | 38.5 |

注：1. 制表时假定蒸汽运动黏度 $v=8.21\times10^{-6}\,\mathrm{m^2/s}$，汽化潜热 $r=2164\mathrm{kJ/kg}$，密度 $\rho=1.65\mathrm{kg/m^3}$；

2. 按阿里特苏里公式 $\lambda=0.11\,(k/d+68/Re)^{\frac{1}{4}}$ 确定沿程阻力系数值；

3. 表中 $Q$ 为管段热负荷，W；$G$ 为管段蒸汽流量，kg/h；$R$ 为比摩阻，Pa/m；$v$ 为流速，m/s。

**附表 6-5　室内高压蒸汽供暖管路局部阻力当量长度（K = 0.2mm）　　（m）**

| 局部阻力名称 | 公称直径（mm） | | | | | | | | | | | | |
|---|---|---|---|---|---|---|---|---|---|---|---|---|---|
| | 15 | 20 | 25 | 32 | 40 | 50 | 70 | 80 | 100 | 125 | 150 | 175 | 200 |
| | 1/2″ | 3/4″ | 1″ | 1¼″ | 1½″ | 2″ | 2½″ | 3″ | 4″ | 5″ | 6″ | 1/13″ | 1/14″ |
| 双柱散热器 | 0.7 | 1.1 | 1.5 | 2.2 | — | — | — | — | — | — | — | — | — |
| 钢制锅炉 | — | — | — | — | 2.6 | 3.8 | 5.2 | 7.4 | 10 | 13 | 14.7 | 17.6 | 20 |
| 突然扩大 | 0.4 | 0.6 | 0.8 | 1.1 | 1.3 | 1.9 | 2.6 | — | — | — | — | — | — |
| 突然缩小 | 0.2 | 0.3 | 0.4 | 0.6 | 0.7 | 1 | 1.3 | — | — | — | — | — | — |
| 截止阀 | 6 | 6.4 | 6.8 | 9.9 | 10.4 | 13.3 | 18.2 | 25.9 | 35 | 45.5 | 51.3 | 61.6 | 70.7 |
| 斜杆截止阀 | 1.1 | 1.7 | 2.3 | 3.2 | 3.3 | 3.8 | 5.2 | 7.4 | 10 | 13 | 14.7 | 17.6 | 20.2 |
| 闸阀 | — | 0.3 | 0.4 | 0.6 | 0.7 | 1 | 1.3 | 1.9 | 2.5 | 3.3 | 3.7 | 4.4 | 5.1 |
| 旋塞阀 | 1.5 | 1.5 | 1.5 | 2.2 | — | — | — | — | — | — | — | — | — |
| 方形补偿器 | — | — | 1.7 | 2.2 | 2.6 | 3.8 | 5.2 | 7.4 | 10 | 13 | 14.7 | 17.6 | 20.2 |
| 套管补偿器 | 0.2 | 0.3 | 0.4 | 0.6 | 0.7 | 1 | 1.3 | 1.9 | 2.5 | 3.3 | 3.7 | 4.4 | 5.1 |
| 直流三通 | 0.4 | 0.6 | 0.8 | 1.1 | 1.3 | 1.9 | 2.6 | 3.7 | 5 | 6.5 | 7.3 | 8.3 | 10 |
| 旁流三通 | 0.6 | 0.8 | 1.1 | 1.7 | 2 | 2.8 | 3.9 | 5.6 | 7.5 | 9.8 | 11 | 13.2 | 15.1 |
| 分流、合流三通 | 1.1 | 1.7 | 2.2 | 3.3 | 3.9 | 5.7 | 7.8 | 11.1 | 15 | 19.5 | 22 | 26.4 | 30.3 |
| 直流四通 | 0.7 | 1.1 | 1.5 | 2.2 | 2.6 | 3.8 | 5.2 | 7.4 | 10 | 13 | 14.7 | 17.6 | 20.2 |
| 分流四通 | 1.1 | 1.7 | 2.2 | 3.3 | 3.9 | 5.7 | 7.8 | 11.1 | 15 | 19.5 | 22 | 26.4 | 30.3 |
| 弯头 | 0.7 | 1.1 | 1.1 | 1.7 | 1.3 | 1.9 | 2.6 | — | — | — | — | — | — |
| 90°煨弯及乙字弯 | 0.6 | 0.7 | 0.8 | 0.9 | — | 1.1 | 1.3 | 1.9 | 2.5 | 3.3 | 3.7 | 4.4 | 5.1 |
| 括弯 | 1.1 | 1.1 | 1.5 | 2.2 | 2.6 | 3.8 | 5.2 | 7.4 | 10 | 13 | 14.7 | 17.6 | 20.2 |
| 急弯双弯 | 0.7 | 1.1 | 1.5 | 2.2 | 2.6 | 3.8 | 5.2 | 7.4 | 10 | 13 | 14.7 | 17.6 | 20.2 |
| 缓弯双弯 | 0.4 | 0.6 | 0.8 | 1.1 | 1.3 | 1.9 | 2.6 | 3.7 | 5 | 6.5 | 7.3 | 8.8 | 10.1 |

# 附　录　七

**附表 7-1　采暖热面积指标推荐值 $q_f$　　（W/m²）**

| 建筑物类型 | 住宅 | 居住区 | 学校 | 医院 | 旅馆 | 商店 | 食堂 | 影剧院 | 大礼堂 |
|---|---|---|---|---|---|---|---|---|---|
| | | 综合 | 办公 | 托幼 | | | 餐厅 | 展览馆 | 体院馆 |
| 未采取节能措施 | 58～64 | 60～67 | 60～80 | 65～80 | 60～70 | 65～80 | 115～140 | 95～115 | 115～165 |
| 采取节能措施 | 40～45 | 45～55 | 50～70 | 55～70 | 50～60 | 55～70 | 100～130 | 80～105 | 100～105 |

注：1. 本表摘自《城市热力管网设计规范》（CJJ 34—2002）；
　　2. 表中数值适用于我国东北、华西、西北地区；
　　3. 热指标中已包括约5%的管网热损失。

**附表 7-2　空调热指标 $q_a$、冷指标 $q_c$ 推荐值　　（W/m²）**

| 建筑物类型 | 办公 | 医院 | 旅馆宾馆 | 商店展览馆 | 影剧院 | 体院馆 |
|---|---|---|---|---|---|---|
| 热指标 | 80～100 | 90～120 | 90～120 | 100～120 | 115～140 | 130～190 |
| 冷指标 | 80～110 | 70～100 | 80～110 | 125～180 | 150～200 | 140～200 |

注：1. 本表摘自《城市热力管网设计规范》（CJJ 34—2002）；
　　2. 表中数值适用于我国东北、华西、西北地区；
　　3. 寒冷地区热指标取较小值，冷指标取较大值；严寒地区热指标取较大值，冷指标取较小值。

# 附　录　八

本章无对应附表。

# 附　录　九

### 附表 9-1　热水热网水力计算表

$(K = 0.5\text{mm},\ t = 100℃,\ \rho = 958.38\text{kg/m}^3,\ \nu = 0.295 \times 10^{-6}\,\text{m}^2/\text{s})$
表中采用单位：水流量 $G$（t/h）；流速 $\nu$：（m/s）；比摩 Pa/m

| 公称直径(mm) | 25 | | 32 | | 40 | | 50 | | 70 | | 80 | | 100 | | 125 | | 150 | | 200 | | 250 | | 300 | |
| --- | --- | --- | --- | --- | --- | --- | --- | --- | --- | --- | --- | --- | --- | --- | --- | --- | --- | --- | --- | --- | --- | --- | --- | --- |
| 外径×壁厚(mm) | 32×2.5 | | 38×2.5 | | 45×2.5 | | 57×3.5 | | 76×3.5 | | 89×3.5 | | 108×4 | | 133×4 | | 159×4.5 | | 219×6 | | 273×8 | | 325×8 | |
| G | ν | R | ν | R | ν | R | ν | R | ν | R | ν | R | ν | R | ν | R | ν | R | ν | R | ν | R | ν | R |
| 0.6 | 0.3 | 77 | 0.2 | 27.5 | 0.14 | 9 | | | | | | | | | | | | | | | | | | |
| 0.8 | 0.41 | 137.3 | 0.27 | 47.7 | 0.18 | 15.8 | 0.12 | 5.6 | | | | | | | | | | | | | | | | |
| 1.0 | 0.51 | 214.8 | 0.34 | 73.1 | 0.23 | 24.4 | 0.15 | 8.6 | | | | | | | | | | | | | | | | |
| 1.4 | 0.71 | 420.7 | 0.47 | 143.2 | 0.32 | 47.4 | 0.21 | 19.8 | 0.11 | 3.0 | | | | | | | | | | | | | | |
| 1.8 | 0.91 | 695.3 | 0.61 | 236.3 | 0.42 | 84.2 | 0.27 | 26.1 | 0.14 | 5 | | | | | | | | | | | | | | |
| 2.0 | 1.01 | 858.0 | 0.68 | 292.2 | 0.46 | 104 | 0.3 | 31.9 | 0.16 | 6.1 | | | | | | | | | | | | | | |
| 2.2 | 1.11 | 1038.5 | 0.75 | 353 | 0.51 | 125.5 | 0.33 | 36.2 | 0.17 | 7.4 | | | | | | | | | | | | | | |
| 2.6 | | | 0.88 | 493.3 | 0.6 | 175.5 | 0.38 | 53.4 | 0.2 | 10.1 | | | | | | | | | | | | | | |
| 3.0 | | | 1.02 | 657 | 0.69 | 234.4 | 0.44 | 71.2 | 0.23 | 13.2 | | | | | | | | | | | | | | |
| 3.4 | | | 1.15 | 844.4 | 0.78 | 301.1 | 0.5 | 91.4 | 0.26 | 17 | | | | | | | | | | | | | | |
| 4.0 | | | | | 0.92 | 415.8 | 0.59 | 126.5 | 0.31 | 22.8 | 0.22 | 9 | | | | | | | | | | | | |
| 4.8 | | | | | 1.11 | 599.2 | 0.71 | 182.4 | 0.37 | 32.8 | 0.26 | 12.9 | | | | | | | | | | | | |
| 5.6 | | | | | | | 0.83 | 252 | 0.43 | 44.5 | 0.31 | 17.5 | 0.21 | 6.4 | | | | | | | | | | |
| 6.2 | | | | | | | 0.92 | 304 | 0.48 | 54.6 | 0.34 | 21.8 | 0.23 | 7.8 | 0.15 | 2.5 | | | | | | | | |
| 7.0 | | | | | | | 1.03 | 387.4 | 0.54 | 69.6 | 0.38 | 27.9 | 0.26 | 9.9 | 0.17 | 3.1 | | | | | | | | |
| 8.0 | | | | | | | 1.18 | 506 | 0.62 | 90.9 | 0.44 | 36.3 | 0.3 | 12.7 | 0.19 | 4.1 | | | | | | | | |
| 9.0 | | | | | | | 1.33 | 640.4 | 0.7 | 114.7 | 0.52 | 46 | 0.33 | 16.1 | 0.21 | 5.1 | | | | | | | | |
| 10.0 | | | | | | | 1.48 | 790.4 | 0.78 | 142.2 | 0.55 | 56.8 | 0.37 | 19.8 | 0.24 | 6.3 | | | | | | | | |
| 11.0 | | | | | | | 1.63 | 957.1 | 0.85 | 171.6 | 0.59 | 68.6 | 0.41 | 23.9 | 0.26 | 7.6 | | | | | | | | |

| 公称直径(mm) | 25 | | 32 | | 40 | | 50 | | 70 | | 80 | | 100 | | 125 | | 150 | | 200 | | 250 | | 300 | |
|---|---|---|---|---|---|---|---|---|---|---|---|---|---|---|---|---|---|---|---|---|---|---|---|---|
| 外径×壁厚(mm) | 32×2.5 | | 38×2.5 | | 45×2.5 | | 57×3.5 | | 76×3.5 | | 89×3.5 | | 108×4 | | 133×4 | | 159×4.5 | | 219×6 | | 273×8 | | 325×8 | |
| G | ν | R | ν | R | ν | R | ν | R | ν | R | ν | R | ν | R | ν | R | ν | R | ν | R | ν | R | ν | R |
| 12.0 | | | | | | | | | 0.93 | 205 | 0.66 | 81.7 | 0.44 | 28.5 | 0.28 | 8.8 | 0.2 | 3.5 | | | | | | |
| 14.0 | | | | | | | | | 1.09 | 278.5 | 0.77 | 110.8 | 0.52 | 38.8 | 0.33 | 11.9 | 0.23 | 4.7 | | | | | | |
| 15.0 | | | | | | | | | 1.16 | 319.7 | 0.82 | 127.5 | 0.55 | 44.5 | 0.35 | 13.6 | 0.25 | 5.4 | | | | | | |
| 16.0 | | | | | | | | | 1.24 | 363.8 | 0.88 | 145.1 | 0.59 | 50.7 | 0.38 | 15.5 | 0.26 | 6.1 | | | | | | |
| 18.0 | | | | | | | | | 1.4 | 459.9 | 0.99 | 184.4 | 0.66 | 64.1 | 0.43 | 19.7 | 0.3 | 7.6 | | | | | | |
| 20.0 | | | | | | | | | 1.55 | 568.8 | 1.1 | 227.5 | 0.74 | 79.2 | 0.47 | 24.3 | 0.33 | 9.3 | | | | | | |
| 22.0 | | | | | | | | | 1.71 | 687.4 | 1.21 | 274.6 | 0.81 | 95.8 | 0.52 | 29.4 | 0.36 | 11.2 | | | | | | |
| 24.0 | | | | | | | | | 1.86 | 818.9 | 1.32 | 326.6 | 0.89 | 113.8 | 0.57 | 35 | 0.39 | 13.3 | | | | | | |
| 26.0 | | | | | | | | | 2.02 | 961.1 | 1.43 | 383.4 | 0.96 | 133.4 | 0.62 | 41.1 | 0.43 | 16.7 | | | | | | |
| 28.0 | | | | | | | | | | | 1.54 | 445.2 | 1.03 | 154.9 | 0.66 | 47.6 | 0.46 | 18.1 | | | | | | |
| 30.0 | | | | | | | | | | | 1.65 | 510.9 | 1.11 | 178.5 | 0.71 | 54.6 | 0.49 | 20.8 | | | | | | |
| 32.0 | | | | | | | | | | | 1.76 | 581.5 | 1.18 | 203 | 0.76 | 62.2 | 0.53 | 23.7 | | | | | | |
| 34.0 | | | | | | | | | | | 1.87 | 656.1 | 1.26 | 228.5 | 0.8 | 70.2 | 0.56 | 26.8 | | | | | | |
| 36.0 | | | | | | | | | | | 1.98 | 735.5 | 1.33 | 256.9 | 0.85 | 78.6 | 0.59 | 30 | | | | | | |
| 38.0 | | | | | | | | | | | 2.09 | 819.8 | 1.4 | 286.4 | 0.9 | 87.7 | 0.62 | 33.4 | | | | | | |
| 40 | | | | | | | | | | | | | 1.48 | 316.8 | 0.95 | 97.2 | 0.66 | 37.1 | 0.35 | 6.8 | 0.22 | 2.3 | | |
| 42 | | | | | | | | | | | | | 1.55 | 349.1 | 0.99 | 106.9 | 0.63 | 40.8 | 0.36 | 7.5 | 0.23 | 2.5 | | |
| 44 | | | | | | | | | | | | | 1.63 | 383.4 | 1.04 | 117.7 | 0.72 | 44.8 | 0.38 | 8.1 | 0.25 | 2.7 | | |
| 45 | | | | | | | | | | | | | 1.66 | 401.1 | 1.06 | 122.6 | 0.74 | 46.9 | 0.39 | 8.5 | 0.25 | 2.8 | | |
| 48 | | | | | | | | | | | | | 1.77 | 456 | 1.13 | 140.2 | 0.79 | 53.5 | 0.41 | 9.7 | 0.27 | 3.2 | | |
| 50 | | | | | | | | | | | | | 1.85 | 495.2 | 1.18 | 152.0 | 0.82 | 57.8 | 0.43 | 10.6 | 0.28 | 3.5 | | |
| 54 | | | | | | | | | | | | | 1.99 | 577.6 | 1.28 | 177.5 | 0.89 | 67.5 | 0.47 | 12.4 | 0.3 | 4.0 | | |
| 58 | | | | | | | | | | | | | 2.14 | 665.9 | 1.37 | 204 | 0.95 | 77.9 | 0.5 | 14.2 | 0.32 | 4.5 | | |
| 62 | | | | | | | | | | | | | 2.29 | 761 | 1.47 | 233.4 | 1.02 | 88.9 | 0.53 | 16.3 | 0.35 | 5.0 | | |

续表

| 公称直径(mm) | 25 | | 32 | | 40 | | 50 | | 70 | | 80 | | 100 | | 125 | | 150 | | 200 | | 250 | | 300 | |
|---|---|---|---|---|---|---|---|---|---|---|---|---|---|---|---|---|---|---|---|---|---|---|---|---|
| 外径×壁厚(mm) | 32×2.5 | | 38×2.5 | | 45×2.5 | | 57×3.5 | | 76×3.5 | | 89×3.5 | | 108×4 | | 133×4 | | 159×4.5 | | 219×6 | | 273×8 | | 325×8 | |
| G | ν | R | ν | R | ν | R | ν | R | ν | R | ν | R | R | ν | R | ν | R | ν | R | ν | R | ν | R | ν |
| 66 | | | | | | | | | | | | | 862 | 2.44 | 264.8 | 1.56 | 101 | 1.08 | 18.4 | 0.57 | 5.7 | 0.37 | | |
| 70 | | | | | | | | | | | | | 969.9 | 2.59 | 297.1 | 1.65 | 113.8 | 1.15 | 20.7 | 0.6 | 6.4 | 0.39 | | |
| 74 | | | | | | | | | | | | | | | 332.1 | 1.75 | 126.5 | 1.21 | 23.1 | 0.64 | 7.1 | 0.41 | | |
| 78 | | | | | | | | | | | | | | | 369.7 | 1.84 | 141.2 | 1.28 | 25.7 | 0.67 | 8.2 | 0.44 | | |
| 80 | | | | | | | | | | | | | | | 388.3 | 1.89 | 148.1 | 1.31 | 27.1 | 0.69 | 8.6 | 0.45 | | |
| 90 | | | | | | | | | | | | | | | 491.3 | 2.13 | 187.3 | 1.48 | 34.2 | 0.78 | 11 | 0.5 | | |
| 100 | | | | | | | | | | | | | | | 607 | 2.36 | 231.4 | 1.64 | 42.3 | 0.86 | 13.5 | 0.56 | 5.1 | 0.39 |
| 120 | | | | | | | | | | | | | | | 873.8 | 2.84 | 333.4 | 1.97 | 60.9 | 1.03 | 19.5 | 0.67 | 7.4 | 0.46 |
| 140 | | | | | | | | | | | | | | | | | 454 | 2.3 | 82.9 | 1.21 | 26.5 | 0.78 | 10.1 | 0.54 |
| 160 | | | | | | | | | | | | | | | | | 592.3 | 2.63 | 107.9 | 1.38 | 34.6 | 0.89 | 13.1 | 0.62 |
| 180 | | | | | | | | | | | | | | | | | | | 137.3 | 1.55 | 43.8 | 1.01 | 16.6 | 0.7 |
| 200 | | | | | | | | | | | | | | | | | | | 168.7 | 1.72 | 54.1 | 1.12 | 20.5 | 0.77 |
| 220 | | | | | | | | | | | | | | | | | | | 205 | 1.9 | 65.4 | 1.23 | 24.8 | 0.85 |
| 240 | | | | | | | | | | | | | | | | | | | 243.2 | 2.07 | 77.9 | 1.34 | 29.5 | 0.93 |
| 260 | | | | | | | | | | | | | | | | | | | 285.14 | 2.24 | 91.4 | 1.45 | 34.7 | 1.01 |
| 280 | | | | | | | | | | | | | | | | | | | 331.5 | 2.41 | 105.9 | 1.57 | 40.2 | 1.08 |
| 300 | | | | | | | | | | | | | | | | | | | 380.5 | 2.59 | 121.6 | 1.68 | 46.2 | 1.16 |
| 340 | | | | | | | | | | | | | | | | | | | 488.4 | 2.93 | 155.9 | 1.9 | 55.9 | 1.32 |
| 380 | | | | | | | | | | | | | | | | | | | 611 | 3.28 | 195.2 | 2.13 | 74 | 1.47 |
| 420 | | | | | | | | | | | | | | | | | | | 745.3 | 3.62 | 238.3 | 2.35 | 90.5 | 1.62 |
| 460 | | | | | | | | | | | | | | | | | | | | | 286.4 | 2.57 | 108.9 | 1.78 |
| 500 | | | | | | | | | | | | | | | | | | | | | 348.1 | 2.8 | 128.5 | 1.93 |

附表 9-2　室外热水网网路局部阻力当量长度表　($k=0.5\text{mm}$，用于蒸汽网路局 $k=0.2\text{mm}$，乘以修正系数 $\beta=1.26$)

注：公称直径（mm）对应栏目为当量长度（m）。

| 名称 | 局部阻力系数 | 32 | 40 | 50 | 70 | 80 | 100 | 125 | 150 | 175 | 200 | 250 | 300 | 350 | 400 | 450 | 500 | 600 | 700 | 800 |
|---|---|---|---|---|---|---|---|---|---|---|---|---|---|---|---|---|---|---|---|---|
| 截止阀 | 4~9 | 6 | 7.8 | 8.4 | 9.6 | 10.2 | 13.5 | 18.5 | 24.6 | 39.5 | — | — | — | — | — | — | — | — | — | — |
| 闸阀 | 0.5~1 | — | — | — | 1 | 1.28 | 1.65 | 2.2 | 2.24 | 2.9 | 3.36 | 3.73 | 4.17 | 4.3 | 4.5 | 4.7 | 5.3 | 5.7 | 6 | 6.4 |
| 旋启式止回阀 | 1.5~3 | 0.98 | 1.26 | 1.7 | 2.8 | 3.6 | 4.95 | 7 | 9.52 | 13 | 16 | 22.2 | 29.2 | 33.9 | 46 | 56 | 66 | 89.5 | 112 | 133 |
| 升降式止回阀 | 7 | 5.25 | 6.8 | 9.16 | 14 | 17.9 | 23 | 30.8 | 39.2 | 50.6 | 58.8 | — | — | — | — | — | — | — | — | — |
| 套筒补偿器（单向） | 0.2~0.5 | — | — | — | — | — | 0.66 | 0.88 | 1.68 | 2.17 | 2.52 | 3.33 | 4.17 | 5 | 10 | 11.7 | 13.1 | 16.5 | 19.4 | 22.8 |
| 套筒补偿器（双向） | 0.6 | — | — | — | — | — | 1.98 | 2.64 | 3.36 | 4.34 | 5.04 | 6.66 | 8.34 | 10.1 | 12 | 14 | 15.8 | 19.9 | 23.3 | 27.4 |
| 波纹管补偿器（无内套） | 1.7~1 | — | — | — | — | — | 5.57 | 7.5 | 8.4 | 10.1 | 10.9 | 13.3 | 13.9 | 15.1 | 16 | — | — | — | — | — |
| 波纹管补偿器（有内套） | 0.1 | — | — | — | — | — | 0.38 | 0.44 | 0.56 | 0.72 | 0.84 | 1.1 | 1.4 | 1.68 | 2 | — | — | — | — | — |
| 方形补偿器　三缝焊弯 $R=1.5d$ | 2.7 | — | — | — | — | — | — | — | 17.6 | 22.1 | 24.8 | 33 | 40 | 47 | 55 | 67 | 76 | 94 | 110 | 128 |
| 方形补偿器　锻压弯头 $R=(1.5\sim2)d$ | 2.3~3 | 3.5 | 4 | 5.2 | 6.8 | 7.9 | 9.8 | 12.5 | 15.4 | 19 | 23.4 | 28 | 34 | 40 | 47 | 60 | 68 | 83 | 95 | 110 |
| 方形补偿器　焊弯 $R\geqslant4d$ | 1.16 | 1.8 | 2 | 2.4 | 3.2 | 3.5 | 3.8 | 5.6 | 6.5 | 8.4 | 9.3 | 11.2 | 11.5 | 16 | 20 | — | — | — | — | — |
| 45°单缝焊接弯头 | 0.3 | — | — | — | — | — | — | — | 1.68 | 2.17 | 2.52 | 3.33 | 4.17 | 5 | 6 | 7 | 7.9 | 9.9 | 11.7 | 13.7 |
| 60°单缝焊接弯头 | 0.7 | — | — | — | — | — | — | — | 3.92 | 5.06 | 5.9 | 7.8 | 9.7 | 11.8 | 14 | 16.3 | 18.4 | 23.2 | 27.2 | 32 |
| 锻压弯头 $R=(1.5\sim2)d$ | 0.5 | 0.38 | 0.48 | 0.65 | 1 | 1.28 | 1.65 | 2.2 | 2.8 | 3.62 | 4.2 | 5.55 | 6.95 | 8.4 | 10 | 11.7 | 13.1 | 16.5 | 19.4 | 22.8 |
| 焊弯 $R=4d$ | 0.3 | 0.22 | 0.29 | 0.4 | 0.6 | 0.76 | 0.98 | 1.32 | 1.68 | 2.17 | 2.52 | 3.3 | 4.17 | 5 | 6 | — | — | — | — | — |
| 除污器 | 10 | — | — | — | — | — | — | — | 56 | 72.4 | 84 | 111 | 139 | 168 | 200 | 233 | 262 | 331 | 388 | 456 |
| 分流三通　直流管 | 1.0 | 0.75 | 0.97 | 1.3 | 2 | 2.55 | 3.3 | 4.4 | 5.6 | 7.24 | 8.4 | 11.1 | 13.9 | 16.8 | 20 | 23.3 | 26.3 | 33.1 | 38.8 | 45.7 |
| 分流三通　旁流管 | 1.5 | 1.13 | 1.45 | 1.96 | 3 | 3.82 | 4.95 | 6.6 | 8.4 | 10.9 | 12.6 | 16.7 | 20.8 | 25.2 | 30 | 35 | 39.4 | 49.6 | 58.2 | 68.6 |
| 合流三通　直流管 | 1.5 | 1.13 | 1.45 | 1.96 | 3 | 3.82 | 4.95 | 6.6 | 8.4 | 10.9 | 12.6 | 16.7 | 20.8 | 25.2 | 30 | 35 | 39.4 | 49.6 | 58.2 | 68.6 |
| 合流三通　旁流管 | 2.0 | 1.5 | 1.94 | 2.62 | 4 | 5.1 | 6.6 | 8.8 | 11.2 | 14.5 | 16.8 | 22.2 | 27.8 | 33.6 | 40 | 46.6 | 52.5 | 66.2 | 77.6 | 91.5 |
| 合流三通汇流管 | 3.0 | 2.25 | 2.91 | 3.93 | 6 | 7.65 | 9.8 | 13.2 | 16.8 | 21.7 | 25.2 | 33.3 | 41.7 | 50.4 | 60 | 69.9 | 78.7 | 99.3 | 116 | 137 |
| 分流三通分流管 | 2.0 | 1.5 | 1.94 | 2.62 | 4 | 5.1 | 6.6 | 8.8 | 11.2 | 14.5 | 16.8 | 22.2 | 27.8 | 33.6 | 40 | 46.6 | 52.5 | 66.2 | 77.6 | 91.5 |
| 焊接异径接头（大小头，按小管径计算）　$D_大/D_小=2$ | 0.1 | — | 0.1 | 0.13 | 0.2 | 0.26 | 0.33 | 0.44 | 0.56 | 0.72 | 0.84 | 1.1 | 1.4 | 1.68 | 2 | 2.4 | 2.6 | 3.3 | 3.9 | 4.6 |
| $D_大/D_小=3$ | 0.2~0.3 | — | 0.14 | 0.2 | 0.3 | 0.38 | 0.98 | 1.32 | 1.68 | 2.17 | 2.52 | 3.3 | 4.17 | 5 | 5.7 | 5.9 | 6.0 | 5.5 | 7.8 | 9.2 |
| $D_大/D_小=4$ | 0.3~0.49 | — | 0.19 | 0.26 | 0.4 | 0.51 | 1.6 | 2.2 | 2.8 | 3.62 | 4.2 | 5.55 | 6.35 | 7.4 | 7.8 | 8 | 8.9 | 9.9 | 11.6 | 13.7 |

附表 9-3　室外高压蒸汽管径计算表（$K=0.2\text{mm}$，$\rho=1\text{kg/m}^3$）

| 公称直径 | 65 | | 80 | | 100 | | 125 | | 150 | | 175 | | 200 | |
|---|---|---|---|---|---|---|---|---|---|---|---|---|---|---|
| 外径×壁厚 | 73×3.5 | | 89×3.5 | | 108×4 | | 133×4 | | 159×4.5 | | 194×6 | | 219×6 | |
| $G(\text{t/h})$ | $v(\text{m/s})$ | $R(\text{Pa/m})$ | $v(\text{m/s})$ | $R(\text{Pa/m})$ | $v(\text{m/s})$ | $R(\text{Pa/m})$ | $v(\text{m/s})$ | $R(\text{Pa/m})$ | $v(\text{m/s})$ | $R(\text{Pa/m})$ | $v(\text{m/s})$ | $R(\text{Pa/m})$ | $v(\text{m/s})$ | $R(\text{Pa/m})$ |
| 2.0 | 164 | 5213.6 | 105 | 1666 | 70.8 | 585.1 | 45.3 | 184.2 | 31.5 | 71.4 | 21.4 | 26.5 | | |
| 2.1 | 171.6 | 5754.6 | 111 | 1832.6 | 74.3 | 644.8 | 47.6 | 201.9 | 33.0 | 78.8 | 22.4 | 28.9 | | |
| 2.2 | 180.4 | 6310.2 | 116 | 2018.8 | 77.9 | 707.6 | 49.8 | 220.5 | 34.6 | 86.7 | 23.5 | 31.6 | | |
| 2.3 | 188.1 | 6902.1 | 121 | 2205 | 81.4 | 774.2 | 52.1 | 240.1 | 36.2 | 94.6 | 24.6 | 34.4 | | |
| 2.4 | 195.8 | 7507.8 | 126 | 2401 | 85 | 842.8 | 54.4 | 260.7 | 37.8 | 102.9 | 25.6 | 37.2 | | |
| 2.5 | 204.6 | 8149.7 | 132 | 2597 | 88.5 | 914.3 | 56.6 | 282.2 | 39.3 | 110.7 | 26,7 | 41.1 | 20.7 | 21.8 |
| 2.6 | 212.3 | 8816.1 | 137 | 2812.6 | 92 | 989.8 | 59.9 | 311.6 | 40.9 | 119.6 | 27.8 | 43.5 | 21.5 | 23.5 |
| 2.7 | 221.1 | 9508 | 142 | 3038 | 95.6 | 1068.2 | 62.2 | 329.3 | 42.5 | 129.4 | 28.9 | 47 | 22.3 | 25.5 |
| 2.8 | 228.8 | 10224.3 | 147 | 3263.4 | 99.1 | 1146.6 | 63.4 | 354.7 | 44.1 | 138.2 | 29.9 | 51 | 23.1 | 27.2 |
| 2.9 | 237.6 | 10965.2 | 153 | 3498.6 | 103 | 1234.8 | 67.7 | 380.2 | 45.6 | 145.0 | 31 | 53.9 | 24 | 28.4 |
| 3.0 | 245.3 | 11730.6 | 158 | 3743.6 | 106 | 1313.2 | 68 | 406.7 | 47.2 | 156.8 | 32.1 | 57.8 | 24.8 | 30.4 |
| 3.1 | 253 | 12533 | 163 | 3998.6 | 110 | 1401.4 | 70.2 | 434.1 | 48.8 | 167.6 | 33.1 | 61.7 | 25.6 | 32.1 |
| 3.2 | 261.8 | 13349 | 168 | 4263 | 113 | 1499.4 | 72.5 | 462.6 | 50.3 | 179.3 | 34.2 | 65.7 | 26.4 | 34.8 |
| 3.3 | 269.5 | 14200 | 174 | 4527.6 | 117 | 1597.4 | 74.8 | 492 | 51.9 | 190.1 | 35.3 | 69.6 | 27.3 | 37.0 |
| 3.4 | 278.3 | 15072 | 179 | 4811.8 | 120 | 1695.4 | 77 | 522.3 | 53.5 | 200.9 | 36.3 | 73.7 | 28.1 | 39.2 |
| 3.5 | 286 | 15966 | 184 | 5096 | 124 | 1793.4 | 79.3 | 494.9 | 55.1 | 212.7 | 37.4 | 78.4 | 29 | 41.9 |
| 3.6 | | | 190 | 5390 | 127 | 1891.4 | 81.6 | 588 | 56.6 | 224.4 | 38.5 | 83.3 | 30 | 44.1 |

续表

| 公称直径 | 80 | | 100 | | 125 | | 150 | | 175 | | 200 | | 250 | |
|---|---|---|---|---|---|---|---|---|---|---|---|---|---|---|
| 外径×壁厚 | 89×3.5 | | 108×4 | | 133×4 | | 159×4.5 | | 194×6 | | 219×6 | | 273×7 | |
| $G$(t/h) | $v$(m/s) | $R$(Pa/m) | $v$(m/s) | $R$(Pa/m) | $v$(m/s) | $R$(Pa/m) | $v$(m/s) | $R$(Pa/m) | $v$(m/s) | $R$(Pa/m) | $v$(m/s) | $R$(Pa/m) | $v$(m/s) | $R$(Pa/m) |
| 3.7 | 195 | 5693.8 | 131 | 1999.2 | 83.8 | 619.4 | 58.2 | 237.4 | 39.5 | 87.2 | 30.6 | 46.1 | | |
| 3.8 | 200 | 6007.4 | 135 | 2116.8 | 86.1 | 652.7 | 59.8 | 250.9 | 40.6 | 92.6 | 31.4 | 49 | | |
| 3.9 | 205 | 6330.8 | 138 | 2224.6 | 88.4 | 688 | 61.4 | 263.6 | 41.7 | 97.5 | 32.2 | 51.7 | | |
| 4.0 | 211 | 6664 | 142 | 2342.2 | 90.6 | 732.2 | 62.9 | 277.3 | 42.7 | 99.6 | 33 | 54.4 | | |
| 4.2 | 221 | 7340.2 | 149 | 2577.4 | 97.4 | 835.9 | 66.1 | 305.8 | 44.9 | 112.7 | 34.7 | 58.8 | | |
| 4.4 | 232 | 8055.6 | 156 | 2832.2 | 99.7 | 875.1 | 69.2 | 336.1 | 47.0 | 122.5 | 36.4 | 64.7 | | |
| 4.6 | 242 | 8810.2 | 163 | 3096.8 | 104 | 956.5 | 72.4 | 366.5 | 49.1 | 133.3 | 38 | 70.1 | | |
| 4.8 | 253 | 9584.4 | 170 | 3371.2 | 109 | 1038.8 | 75.5 | 399.8 | 51.3 | 145.0 | 39.7 | 76.4 | | |
| 5.0 | 263 | 10407.6 | 177 | 3655.4 | 113 | 1127 | 78.7 | 433.2 | 53.4 | 157.8 | 41.3 | 84.3 | | |
| 6.0 | | | 210 | 5262.6 | 136 | 1626.8 | 94.4 | 624.3 | 64.1 | 226.4 | 49.6 | 117.1 | 31.7 | 37 |
| 7.0 | | | 248 | 8232 | 170 | 2538.2 | 118 | 975.1 | 80.2 | 253.8 | 62 | 180.3 | 39.6 | 57 |
| 8.0 | | | 283 | 9539 | 181 | 2891 | 126 | 1107.4 | 85.5 | 401.8 | 66.1 | 204.8 | 42.2 | 64.4 |
| 9.0 | | | 319 | 11848 | 204 | 3665.3 | 142 | 1401.4 | 96.2 | 508.6 | 74.4 | 259.7 | 47.5 | 81.1 |
| 10.0 | | | | | 227 | 4517.8 | 157 | 1734.6 | 107 | 628.6 | 82.6 | 320.5 | 52.8 | 99 |
| 11.0 | | | | | 249 | 5468.4 | 173 | 2097.2 | 118 | 760.5 | 90.9 | 387.1 | 58 | 119.6 |
| 12.0 | | | | | 272 | 6507.2 | 189 | 2499 | 128 | 905.5 | 99.1 | 460.6 | 63.3 | 142.1 |

注：编制本表时，假定蒸汽动力粘滞性系数为 $2.05\times10^{-6}$ kg·s/m，进行验算蒸汽气流态，对阻力平方区，对紊流过渡区，摩擦系数用式 $\lambda=\dfrac{1}{\left(1.14+2\lg\dfrac{d}{k}\right)^2}$ 计算，查得数值有误差，但不大于5%。

### 附表 9-4　饱和水与饱和蒸汽的热力特性

| 压力（$10^5$Pa） | 饱和温度（℃） | 比体积（$m^3 \cdot kg^{-1}$） | | 比焓（$kJ/kg^{-1}$） | | |
|---|---|---|---|---|---|---|
| $P$ | $t$ | 饱和水 $v_i$ | 饱和蒸汽 $v_q$ | 饱和水 $i_i$ | 汽化潜热 $\Delta i$ | 饱和蒸汽 $i_q$ |
| 1.0 | 99.63 | 0.0010434 | 1.6946 | 417.51 | 2258.2 | 2675.7 |
| 1.2 | 104.81 | 0.0010476 | 1.4289 | 439.36 | 2244.4 | 2683.8 |
| 1.4 | 109.32 | 0.0010513 | 1.2370 | 458.42 | 2232.4 | 2690.8 |
| 1.6 | 113.32 | 0.0010547 | 1.0917 | 475.38 | 2221.4 | 2696.8 |
| 1.8 | 116.93 | 0.0010579 | 0.9778 | 490.70 | 2211.4 | 2702.1 |
| 2.0 | 120.13 | 0.0010608 | 0.8859 | 504.7 | 2202.2 | 2706.9 |
| 2.5 | 127.43 | 0.0010675 | 0.7188 | 535.4 | 2181.8 | 2717.2 |
| 3.0 | 133.54 | 0.0010735 | 0.6059 | 561.4 | 2164.1 | 2725.5 |
| 3.5 | 138.88 | 0.0010789 | 0.5243 | 584.3 | 2148.2 | 2732.5 |
| 4.0 | 143.62 | 0.0010839 | 0.4624 | 604.7 | 2133.8 | 2738.5 |
| 4.5 | 147.92 | 0.0010885 | 0.4139 | 623.2 | 2120.6 | 2743.8 |
| 5.0 | 151.85 | 0.0010928 | 0.3748 | 640.1 | 2108.4 | 2748.4 |
| 6.0 | 158.84 | 0.0011009 | 0.3156 | 670.4 | 2806.0 | 2756.4 |
| 7.0 | 164.96 | 0.0011082 | 0.2727 | 697.1 | 2065.8 | 2762.9 |
| 8.0 | 170.42 | 0.0011150 | 0.2403 | 720.9 | 2047.5 | 2768.4 |
| 9.0 | 175.36 | 0.0011213 | 0.2148 | 742.6 | 2030.4 | 2773.0 |
| 10.0 | 179.88 | 0.0011274 | 0.1943 | 762.6 | 2014.4 | 2777.0 |
| 11.0 | 184.06 | 0.0011331 | 0.1774 | 781.8 | 1999.3 | 2780.4 |
| 12.0 | 137.96 | 0.0011386 | 0.1632 | 798.4 | 1985.0 | 2783.4 |
| 13.0 | 191.60 | 0.0011438 | 0.1511 | 814.7 | 1971.3 | 2786.0 |

### 附表 9-5　二次蒸发汽数量 $x_2$
（kg/kg）

| 始端压力 $P_1$ | 末端压力 $P_2$（$10^5$MPa） | | | | | | | | | | |
|---|---|---|---|---|---|---|---|---|---|---|---|
| （$10^5$Pa） | 1 | 1.2 | 1.4 | 1.6 | 1.8 | 2.0 | 3.0 | 4.0 | 5.0 | 6.0 | 7.0 |
| 1.2 | 0.01 | | | | | | | | | | |
| 1.5 | 0.022 | 0.012 | 0.004 | | | | | | | | |
| 2 | 0.039 | 0.029 | 0.021 | 0.013 | 0.006 | | | | | | |
| 2.5 | 0.052 | 0.043 | 0.034 | 0.027 | 0.02 | 0.014 | | | | | |
| 3 | 0.064 | 0.054 | 0.046 | 0.039 | 0.032 | 0.026 | | | | | |
| 3.5 | 0.074 | 0.064 | 0.056 | 0.049 | 0.042 | 0.036 | 0.01 | | | | |
| 4 | 0.083 | 0.073 | 0.065 | 0.058 | 0.051 | 0.045 | 0.026 | | | | |
| 5 | 0.098 | 0.089 | 0.081 | 0.074 | 0.067 | 0.061 | 0.036 | 0.017 | | | |
| 8 | 0.134 | 0.125 | 0.117 | 0.11 | 0.104 | 0.098 | 0.073 | 0.054 | 0.038 | 0.024 | 0.012 |
| 10 | 0.152 | 0.143 | 0.136 | 0.129 | 0.122 | 0.117 | 0.093 | 0.074 | 0.058 | 0.044 | 0.032 |
| 15 | 0.188 | 0.18 | 0.172 | 0.165 | 0.161 | 0.154 | 0.13 | 0.112 | 0.096 | 0.083 | 0.071 |

### 附表 9-6　闭式余压回水凝结水管径计算表（$P=30$kPa）（漏气加二次蒸发汽量按 15% 计算）
$K=0.5$mm，$P=30$kPa，$\rho=5.26$kg/$m^3$

| $R$（Pa/m） | 在下列管径时通过的热量（kW） | | | | | | | | | | | |
|---|---|---|---|---|---|---|---|---|---|---|---|---|
| | 15 | 20 | 25 | 32 | 40 | 50 | 70 | 80 | 100 | 125 | 150 | 219×6 |
| 20 | 3.64 | 7.99 | 15.0 | 30.5 | 43.6 | 95 | 168 | 275 | 521 | 691 | 1510 | 2490 |
| 40 | 5.05 | 11.3 | 23.3 | 43.5 | 60.7 | 135 | 238 | 390 | 738 | 974 | 2140 | 4130 |
| 60 | 6.22 | 13.9 | 26.1 | 53.5 | 74.6 | 164 | 291 | 477 | 904 | 1160 | 2810 | 5070 |
| 80 | 7.16 | 15.0 | 30.1 | 61.0 | 86.9 | 189 | 336 | 552 | 1040 | 1370 | 3030 | 6070 |
| 100 | 7.99 | 17.9 | 33.7 | 68.4 | 97.2 | 213 | 376 | 613 | 1160 | 1540 | 3380 | 6550 |

| R (Pa/m) | 在下列管径时通过的热量（kW） | | | | | | | | | | | |
|---|---|---|---|---|---|---|---|---|---|---|---|---|
| | 15 | 20 | 25 | 32 | 40 | 50 | 70 | 80 | 100 | 125 | 150 | 219×6 |
| 120 | 8.81 | 19.5 | 36.4 | 75.2 | 106 | 233 | 409 | 669 | 1270 | 1680 | 3700 | 7140 |
| 150 | 9.87 | 21.8 | 39.9 | 83.4 | 119 | 260 | 458 | 752 | 1410 | 1880 | 4130 | 7970 |
| 200 | 11.4 | 25.2 | 47.2 | 96.5 | 137 | 301 | 528 | 866 | 1640 | 2170 | 4770 | 9210 |
| 250 | 12.8 | 28.4 | 53.0 | 108 | 153 | 337 | 595 | 975 | 180 | 2430 | 5270 | 10300 |
| 300 | 14.0 | 30.8 | 33.5 | 117 | 169 | 366 | 646 | 1060 | 2020 | 2650 | 5840 | 11300 |
| 350 | 15.0 | 33.5 | 35.6 | 128 | 182 | 397 | 701 | 1140 | 2180 | 2870 | 6350 | 12200 |
| 400 | 16.1 | 35.6 | 66.9 | 136 | 195 | 426 | 752 | 1230 | 2330 | 3080 | 6790 | 13500 |
| 450 | 17.0 | 38.1 | 71.2 | 146 | 207 | 451 | 792 | 1310 | 2470 | 3250 | 7180 | 13800 |
| 500 | 19.3 | 40.0 | 74.9 | 152 | 218 | 474 | 834 | 1370 | 2610 | 3430 | 7530 | 14600 |

# 附 录 十

本章无对应附表。

# 附 录 十 一

本章无对应附表。

# 参 考 文 献

[1] 贺平，孙刚等. 供热工程[M]. 北京：中国建筑工业出版社，2009.

[2] 张红梅. 供热工程[M]. 北京：化学工业出版社，2010.

[3] 王宇清. 供热工程[M]. 北京：中国建筑工业出版社，2006.

[4] 汤延庆，陈宏振.《供热工程》[M]. 武汉：武汉理工大学出版社，2008.

[5] 马仲元. 供热工程[M]. 北京：中国电力出版社，2005.

[6] 赵伯英. 供热工程[M]. 北京：冶金工业出版社，1988.

[7] 蒋志良. 供热工程[M]. 北京：中国建筑工业出版社，2005.

[8] 陆耀庆. 实用供热空调设计手册[M]. 北京：中国建筑工业出版社，2003.

[9] 李善化. 集中供热设计手册[M]. 北京：中国电力出版社，1996.

[10] 涂光备等. 供热计量技术[M]. 北京：中国建筑工业出版社，2007.

[11] 王飞. 直埋供热管道设计[M]. 北京：中国建筑工业出版社，2007.

[12] 集中采暖住宅分户热计量使用图集(DBJT 04—14—2002)[S].

[13] 中华人民共和国建设部. 地面辐射供暖技术规程(JGJ 142—2004)[S]. 北京：中国建筑工业出版社，2004.

[14] 低温热水地板辐射供暖系统施工安装图集(03K404)[S]. 北京：中国计划出版社，2003.

[15] 中华人民共和国住房和城乡建设部. 城镇供热管网设计规范(CJJ 34—2010)[S]. 北京：中国建筑工业出版社，2010.

[16] 沈阳市城乡建设委员会，中国建筑东北设计研究院，沈阳山盟建设(集团)公司等. 建筑给水排水及采暖工程施工质量验收规范(GB 50242—2002)[S]. 北京：中国标准出版社，2004.

[17] 中华人民共和国住房和城乡建设部. 暖通空调制图标准(GB/T 50114—2010)[S]. 北京：中国建筑工业出版社，2011.

[18] 王晓辉. 新建住宅"分户热计量供暖系统"设计的几点体会[J]. 陕西：甘肃科技纵横，2006，35(6).

[19] 中华人民共和国住房和城乡建设部. 民用建筑供暖通风与空气调节设计规范(GB 50736—2012)[S]. 北京：中国建筑工业出版社，2012.